駿台

東大入試詳解 25年

数学 文科 第3版

2023~1999

問題編

駿台文庫

東大入試詳解 数学 文科

25年

第3版

2023〜1999

問題編

駿台文庫

目　次

第　1　問

k を正の実数とし，2 次方程式 $x^2 + x - k = 0$ の 2 つの実数解を α, β とする。k が $k > 2$ の範囲を動くとき，

$$\frac{\alpha^3}{1-\beta} + \frac{\beta^3}{1-\alpha}$$

の最小値を求めよ。

第　2　問

座標平面上の放物線 $y = 3x^2 - 4x$ を C とおき，直線 $y = 2x$ を ℓ とおく。実数 t に対し，C 上の点 $P(t, 3t^2 - 4t)$ と ℓ の距離を $f(t)$ とする。

(1) $-1 \leqq a \leqq 2$ の範囲の実数 a に対し，定積分

$$g(a) = \int_{-1}^{a} f(t)\,dt$$

を求めよ。

(2) a が $0 \leqq a \leqq 2$ の範囲を動くとき，$g(a) - f(a)$ の最大値および最小値を求めよ。

第　3　問

黒玉 3 個，赤玉 4 個，白玉 5 個が入っている袋から玉を 1 個ずつ取り出し，取り出した玉を順に横一列に 12 個すべて並べる。ただし，袋から個々の玉が取り出される確率は等しいものとする。

(1) どの赤玉も隣り合わない確率 p を求めよ。

(2) どの赤玉も隣り合わないとき，どの黒玉も隣り合わない条件付き確率 q を求めよ。

第　4　問

半径 1 の球面上の相異なる 4 点 A, B, C, D が

$$AB = 1, \quad AC = BC, \quad AD = BD, \quad \cos\angle ACB = \cos\angle ADB = \frac{4}{5}$$

を満たしているとする。

(1) 三角形 ABC の面積を求めよ。

(2) 四面体 ABCD の体積を求めよ。

解答時間：100 分
配　　点：80 点

第　1　問

a, b を実数とする。座標平面上の放物線 $y = x^2 + ax + b$ を C とおく。C は，原点で垂直に交わる 2 本の接線 ℓ_1, ℓ_2 を持つとする。ただし，C と ℓ_1 の接点 P_1 の x 座標は，C と ℓ_2 の接点 P_2 の x 座標より小さいとする。

(1) b を a で表せ。また a の値はすべての実数をとりうることを示せ。

(2) $i = 1, 2$ に対し，円 D_i を，放物線 C の軸上に中心を持ち，点 P_i で ℓ_i と接するものと定める。D_2 の半径が D_1 の半径の 2 倍となるとき，a の値を求めよ。

第　2　問

$y = x^3 - x$ により定まる座標平面上の曲線を C とする。C 上の点 $P(\alpha, \alpha^3 - \alpha)$ を通り，点 P における C の接線と垂直に交わる直線を ℓ とする。C と ℓ は相異なる 3 点で交わるとする。

(1) α のとりうる値の範囲を求めよ。

(2) C と ℓ の点 P 以外の 2 つの交点の x 座標を β, γ とする。ただし $\beta < \gamma$ とする。$\beta^2 + \beta\gamma + \gamma^2 - 1 \neq 0$ となることを示せ。

(3) (2) の β, γ を用いて，

$$u = 4\alpha^3 + \frac{1}{\beta^2 + \beta\gamma + \gamma^2 - 1}$$

と定める。このとき，u のとりうる値の範囲を求めよ。

第　3　問

数列 $\{a_n\}$ を次のように定める。

$$a_1 = 4, \quad a_{n+1} = a_n^2 + n(n+2) \quad (n = 1, 2, 3, \cdots\cdots)$$

(1) a_{2022} を 3 で割った余りを求めよ。

(2) $a_{2022}, a_{2023}, a_{2024}$ の最大公約数を求めよ。

第　4　問

O を原点とする座標平面上で考える。0 以上の整数 k に対して，ベクトル $\overrightarrow{v_k}$ を

$$\overrightarrow{v_k} = \left(\cos \frac{2k\pi}{3}, \sin \frac{2k\pi}{3} \right)$$

と定める。投げたとき表と裏がどちらも $\dfrac{1}{2}$ の確率で出るコインを N 回投げて，座標平面上に点 $X_0, X_1, X_2, \cdots\cdots, X_N$ を以下の規則 (i), (ii) に従って定める。

(i) X_0 は O にある。

(ii) n を 1 以上 N 以下の整数とする。X_{n-1} が定まったとし，X_n を次のように定める。

- n 回目のコイン投げで表が出た場合，

$$\overrightarrow{OX_n} = \overrightarrow{OX_{n-1}} + \overrightarrow{v_k}$$

により X_n を定める。ただし，k は 1 回目から n 回目までのコイン投げで裏が出た回数とする。

- n 回目のコイン投げで裏が出た場合，X_n を X_{n-1} と定める。

(1) $N = 5$ とする。X_5 が O にある確率を求めよ。

(2) $N = 98$ とする。X_{98} が O にあり，かつ，表が 90 回，裏が 8 回出る確率を求めよ。

第　1　問

a を正の実数とする。座標平面上の曲線 C を $y = ax^3 - 2x$ で定める。原点を中心とする半径 1 の円と C の共有点の個数が 6 個であるような a の範囲を求めよ。

第　2　問

N を 5 以上の整数とする。1 以上 $2N$ 以下の整数から，相異なる N 個の整数を選ぶ。ただし 1 は必ず選ぶこととする。選んだ数の集合を S とし，S に関する以下の条件を考える。

　　条件 1：S は連続する 2 個の整数からなる集合を 1 つも含まない。

　　条件 2：S は連続する $N-2$ 個の整数からなる集合を少なくとも 1 つ含む。

ただし，2 以上の整数 k に対して，連続する k 個の整数からなる集合とは，ある整数 l を用いて $\{l, l+1, \cdots\cdots, l+k-1\}$ と表される集合を指す。例えば $\{1, 2, 3, 5, 7, 8, 9, 10\}$ は連続する 3 個の整数からなる集合 $\{1, 2, 3\}$, $\{7, 8, 9\}$, $\{8, 9, 10\}$ を含む。

(1) 条件 1 を満たすような選び方は何通りあるか。

(2) 条件 2 を満たすような選び方は何通りあるか。

第　3　問

a, b を実数とする。座標平面上の放物線

$$C: \quad y = x^2 + ax + b$$

は放物線 $y = -x^2$ と 2 つの共有点を持ち，一方の共有点の x 座標は $-1 < x < 0$ を満たし，他方の共有点の x 座標は $0 < x < 1$ を満たす。

(1) 点 (a, b) のとりうる範囲を座標平面上に図示せよ。

(2) 放物線 C の通りうる範囲を座標平面上に図示せよ。

第　4　問

以下の問いに答えよ。

(1) 正の奇数 K, L と正の整数 A, B が $KA = LB$ を満たしているとする。K を 4 で割った余りが L を 4 で割った余りと等しいならば，A を 4 で割った余りは B を 4 で割った余りと等しいことを示せ。

(2) 正の整数 a, b が $a > b$ を満たしているとする。このとき，$A = {}_{4a+1}C_{4b+1}$，$B = {}_{a}C_{b}$ に対して $KA = LB$ となるような正の奇数 K, L が存在することを示せ。

(3) a, b は (2) の通りとし，さらに $a - b$ が 2 で割り切れるとする。${}_{4a+1}C_{4b+1}$ を 4 で割った余りは ${}_{a}C_{b}$ を 4 で割った余りと等しいことを示せ。

(4) ${}_{2021}C_{37}$ を 4 で割った余りを求めよ。

2020 年

第　1　問

$a > 0,\ b > 0$ とする。座標平面上の曲線

$$C: \quad y = x^3 - 3ax^2 + b$$

が，以下の 2 条件を満たすとする。

条件 1：C は x 軸に接する。

条件 2：x 軸と C で囲まれた領域（境界は含まない）に，x 座標と y 座標が
　　　　ともに整数である点がちょうど 1 個ある。

b を a で表し，a のとりうる値の範囲を求めよ。

第　2　問

座標平面上に 8 本の直線

$$x = a \quad (a = 1,\ 2,\ 3,\ 4), \qquad y = b \quad (b = 1,\ 2,\ 3,\ 4)$$

がある。以下，16 個の点

$$(a,\ b) \quad (a = 1,\ 2,\ 3,\ 4,\quad b = 1,\ 2,\ 3,\ 4)$$

から異なる 5 個の点を選ぶことを考える。

(1) 次の条件を満たす 5 個の点の選び方は何通りあるか。

上の 8 本の直線のうち，選んだ点を 1 個も含まないものがちょうど 2 本ある。

(2) 次の条件を満たす 5 個の点の選び方は何通りあるか。

上の 8 本の直線は，いずれも選んだ点を少なくとも 1 個含む。

第　3　問

O を原点とする座標平面において，放物線

$$y = x^2 - 2x + 4$$

のうち $x \geqq 0$ を満たす部分を C とする。

(1) 点 P が C 上を動くとき，O を端点とする半直線 OP が通過する領域を図示せよ。

(2) 実数 a に対して，直線

$$l : \quad y = ax$$

を考える。次の条件を満たす a の範囲を求めよ。

　C 上の点 A と l 上の点 B で，3 点 O, A, B が正三角形の 3 頂点となるものがある。

第　4　問

$n,\ k$ を，$1 \leqq k \leqq n$ を満たす整数とする。n 個の整数

$$2^m \quad (m = 0,\ 1,\ 2,\ \cdots\cdots,\ n-1)$$

から異なる k 個を選んでそれらの積をとる。k 個の整数の選び方すべてに対しこのように積をとることにより得られる ${}_nC_k$ 個の整数の和を $a_{n,k}$ とおく。例えば，

$$a_{4,3} = 2^0 \cdot 2^1 \cdot 2^2 + 2^0 \cdot 2^1 \cdot 2^3 + 2^0 \cdot 2^2 \cdot 2^3 + 2^1 \cdot 2^2 \cdot 2^3 = 120$$

である。

(1) 2 以上の整数 n に対し，$a_{n,2}$ を求めよ。

(2) 1 以上の整数 n に対し，x についての整式

$$f_n(x) = 1 + a_{n,1}x + a_{n,2}x^2 + \cdots\cdots + a_{n,n}x^n$$

を考える。$\dfrac{f_{n+1}(x)}{f_n(x)}$ と $\dfrac{f_{n+1}(x)}{f_n(2x)}$ を x についての整式として表せ。

(3) $\dfrac{a_{n+1,k+1}}{a_{n,k}}$ を $n,\ k$ で表せ。

解答時間：100 分
配　　点：80 点

第　1　問

座標平面の原点を O とし，O, A(1, 0), B(1, 1), C(0, 1) を辺の長さが 1 の正方形の頂点とする。3 点 P(p, 0), Q(0, q), R(r, 1) はそれぞれ辺 OA, OC, BC 上にあり，3 点 O, P, Q および 3 点 P, Q, R はどちらも面積が $\dfrac{1}{3}$ の三角形の 3 頂点であるとする。

(1) q と r を p で表し，p, q, r それぞれのとりうる値の範囲を求めよ。

(2) $\dfrac{\mathrm{CR}}{\mathrm{OQ}}$ の最大値，最小値を求めよ。

第　2　問

O を原点とする座標平面において，点 A(2, 2) を通り，線分 OA と垂直な直線を l とする。座標平面上を点 P(p, q) が次の 2 つの条件をみたしながら動く。

条件 1：$8 \leqq \overrightarrow{\mathrm{OA}} \cdot \overrightarrow{\mathrm{OP}} \leqq 17$

条件 2：点 O と直線 l の距離を c とし，点 P(p, q) と直線 l の距離を d とするとき $cd \geqq (p-1)^2$

このとき，P が動く領域を D とする。さらに，x 軸の正の部分と線分 OP のなす角を θ とする。

(1) D を図示し，その面積を求めよ。

(2) $\cos\theta$ のとりうる値の範囲を求めよ。

第　3　問

正八角形の頂点を反時計回りに A, B, C, D, E, F, G, H とする。また，投げたとき表裏の出る確率がそれぞれ $\frac{1}{2}$ のコインがある。

点 P が最初に点 A にある。次の操作を 10 回繰り返す。

操作：コインを投げ，表が出れば点 P を反時計回りに隣接する頂点に移動させ，裏が出れば点 P を時計回りに隣接する頂点に移動させる。

例えば，点 P が点 H にある状態で，投げたコインの表が出れば点 A に移動させ，裏が出れば点 G に移動させる。

以下の事象を考える。

事象 S：操作を 10 回行った後に点 P が点 A にある。

事象 T：1 回目から 10 回目の操作によって，点 P は少なくとも 1 回，点 F に移動する。

(1) 事象 S が起こる確率を求めよ。

(2) 事象 S と事象 T がともに起こる確率を求めよ。

第　4　問

O を原点とする座標平面を考える。不等式

$$|x| + |y| \leqq 1$$

が表す領域を D とする。また，点 P, Q が領域 D を動くとき，$\overrightarrow{\mathrm{OR}} = \overrightarrow{\mathrm{OP}} - \overrightarrow{\mathrm{OQ}}$ をみたす点 R が動く範囲を E とする。

(1) D, E をそれぞれ図示せよ。

(2) a, b を実数とし，不等式

$$|x - a| + |y - b| \leqq 1$$

が表す領域を F とする。また，点 S, T が領域 F を動くとき，$\overrightarrow{\mathrm{OU}} = \overrightarrow{\mathrm{OS}} - \overrightarrow{\mathrm{OT}}$ をみたす点 U が動く範囲を G とする。G は E と一致することを示せ。

2018年

解答時間：100分

配　　点：80点

第　１　問

　座標平面上に放物線 C を

$$y = x^2 - 3x + 4$$

で定め，領域 D を

$$y \geqq x^2 - 3x + 4$$

で定める。原点をとおる2直線 l, m は C に接するものとする。

(1) 放物線 C 上を動く点 A と直線 l, m の距離をそれぞれ L, M とする。$\sqrt{L} + \sqrt{M}$ が最小値をとるときの点 A の座標を求めよ。

(2) 次の条件をみたす点 $P(p, q)$ の動きうる範囲を求め，座標平面上に図示せよ。

　　条件：領域 D のすべての点 (x, y) に対し不等式 $px + qy \leqq 0$ がなりたつ。

第　2　問

数列 a_1, a_2, …… を

$$a_n = \frac{{}_{2n}\mathrm{C}_n}{n!} \qquad (n = 1,\ 2,\ \cdots\cdots)$$

で定める。

(1) a_7 と 1 の大小を調べよ。

(2) $n \geqq 2$ とする。$\dfrac{a_n}{a_{n-1}} < 1$ をみたす n の範囲を求めよ。

(3) a_n が整数となる $n \geqq 1$ をすべて求めよ。

第　3　問

$a > 0$ とし，

$$f(x) = x^3 - 3a^2 x$$

とおく。

(1) $x \geqq 1$ で $f(x)$ が単調に増加するための，a についての条件を求めよ。

(2) 次の 2 条件をみたす点 $(a,\ b)$ の動きうる範囲を求め，座標平面上に図示せよ。

　条件 1 ：方程式 $f(x) = b$ は相異なる 3 実数解をもつ。

　条件 2 ：さらに，方程式 $f(x) = b$ の解を $\alpha < \beta < \gamma$ とすると $\beta > 1$ である。

第　4　問

放物線 $y = x^2$ のうち $-1 \leqq x \leqq 1$ をみたす部分を C とする。座標平面上の原点 O と点 A(1, 0) を考える。

(1) 点 P が C 上を動くとき，

$$\overrightarrow{\mathrm{OQ}} = 2\overrightarrow{\mathrm{OP}}$$

をみたす点 Q の軌跡を求めよ。

(2) 点 P が C 上を動き，点 R が線分 OA 上を動くとき，

$$\overrightarrow{\mathrm{OS}} = 2\overrightarrow{\mathrm{OP}} + \overrightarrow{\mathrm{OR}}$$

をみたす点 S が動く領域を座標平面上に図示し，その面積を求めよ。

第　1　問

　座標平面において 2 つの放物線 $A: y = s(x-1)^2$ と $B: y = -x^2 + t^2$ を考える。ただし s, t は実数で，$0 < s,\ 0 < t < 1$ をみたすとする。放物線 A と x 軸および y 軸で囲まれる領域の面積を P とし，放物線 B の $x \geqq 0$ の部分と x 軸および y 軸で囲まれる領域の面積を Q とする。A と B がただ 1 点を共有するとき，$\dfrac{Q}{P}$ の最大値を求めよ。

第　2　問

　1 辺の長さが 1 の正六角形 ABCDEF が与えられている。点 P が辺 AB 上を，点 Q が辺 CD 上をそれぞれ独立に動くとき，線分 PQ を $2:1$ に内分する点 R が通りうる範囲の面積を求めよ。

第　3　問

　座標平面上で x 座標と y 座標がいずれも整数である点を格子点という。格子点上を次の規則 (a), (b) に従って動く点 P を考える。

(a) 最初に，点 P は原点 O にある。

(b) ある時刻で点 P が格子点 $(m,\ n)$ にあるとき，その 1 秒後の点 P の位置は，隣接する格子点 $(m+1,\ n),\ (m,\ n+1),\ (m-1,\ n),\ (m,\ n-1)$ のいずれかであり，また，これらの点に移動する確率は，それぞれ $\dfrac{1}{4}$ である。

(1) 最初から 1 秒後の点 P の座標を $(s,\ t)$ とする。$t-s=-1$ となる確率を求めよ。

(2) 点 P が，最初から 6 秒後に直線 $y=x$ 上にある確率を求めよ。

第　4　問

　$p=2+\sqrt{5}$ とおき，自然数 $n=1, 2, 3, \cdots$ に対して

$$a_n = p^n + \left(-\dfrac{1}{p}\right)^n$$

と定める。以下の問いに答えよ。ただし設問 (1) は結論のみを書けばよい。

(1) $a_1,\ a_2$ の値を求めよ。

(2) $n \geqq 2$ とする。積 $a_1 a_n$ を，a_{n+1} と a_{n-1} を用いて表せ。

(3) a_n は自然数であることを示せ。

(4) a_{n+1} と a_n の最大公約数を求めよ。

第　1　問

座標平面上の 3 点 $P(x, y)$, $Q(-x, -y)$, $R(1, 0)$ が鋭角三角形をなすための (x, y) についての条件を求めよ。また、その条件をみたす点 $P(x, y)$ の範囲を図示せよ。

第　2　問

A, B, C の 3 つのチームが参加する野球の大会を開催する。以下の方式で試合を行い、2 連勝したチームが出た時点で、そのチームを優勝チームとして大会は終了する。

(a) 1 試合目で A と B が対戦する。

(b) 2 試合目で、1 試合目の勝者と、1 試合目で待機していた C が対戦する。

(c) k 試合目で優勝チームが決まらない場合は、k 試合目の勝者と、k 試合目で待機していたチームが $k+1$ 試合目で対戦する。ここで k は 2 以上の整数とする。

なお、すべての対戦において、それぞれのチームが勝つ確率は $\dfrac{1}{2}$ で、引き分けはないものとする。

(1) ちょうど 5 試合目で A が優勝する確率を求めよ。

(2) n を 2 以上の整数とする。ちょうど n 試合目で A が優勝する確率を求めよ。

(3) m を正の整数とする。総試合数が $3m$ 回以下で A が優勝する確率を求めよ。

第　3　問

座標平面上の2つの放物線

$$A: \quad y = x^2$$
$$B: \quad y = -x^2 + px + q$$

が点 $(-1, 1)$ で接している。ここで，p と q は実数である。さらに，t を正の実数とし，放物線 B を x 軸の正の向きに $2t$，y 軸の正の向きに t だけ平行移動して得られる放物線を C とする。

(1) p と q の値を求めよ。

(2) 放物線 A と C が囲む領域の面積を $S(t)$ とする。ただし，A と C が領域を囲まないときは $S(t) = 0$ と定める。$S(t)$ を求めよ。

(3) $t > 0$ における $S(t)$ の最大値を求めよ。

第　4　問

以下の問いに答えよ。ただし，(1) については，結論のみを書けばよい。

(1) n を正の整数とし，3^n を 10 で割った余りを a_n とする。a_n を求めよ。

(2) n を正の整数とし，3^n を 4 で割った余りを b_n とする。b_n を求めよ。

(3) 数列 $\{x_n\}$ を次のように定める。

$$x_1 = 1, \quad x_{n+1} = 3^{x_n} \quad (n = 1, 2, 3, \cdots)$$

x_{10} を 10 で割った余りを求めよ。

第　1　問

　以下の命題 A，B それぞれに対し，その真偽を述べよ。また，真ならば証明を与え，偽ならば反例を与えよ。

命題 A　　n が正の整数ならば，$\dfrac{n^3}{26} + 100 \geqq n^2$ が成り立つ。

命題 B　　整数 n, m, ℓ が $5n + 5m + 3\ell = 1$ をみたすならば，$10nm + 3m\ell + 3n\ell < 0$ が成り立つ。

第　2　問

　座標平面上の 2 点 A$(-1, 1)$，B$(1, -1)$ を考える。また，P を座標平面上の点とし，その x 座標の絶対値は 1 以下であるとする。次の条件 (i) または (ii) をみたす点 P の範囲を図示し，その面積を求めよ。

(i) 頂点の x 座標の絶対値が 1 以上の 2 次関数のグラフで，点 A，P，B をすべて通るものがある。

(ii) 点 A，P，B は同一直線上にある。

第　3　問

ℓ を座標平面上の原点を通り傾きが正の直線とする。さらに，以下の3条件 (i), (ii), (iii) で定まる円 C_1, C_2 を考える。

(i) 円 C_1, C_2 は2つの不等式 $x \geqq 0$, $y \geqq 0$ で定まる領域に含まれる。

(ii) 円 C_1, C_2 は直線 ℓ と同一点で接する。

(iii) 円 C_1 は x 軸と点 $(1, 0)$ で接し，円 C_2 は y 軸と接する。

　円 C_1 の半径を r_1，円 C_2 の半径を r_2 とする。$8r_1 + 9r_2$ が最小となるような直線 ℓ の方程式と，その最小値を求めよ。

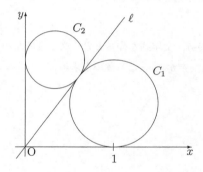

第　　4　　問

　投げたとき表と裏の出る確率がそれぞれ $\dfrac{1}{2}$ のコインを1枚用意し，次のように左から順に文字を書く。

　コインを投げ，表が出たときは文字列 A A を書き，裏が出たときは文字 B を書く。さらに繰り返しコインを投げ，同じ規則に従って，A A，B をすでにある文字列の右側につなげて書いていく。

　たとえば，コインを5回投げ，その結果が順に 表，裏，裏，表，裏 であったとすると，得られる文字列は，

A A B B A A B

となる。このとき，左から4番目の文字は B，5番目の文字は A である。

(1) n を正の整数とする。n 回コインを投げ，文字列を作るとき，文字列の左から n 番目の文字が A となる確率を求めよ。

(2) n を2以上の整数とする。n 回コインを投げ，文字列を作るとき，文字列の左から $n-1$ 番目の文字が A で，かつ n 番目の文字が B となる確率を求めよ。

2014年

解答時間：100分
配　　点：80点

第　1　問

以下の問いに答えよ。

(1)　t を実数の定数とする。実数全体を定義域とする関数 $f(x)$ を

$$f(x) = -2x^2 + 8tx - 12x + t^3 - 17t^2 + 39t - 18$$

と定める。このとき，関数 $f(x)$ の最大値を t を用いて表せ。

(2)　(1) の「関数 $f(x)$ の最大値」を $g(t)$ とする。t が $t \geqq -\dfrac{1}{\sqrt{2}}$ の範囲を動くとき，$g(t)$ の最小値を求めよ。

第　2　問

a を自然数（すなわち 1 以上の整数）の定数とする。

白球と赤球があわせて 1 個以上入っている袋 U に対して，次の操作 (∗) を考える。

(∗)　　袋 U から球を 1 個取り出し，

(i)　　取り出した球が白球のときは，袋 U の中身が白球 a 個，赤球 1 個となる
　　　ようにする。

(ii)　　取り出した球が赤球のときは，その球を袋 U へ戻すことなく，袋 U の
　　　中身はそのままにする。

はじめに袋 U の中に，白球が $a+2$ 個，赤球が 1 個入っているとする。この袋 U に
対して操作 (∗) を繰り返し行う。

たとえば，1 回目の操作で白球が出たとすると，袋 U の中身は白球 a 個，赤球 1 個
となり，さらに 2 回目の操作で赤球が出たとすると，袋 U の中身は白球 a 個のみと
なる。

n 回目に取り出した球が赤球である確率を p_n とする。ただし，袋 U の中の個々の
球の取り出される確率は等しいものとする。

(1)　　p_1, p_2 を求めよ。

(2)　　$n \geqq 3$ に対して p_n を求めよ。

第　3　問

座標平面の原点を O で表す。

線分 $y = \sqrt{3}\,x$ $(0 \leqq x \leqq 2)$ 上の点 P と，線分 $y = -\sqrt{3}\,x$ $(-3 \leqq x \leqq 0)$ 上の点 Q が，線分 OP と 線分 OQ の長さの和が 6 となるように動く。このとき，線分 PQ の通過する領域を D とする。

(1)　s を $-3 \leqq s \leqq 2$ をみたす実数とするとき，点 (s, t) が D に入るような t の範囲を求めよ。

(2)　D を図示せよ。

第　4　問

r を 0 以上の整数とし，数列 $\{a_n\}$ を次のように定める。

$$a_1 = r, \quad a_2 = r+1, \quad a_{n+2} = a_{n+1}(a_n + 1) \quad (n = 1, 2, 3, \cdots)$$

また，素数 p を 1 つとり，a_n を p で割った余りを b_n とする。ただし，0 を p で割った余りは 0 とする。

(1)　自然数 n に対し，b_{n+2} は $b_{n+1}(b_n + 1)$ を p で割った余りと一致することを示せ。

(2)　$r = 2$，$p = 17$ の場合に，10 以下のすべての自然数 n に対して，b_n を求めよ。

(3)　ある 2 つの相異なる自然数 n，m に対して，

$$b_{n+1} = b_{m+1} > 0, \quad b_{n+2} = b_{m+2}$$

が成り立ったとする。このとき，$b_n = b_m$ が成り立つことを示せ。

解答時間：100 分

配　　点：80 点

第　1　問

関数 $y = x(x-1)(x-3)$ のグラフを C，原点 O を通る傾き t の直線を ℓ とし，C と ℓ が O 以外に共有点をもつとする。C と ℓ の共有点を O，P，Q とし，$|\overrightarrow{OP}|$ と $|\overrightarrow{OQ}|$ の積を $g(t)$ とおく。ただし，それら共有点の 1 つが接点である場合は，O，P，Q のうちの 2 つが一致して，その接点であるとする。関数 $g(t)$ の増減を調べ，その極値を求めよ。

第　2　問

座標平面上の 3 点

$$P(0, -\sqrt{2}), \quad Q(0, \sqrt{2}), \quad A(a, \sqrt{a^2+1}) \quad (0 \leqq a \leqq 1)$$

を考える。

(1)　2 つの線分の長さの差 PA − AQ は a によらない定数であることを示し，その値を求めよ。

(2)　Q を端点とし A を通る半直線と放物線 $y = \dfrac{\sqrt{2}}{8}x^2$ との交点を B とする。点 B から直線 $y = 2$ へ下ろした垂線と直線 $y = 2$ との交点を C とする。このとき，線分の長さの和

$$PA + AB + BC$$

は a によらない定数であることを示し，その値を求めよ。

第　3　問

a, b を実数の定数とする。実数 x, y が

$$x^2 + y^2 \leqq 25, \quad 2x + y \leqq 5$$

をともに満たすとき，$z = x^2 + y^2 - 2ax - 2by$ の最小値を求めよ。

第　4　問

A，B の 2 人がいる。投げたとき表裏が出る確率がそれぞれ $\dfrac{1}{2}$ のコインが 1 枚あり，最初は A がそのコインを持っている。次の操作を繰り返す。

(i)　　A がコインを持っているときは，コインを投げ，表が出れば A に 1 点を与え，コインは A がそのまま持つ。裏が出れば，両者に点を与えず，A はコインを B に渡す。

(ii)　　B がコインを持っているときは，コインを投げ，表が出れば B に 1 点を与え，コインは B がそのまま持つ。裏が出れば，両者に点を与えず，B はコインを A に渡す。

そして A，B のいずれかが 2 点を獲得した時点で，2 点を獲得した方の勝利とする。たとえば，コインが表，裏，表，表と出た場合，この時点で A は 1 点，B は 2 点を獲得しているので B の勝利となる。

A，B あわせてちょうど n 回コインを投げ終えたときに A の勝利となる確率 $p(n)$ を求めよ。

第　1　問

座標平面上の点 $(x,\ y)$ が次の方程式を満たす。

$$2x^2 + 4xy + 3y^2 + 4x + 5y - 4 = 0$$

このとき，x のとりうる最大の値を求めよ。

第　2　問

実数 t は $0 < t < 1$ を満たすとし，座標平面上の4点 $O(0,\ 0)$，$A(0,\ 1)$，$B(1,\ 0)$，$C(t,\ 0)$ を考える。また線分 AB 上の点 D を $\angle ACO = \angle BCD$ となるように定める。

t を動かしたときの三角形 ACD の面積の最大値を求めよ。

第　　3　　問

　図のように，正三角形を9つの部屋に辺で区切り，部屋P, Qを定める。1つの球が部屋Pを出発し，1秒ごとに，そのままその部屋にとどまることなく，辺を共有する隣の部屋に等確率で移動する。球がn秒後に部屋Qにある確率を求めよ。

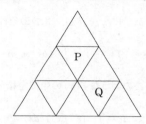

第　　4　　問

　座標平面上の放物線Cを$y = x^2 + 1$で定める。s, tは実数とし$t < 0$を満たすとする。点(s, t)から放物線Cへ引いた接線をl_1, l_2とする。

(1)　l_1, l_2の方程式を求めよ。

(2)　aを正の実数とする。放物線Cと直線l_1, l_2で囲まれる領域の面積がaとなる(s, t)を全て求めよ。

第　1　問

x の3次関数 $f(x) = ax^3 + bx^2 + cx + d$ が，3つの条件

$$f(1) = 1, \ f(-1) = -1, \ \int_{-1}^{1} (bx^2 + cx + d)\,dx = 1$$

を全て満たしているとする。このような $f(x)$ の中で定積分

$$I = \int_{-1}^{\frac{1}{2}} \{f''(x)\}^2\,dx$$

を最小にするものを求め，そのときの I の値を求めよ。ただし，$f''(x)$ は $f'(x)$ の導関数を表す。

第　2　問

実数 x の小数部分を，$0 \leq y < 1$ かつ $x - y$ が整数となる実数 y のこととし，これを記号 $\langle x \rangle$ で表す。実数 a に対して，無限数列 $\{a_n\}$ の各項 $a_n (n = 1, 2, 3, \cdots)$ を次のように順次定める。

(i)　$a_1 = \langle a \rangle$

(ii)　$\begin{cases} a_n \neq 0 \text{ のとき，} a_{n+1} = \left\langle \dfrac{1}{a_n} \right\rangle \\ a_n = 0 \text{ のとき，} a_{n+1} = 0 \end{cases}$

(1)　$a = \sqrt{2}$ のとき，数列 $\{a_n\}$ を求めよ。

(2)　任意の自然数 n に対して $a_n = a$ となるような $\dfrac{1}{3}$ 以上の実数 a をすべて求めよ。

第　3　問

p, q を 2 つの正の整数とする。整数 a, b, c で条件

$$-q \leqq b \leqq 0 \leqq a \leqq p, \quad b \leqq c \leqq a$$

を満たすものを考え，このような a, b, c を $[a, b ; c]$ の形に並べたものを (p, q) パターンと呼ぶ。各 (p, q) パターン $[a, b ; c]$ に対して

$$w([a, b ; c]) = p - q - (a + b)$$

とおく。

(1)　(p, q) パターンのうち，$w([a, b ; c]) = -q$ となるものの個数を求めよ。
　　また，$w([a, b ; c]) = p$ となる (p, q) パターンの個数を求めよ。

　　以下 $p = q$ の場合を考える。

(2)　s を p 以下の整数とする。(p, p) パターンで $w([a, b ; c]) = -p + s$ となるものの個数を求めよ。

第　4　問

座標平面上の 1 点 $P\left(\dfrac{1}{2}, \dfrac{1}{4}\right)$ をとる。放物線 $y = x^2$ 上の 2 点 $Q(\alpha, \alpha^2)$, $R(\beta, \beta^2)$ を，3 点 P, Q, R が QR を底辺とする二等辺三角形をなすように動かすとき，$\triangle$PQR の重心 $G(X, Y)$ の軌跡を求めよ。

第　1　問

O を原点とする座標平面上に点 A(-3，0) をとり，$0° < \theta < 120°$ の範囲にある θ に対して，次の条件 (i)，(ii) をみたす 2 点 B, C を考える。

(i)　B は $y > 0$ の部分にあり，OB $= 2$ かつ $\angle$AOB $= 180° - \theta$ である。

(ii)　C は $y < 0$ の部分にあり，OC $= 1$ かつ $\angle$BOC $= 120°$ である。ただし $\triangle$ ABC は O を含むものとする。

以下の問(1)，(2)に答えよ。

(1)　$\triangle$OAB と $\triangle$OAC の面積が等しいとき，θ の値を求めよ。

(2)　θ を $0° < \theta < 120°$ の範囲で動かすとき，$\triangle$OAB と $\triangle$OAC の面積の和の最大値 と，そのときの $\sin \theta$ の値を求めよ。

第　2　問

2 次関数 $f(x) = x^2 + ax + b$ に対して

$$f(x + 1) = c \int_0^1 (3x^2 + 4xt) f'(t)\, dt$$

が x についての恒等式になるような定数 a，b，c の組をすべて求めよ。

第　3　問

2つの箱LとR，ボール30個，コイン投げで表と裏が等確率 $\frac{1}{2}$ で出るコイン1枚を用意する。x を0以上30以下の整数とする。Lに x 個，Rに $30-x$ 個のボールを入れ，次の操作(#)を繰り返す。

(#)　箱Lに入っているボールの個数を z とする。コインを投げ，表が出れば箱Rから箱Lに，裏が出れば箱Lから箱Rに，$K(z)$ 個のボールを移す。ただし，$0 \leqq z \leqq 15$ のとき $K(z)=z$，$16 \leqq z \leqq 30$ のとき $K(z)=30-z$ とする。

m 回の操作の後，箱Lのボールの個数が30である確率を $P_m(x)$ とする。たとえば $P_1(15)=P_2(15)=\frac{1}{2}$ となる。以下の問(1)，(2)に答えよ。

(1)　$m \geqq 2$ のとき，x に対してうまく y を選び，$P_m(x)$ を $P_{m-1}(y)$ で表せ。

(2)　n を自然数とするとき，$P_{2n}(10)$ を求めよ。

第　4　問

C を半径1の円周とし，A を C 上の1点とする。3点 P, Q, R が A を時刻 $t=0$ に出発し，C 上を各々一定の速さで，P，Q は反時計回りに，R は時計回りに，時刻 $t=2\pi$ まで動く。P, Q, R の速さは，それぞれ m, 1, 2 であるとする。（したがって，Q は C をちょうど一周する。）ただし，m は $1 \leqq m \leqq 10$ をみたす整数である。△PQR が PR を斜辺とする直角二等辺三角形となるような速さ m と時刻 t の組をすべて求めよ。

第　1　問

　　座標平面において原点を中心とする半径 2 の円を C_1 とし，点 $(1, 0)$ を中心とする半径 1 の円を C_2 とする。また，点 (a, b) を中心とする半径 t の円 C_3 が，C_1 に内接し，かつ C_2 に外接すると仮定する。ただし，b は正の実数とする。

(1)　a, b を t を用いて表せ。また，t がとり得る値の範囲を求めよ。

(2)　t が (1) で求めた範囲を動くとき，b の最大値を求めよ。

第　2　問

　　自然数 $m \geqq 2$ に対し，$m - 1$ 個の二項係数

$$_m\mathrm{C}_1, \ _m\mathrm{C}_2, \ \cdots, \ _m\mathrm{C}_{m-1}$$

を考え，これらすべての最大公約数を d_m とする。すなわち d_m はこれらすべてを割り切る最大の自然数である。

(1)　m が素数ならば，$d_m = m$ であることを示せ。

(2)　すべての自然数 k に対し，$k^m - k$ が d_m で割り切れることを，k に関する数学的帰納法によって示せ。

第　　3　　問

スイッチを1回押すごとに，赤，青，黄，白のいずれかの色の玉が1個，等確率 $\frac{1}{4}$ で出てくる機械がある。2つの箱LとRを用意する。次の3種類の操作を考える。

（A）　1回スイッチを押し，出てきた玉をLに入れる。

（B）　1回スイッチを押し，出てきた玉をRに入れる。

（C）　1回スイッチを押し，出てきた玉と同じ色の玉が，Lになければその玉をLに入れ，Lにあればその玉をRに入れる。

(1)　LとRは空であるとする。操作（A）を5回おこない，さらに操作（B）を5回おこなう。このときLにもRにも4色すべての玉が入っている確率 P_1 を求めよ。

(2)　LとRは空であるとする。操作（C）を5回おこなう。このときLに4色すべての玉が入っている確率 P_2 を求めよ。

(3)　LとRは空であるとする。操作（C）を10回おこなう。このときLにもRにも4色すべての玉が入っている確率を P_3 とする。$\dfrac{P_3}{P_1}$ を求めよ。

第　　4　　問

2次以下の整式 $f(x) = ax^2 + bx + c$ に対し

$$S = \int_0^2 |f'(x)|\, dx$$

を考える。

(1)　$f(0) = 0$，$f(2) = 2$ のとき S を a の関数として表せ。

(2)　$f(0) = 0$，$f(2) = 2$ をみたしながら f が変化するとき，S の最小値を求めよ。

第　　1　　問

$0 \leqq \alpha \leqq \beta$ をみたす実数 α, β と，2 次式 $f(x) = x^2 - (\alpha + \beta)x + \alpha\beta$ について，

$$\int_{-1}^{1} f(x)\,dx = 1$$

が成立しているとする。このとき定積分

$$S = \int_{0}^{\alpha} f(x)\,dx$$

を α の式で表し，S がとりうる値の最大値を求めよ。

第　　2　　問

白黒 2 種類のカードがたくさんある。そのうち 4 枚を手もとにもっているとき，次の操作 (A) を考える。

(A)　手持ちの 4 枚の中から 1 枚を，等確率 $\dfrac{1}{4}$ で選び出し，それを違う色のカードにとりかえる。

最初にもっている 4 枚のカードは，白黒それぞれ 2 枚であったとする。以下の (1)，(2) に答えよ。

(1)　操作 (A) を 4 回繰り返した後に初めて，4 枚とも同じ色のカードになる確率を求めよ。

(2)　操作 (A) を n 回繰り返した後に初めて，4 枚とも同じ色のカードになる確率を求めよ。

第　3　問

座標平面上の 3 点 A (1 , 0), B (−1 , 0), C (0 , −1) に対し,

$$\angle APC = \angle BPC$$

をみたす点 P の軌跡を求めよ。ただし P ≠ A, B, C とする。

第　4　問

p を自然数とする。次の関係式で定められる数列 $\{a_n\}$, $\{b_n\}$ を考える。

$$\begin{cases} a_1 = p, \ b_1 = p + 1 \\ a_{n+1} = a_n + pb_n & (n = 1, 2, 3, \cdots) \\ b_{n+1} = pa_n + (p+1)b_n & (n = 1, 2, 3, \cdots) \end{cases}$$

(1) $n = 1, 2, 3, \cdots$ に対し, 次の 2 つの数がともに p^3 で割り切れることを示せ。

$$a_n - \frac{n(n-1)}{2}p^2 - np, \quad b_n - n(n-1)p^2 - np - 1$$

(2) p を 3 以上の奇数とする。このとき, a_p は p^2 で割り切れるが, p^3 では割り切れないことを示せ。

第 1 問

連立不等式

$$y(y - |x^2 - 5| + 4) \leqq 0, \quad y + x^2 - 2x - 3 \leqq 0$$

の表す領域を D とする。

(1) D を図示せよ。

(2) D の面積を求めよ。

第　　2　　問

r は $0 < r < 1$ をみたす実数，n は 2 以上の整数とする。平面上に与えられた 1 つの円を，次の条件①，②をみたす 2 つの円で置き換える操作 **(P)** を考える。

①　新しい 2 つの円の半径の比は $r : 1 - r$ で，半径の和はもとの円の半径に等しい。

②　新しい 2 つの円は互いに外接し，もとの円に内接する。

以下のようにして，平面上に 2^n 個の円を作る。

・最初に，平面上に半径 1 の円を描く。

・次に，この円に対して操作 **(P)** を行い，2 つの円を得る（これを 1 回目の操作という）。

・k 回目の操作で得られた 2^k 個の円のそれぞれについて，操作 **(P)** を行い，2^{k+1} 個の円を得る（$1 \leqq k \leqq n - 1$）。

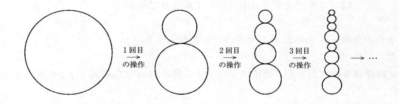

(1)　n 回目の操作で得られる 2^n 個の円の周の長さの和を求めよ。

(2)　2 回目の操作で得られる 4 つの円の面積の和を求めよ。

(3)　n 回目の操作で得られる 2^n 個の円の面積の和を求めよ。

第　3　問

正の整数の下 2 桁とは，100 の位以上を無視した数をいう。たとえば 2000，12345 の下 2 桁はそれぞれ 0，45 である。m が正の整数全体を動くとき，$5m^4$ の下 2 桁として現れる数をすべて求めよ。

第　4　問

表が出る確率が p，裏が出る確率が $1 - p$ であるような硬貨がある。ただし，$0 < p < 1$ とする。この硬貨を投げて，次のルール(**R**)の下で，ブロック積みゲームを行う。

(**R**) 　① ブロックの高さは，最初は 0 とする。
　② 硬貨を投げて表が出れば高さ 1 のブロックを 1 つ積み上げ，裏が出ればブロックをすべて取り除いて高さ 0 に戻す。

n を正の整数，m を $0 \leqq m \leqq n$ をみたす整数とする。

(1) n 回硬貨を投げたとき，最後にブロックの高さが m となる確率 p_m を求めよ。

(2) (1)で，最後にブロックの高さが m 以下となる確率 q_m を求めよ。

(3) ルール(**R**)の下で，n 回の硬貨投げを独立に 2 度行い，それぞれ最後のブロックの高さを考える。2 度のうち，高い方のブロックの高さが m である確率 r_m を求めよ。ただし，最後のブロックの高さが等しいときはその値を考えるものとする。

2006 年

第　1　問

四角形 ABCD が，半径 $\frac{65}{8}$ の円に内接している。この四角形の周の長さが 44 で，辺 BC と辺 CD の長さがいずれも 13 であるとき，残りの 2 辺 AB と DA の長さを求めよ。

第　2　問

コンピュータの画面に，記号○と×のいずれかを表示させる操作をくり返し行う。このとき，各操作で，直前の記号と同じ記号を続けて表示する確率は，それまでの経過に関係なく，p であるとする。

最初に，コンピュータの画面に記号×が表示された。操作をくり返し行い，記号×が最初のものも含めて 3 個出るよりも前に，記号○が n 個出る確率を P_n とする。ただし，記号○が n 個出た段階で操作は終了する。

(1)　P_2 を p で表せ。

(2)　P_3 を p で表せ。

(3)　$n \geqq 4$ のとき，P_n を p と n で表せ。

第　3　問

n を正の整数とする。実数 $x,\ y,\ z$ に対する方程式

$$x^n + y^n + z^n = xyz \quad\cdots\cdots\cdots\cdots\cdots\cdots\cdots\cdots\cdots\cdots\cdots\cdots\cdots\cdots① $$

を考える。

(1) $n=1$ のとき，①を満たす正の整数の組 $(x,\ y,\ z)$ で，$x \leqq y \leqq z$ となるものをすべて求めよ。

(2) $n=3$ のとき，①を満たす正の実数の組 $(x,\ y,\ z)$ は存在しないことを示せ。

第　4　問

θ は，$0° < \theta < 45°$ の範囲の角度を表す定数とする。$-1 \leqq x \leqq 1$ の範囲で，関数 $f(x) = |x+1|^3 + |x - \cos 2\theta|^3 + |x-1|^3$ が最小値をとるときの変数 x の値を，$\cos \theta$ で表せ。

第　1　問

$f(x)$ を $f(0)=0$ をみたす2次関数とする。a, b を実数として，関数 $g(x)$ を次で与える。

$$g(x)=\begin{cases} ax & (x \leqq 0) \\ bx & (x > 0) \end{cases}$$

a, b をいろいろ変化させ

$$\int_{-1}^{0}\{f'(x)-g'(x)\}^2\,dx + \int_{0}^{1}\{f'(x)-g'(x)\}^2\,dx$$

が最小になるようにする。このとき，

$$g(-1)=f(-1), \quad g(1)=f(1)$$

であることを示せ。

第　2　問

3以上9999以下の奇数 a で，a^2-a が10000で割り切れるものをすべて求めよ。

第　3　問

0以上の実数 s, t が $s^2 + t^2 = 1$ をみたしながら動くとき，方程式

$$x^4 - 2(s+t)x^2 + (s-t)^2 = 0$$

の解のとる値の範囲を求めよ。

第　4　問

N を1以上の整数とする。数字 1, 2,..., N が書かれたカードを1枚ずつ，計 N 枚用意し，甲，乙のふたりが次の手順でゲームを行う。

(i) 甲が1枚カードをひく。そのカードに書かれた数を a とする。ひいたカードはもとに戻す。

(ii) 甲はもう1回カードをひくかどうかを選択する。ひいた場合は，そのカードに書かれた数を b とする。ひいたカードはもとに戻す。ひかなかった場合は，$b = 0$ とする。

$a + b > N$ の場合は乙の勝ちとし，ゲームは終了する。

(iii) $a + b \leqq N$ の場合は，乙が1枚カードをひく。そのカードに書かれた数を c とする。ひいたカードはもとに戻す。$a + b < c$ の場合は乙の勝ちとし，ゲームは終了する。

(iv) $a + b \geqq c$ の場合は，乙はもう1回カードをひく。そのカードに書かれた数を d とする。$a + b < c + d \leqq N$ の場合は乙の勝ちとし，それ以外の場合は甲の勝ちとする。

(ii)の段階で，甲にとってどちらの選択が有利であるかを，a の値に応じて考える。以下の問いに答えよ。

(1) 甲が2回目にカードをひかないことにしたとき，甲の勝つ確率を a を用いて表せ。

(2) 甲が2回目にカードをひくことにしたとき，甲の勝つ確率を a を用いて表せ。

ただし，各カードがひかれる確率は等しいものとする。

第　1　問

xy 平面の放物線 $y = x^2$ 上の 3 点 P，Q，R が次の条件をみたしている。

△PQR は一辺の長さ a の正三角形であり，点 P，Q を通る直線の傾きは $\sqrt{2}$ である。

このとき，a の値を求めよ。

第　2　問

a を正の実数とする。次の 2 つの不等式を同時にみたす点 (x, y) 全体からなる領域を D とする。

$$y \geqq x^2$$
$$y \leqq -2x^2 + 3ax + 6a^2$$

領域 D における $x + y$ の最大値，最小値を求めよ。

第　3　問

関数 $f(x)$, $g(x)$, $h(x)$ を次で定める。

$$f(x) = x^3 - 3x$$
$$g(x) = \{f(x)\}^3 - 3f(x)$$
$$h(x) = \{g(x)\}^3 - 3g(x)$$

このとき，以下の問いに答えよ。

(1)　a を実数とする。$f(x) = a$ をみたす実数 x の個数を求めよ。

(2)　$g(x) = 0$ をみたす実数 x の個数を求めよ。

(3)　$h(x) = 0$ をみたす実数 x の個数を求めよ。

第　4　問

　片面を白色に，もう片面を黒色に塗った正方形の板が 3 枚ある。この 3 枚の板を机の上に横に並べ，次の操作を繰り返し行う。

　さいころを振り，出た目が 1 ， 2 であれば左端の板を裏返し， 3 ， 4 であればまん中の板を裏返し， 5 ， 6 であれば右端の板を裏返す。

　たとえば，最初，板の表の色の並び方が「白白白」であったとし， 1 回目の操作で出たさいころの目が 1 であれば，色の並び方は「黒白白」となる。さらに 2 回目の操作を行って出たさいころの目が 5 であれば，色の並び方は「黒白黒」となる。

(1)　「白白白」から始めて， 3 回の操作の結果，色の並び方が「黒白白」となる確率を求めよ。

(2)　「白白白」から始めて，n 回の操作の結果，色の並び方が「黒白白」または「白黒白」または「白白黒」となる確率を p_n とする。

　　p_{2k+1}（k は自然数）を求めよ。

注意：さいころは 1 から 6 までの目が等確率で出るものとする。

第　1　問

a, b, c を実数とし, $a \neq 0$ とする。

2次関数　$f(x) = ax^2 + bx + c$　が次の条件 (A), (B) を満たすとする。

(A)　　$f(-1) = -1$,　　$f(1) = 1$,　　$f'(1) \leq 6$

(B)　　$-1 \leq x \leq 1$ を満たすすべての x に対し,
$$f(x) \leq 3x^2 - 1$$

このとき, 積分　$I = \displaystyle\int_{-1}^{1} (f'(x))^2 \, dx$　の値のとりうる範囲を求めよ。

第　2　問

a, b を実数とする。次の4つの不等式を同時に満たす点 (x, y) 全体からなる領域を D とする。

$$x + 3y \geq a$$
$$3x + y \geq b$$
$$x \geq 0$$
$$y \geq 0$$

領域 D における $x + y$ の最小値を求めよ。

第　3　問

2 次方程式 $x^2 - 4x + 1 = 0$ の 2 つの実数解のうち大きいものを α，小さいものを β とする。

$n = 1, 2, 3, \cdots$ に対し，

$$s_n = \alpha^n + \beta^n$$

とおく。

(1) s_1，s_2，s_3 を求めよ。また，$n \geqq 3$ に対し，s_n を s_{n-1} と s_{n-2} で表せ。

(2) s_n は正の整数であることを示し，s_{2003} の 1 の位の数を求めよ。

(3) α^{2003} 以下の最大の整数の 1 の位の数を求めよ。

第　4　問

さいころを振り，出た目の数で 17 を割った余りを X_1 とする。ただし，1 で割った余りは 0 である。

さらにさいころを振り，出た目の数で X_1 を割った余りを X_2 とする。以下同様にして，X_n が決まればさいころを振り，出た目の数で X_n を割った余りを X_{n+1} とする。

このようにして，X_n，$n = 1, 2, \cdots$ を定める。

(1) $X_3 = 0$ となる確率を求めよ。

(2) 各 n に対し，$X_n = 5$ となる確率を求めよ。

(3) 各 n に対し，$X_n = 1$ となる確率を求めよ。

注意：さいころは 1 から 6 までの目が等確率で出るものとする。

第　1　問

2 つの放物線

$$y = 2\sqrt{3}\,(x - \cos\theta)^2 + \sin\theta$$
$$y = -2\sqrt{3}\,(x + \cos\theta)^2 - \sin\theta$$

が相異なる 2 点で交わるような θ の範囲を求めよ。

ただし，$0° \leqq \theta < 360°$ とする。

第　2　問

n は正の整数とする。x^{n+1} を $x^2 - x - 1$ で割った余りを

$$a_n\,x + b_n$$

とおく。

(1) 数列 a_n，b_n，$n = 1，2，3，\cdots$，は

$$\begin{cases} a_{n+1} = a_n + b_n \\ b_{n+1} = a_n \end{cases}$$

を満たすことを示せ。

(2) $n = 1，2，3，\cdots$ に対して，a_n，b_n は共に正の整数で，互いに素であることを証明せよ。

第 3 問

2 つの関数

$$f(x) = ax^3 + bx^2 + cx$$
$$g(x) = px^3 + qx^2 + rx$$

が次の 5 つの条件を満たしているとする。

$$f'(0) = g'(0), \quad f(-1) = -1, \quad f'(-1) = 0,$$
$$g(1) = 3, \quad g'(1) = 0$$

ここで，$f(x)$，$g(x)$ の導関数をそれぞれ $f'(x)$，$g'(x)$ で表している。

このような関数のうちで，定積分

$$\int_{-1}^{0} \{f''(x)\}^2 dx + \int_{0}^{1} \{g''(x)\}^2 dx$$

の値を最小にするような $f(x)$ と $g(x)$ を求めよ。

ただし，$f''(x)$，$g''(x)$ はそれぞれ $f'(x)$，$g'(x)$ の導関数を表す。

2002

第 4 問

円周上に m 個の赤い点と n 個の青い点を任意の順序に並べる。これらの点により，円周は $m + n$ 個の弧に分けられる。このとき，これらの弧のうち両端の点の色が異なるものの数は偶数であることを証明せよ。ただし，$m \geqq 1$，$n \geqq 1$ であるとする。

第　1　問

半径 r の球面上に 4 点 A, B, C, D がある。四面体 ABCD の各辺の長さは, AB $= \sqrt{3}$, AC $=$ AD $=$ BC $=$ BD $=$ CD $= 2$ を満たしている。このとき r の値を求めよ。

第　2　問

時刻 0 に原点を出発した 2 点 A, B が xy 平面上を動く。点 A の時刻 t での座標は $(t^2, 0)$ で与えられる。点 B は, 最初は y 軸上を y 座標が増加する方向に一定の速さ 1 で動くが, 点 C $(0, 3)$ に到達した後は, その点から x 軸に平行な直線上を x 座標が増加する方向に同じ速さ 1 で動く。

$t > 0$ のとき, 三角形 ABC の面積を $S(t)$ とおく。

(1) 関数

$$S(t)\ (t > 0)$$

のグラフの概形を描け。

(2) u を正の実数とするとき, $0 < t \leqq u$ における $S(t)$ の最大値を $M(u)$ とおく。関数

$$M(u)\ (u > 0)$$

のグラフの概形を描け。

第　3　問

コインを投げる試行の結果によって，数直線上にある 2 点 A，B を次のように動かす。

表が出た場合：点 A の座標が点 B の座標より大きいときは，A と B を共に正の方向に 1 動かす。そうでないときは，A のみ正の方向に 1 動かす。

裏が出た場合：点 B の座標が点 A の座標より大きいときは，A と B を共に正の方向に 1 動かす。そうでないときは，B のみ正の方向に 1 動かす。

最初 2 点 A，B は原点にあるものとし，上記の試行を n 回繰り返して A と B を動かしていった結果，A，B の到達した点の座標をそれぞれ a, b とする。

(1)　n 回コインを投げたときの表裏の出方の場合の数 2^n 通りのうち，$a = b$ となる場合の数を X_n とおく。X_{n+1} と X_n の間の関係式を求めよ。

(2)　X_n を求めよ。

第　4　問

白石 180 個と黒石 181 個の合わせて 361 個の碁石が横に一列に並んでいる。碁石がどのように並んでいても，次の条件を満たす黒の碁石が少なくとも一つあることを示せ。

　　その黒の碁石とそれより右にある碁石をすべて除くと，残りは白石と黒石が同数となる。ただし，碁石が一つも残らない場合も同数とみなす。

解答時間：100分

配　　点：80点

第　1　問

　図のように底面の半径 1，上面の半径 $1-x$，高さ $4x$ の直円すい台 A と，底面の半径 $1-\dfrac{x}{2}$，上面の半径 $\dfrac{1}{2}$，高さ $1-x$ の直円すい台 B がある。ただし，$0 \leqq x \leqq 1$ である。A と B の体積の和を $V(x)$ とするとき，$V(x)$ の最大値を求めよ。

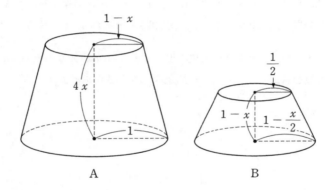

A   B

第　2　問

xy 平面内の領域

$$-1 \leqq x \leqq 1, \quad -1 \leqq y \leqq 1$$

において

$$1 - ax - by - axy$$

の最小値が正となるような定数 a, b を座標とする点 (a, b) の範囲を図示せよ。

第　3　問

正四面体の各頂点を A_1, A_2, A_3, A_4 とする。ある頂点にいる動点 X は，同じ頂点にとどまることなく，1 秒ごとに他の 3 つの頂点に同じ確率で移動する。X が A_i に n 秒後に存在する確率を $P_i(n)$ ($n = 0, 1, 2, \cdots$) で表す。

$$P_1(0) = \frac{1}{4}, \quad P_2(0) = \frac{1}{2}, \quad P_3(0) = \frac{1}{8}, \quad P_4(0) = \frac{1}{8}$$

とするとき，$P_1(n)$ と $P_2(n)$ ($n = 0, 1, 2, \cdots$) を求めよ。

第　4　問

複素数平面上の原点以外の相異なる 2 点 P(α)，Q(β) を考える。P(α)，Q(β) を通る直線を l，原点から l に引いた垂線と l の交点を R(w) とする。ただし，複素数 γ が表す点 C を C(γ) とかく。このとき，

「$w = \alpha\beta$ であるための必要十分条件は，P(α)，Q(β) が中心 A$\left(\dfrac{1}{2}\right)$，半径 $\dfrac{1}{2}$ の円周上にあることである。」

を示せ。

1999 年

解答時間：100 分
配　　点：80 点

第　1　問

(1)　一般角 θ に対して $\sin \theta$, $\cos \theta$ の定義を述べよ。

(2)　(1)で述べた定義にもとづき，一般角 α, β に対して

$$\sin(\alpha + \beta) = \sin \alpha \cos \beta + \cos \alpha \sin \beta,$$
$$\cos(\alpha + \beta) = \cos \alpha \cos \beta - \sin \alpha \sin \beta$$

を証明せよ。

第　2　問

次の 2 つの条件(a), (b)を同時に満たす複素数 z 全体の集合を複素数平面上に図示せよ。

1999

(a)　$2z$, $\dfrac{2}{z}$ の実部はいずれも整数である。

(b)　$|z| \geqq 1$ である。

第　　3　　問

c を $c > \dfrac{1}{4}$ を満たす実数とする。xy 平面上の放物線 $y = x^2$ を A とし，直線 $y = x - c$ に関して A と対称な放物線を B とする。点 P が放物線 A 上を動き，点 Q が放物線 B 上を動くとき，線分 PQ の長さの最小値を c を用いて表せ。

第　　4　　問

(1)　四面体 ABCD の各辺はそれぞれ確率 $\dfrac{1}{2}$ で電流を通すものとする。このとき，頂点 A から B に電流が流れる確率を求めよ。ただし，各辺が電流を通すか通さないかは独立で，辺以外は電流を通さないものとする。

(2)　(1)で考えたような 2 つの四面体 ABCD と EFGH を図のように頂点 A と E でつないだとき，頂点 B から F に電流が流れる確率を求めよ。

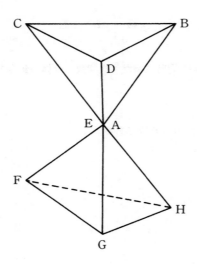

第3版①20231110

東大入試詳解

数学 文科 第3版

2023〜1999

25年

解答・解説編

駿台文庫

は じ め に

　もはや21世紀初頭と呼べる時代は過ぎ去った。連日のように技術革新を告げる
ニュースが流れる一方で，国際情勢は緊張と緩和をダイナミックに繰り返している。
ブレイクスルーとグローバリゼーションが人類に希望をもたらす反面，未知への恐怖
と異文化・異文明間の軋轢が史上最大級の不安を生んでいる。

　このような時代において，大学の役割とは何か。まず上記の二点に対応するのが，
人類の物心両面に豊かさをもたらす「研究」と，異文化・異文明に触れることで多様
性を実感させ，衝突の危険性を下げる「交流」である。そしてもう一つ重要なのが，
人材の「育成」である。どのような人材育成を目指すのかは，各大学によって異なっ
て良いし，実際各大学は個性を発揮して，結果として多様な人材育成が実現されてい
る。

　では，東京大学はどのような人材育成を目指しているか。実は答えはきちんと示さ
れている。それが「東京大学憲章」（以下「憲章」）と「東京大学アドミッション・ポ
リシー」（以下「AP」）である。もし，ただ偏差値が高いから，ただ就職に有利だか
らなどという理由で東大を受験しようとしている人がいるなら，「憲章」と「AP」を
ぜひ読んでほしい。これらは東大のWebサイト上でも公開されている。

　「憲章」において，「公正な社会の実現，科学・技術の進歩と文化の創造に貢献する，
世界的視野をもった市民的エリート」の育成を目指すとはっきりと述べられている。
そして，「AP」ではこれを強調したうえで，さらに期待する学生像として「入学試験
の得点だけを意識した，視野の狭い受験勉強のみに意を注ぐ人よりも，学校の授業の
内外で，自らの興味・関心を生かして幅広く学び，その過程で見出されるに違いない
諸問題を関連づける広い視野，あるいは自らの問題意識を掘り下げて追究するための
深い洞察力を真剣に獲得しようとする人」を歓迎するとある。つまり東大を目指す人
には，「広い視野」と「深い洞察力」が求められているのである。

　当然，入試問題はこの「AP」に基づいて作成される。奇を衒った問題はない。よ
く誤解されるように超難問が並べられているわけでもない。しかし，物事を俯瞰的に
とらえ，自身の知識を総動員して総合的に理解する能力が不可欠となる。さまざまな
事象に興味を持ち，主体的に学問に取り組んできた者が高い評価を与えられる試験な
のである。

　本書に収められているのは，その東大の過去の入試問題25年分と，解答・解説で
ある。問題に対する単なる解答に留まらず，問題の背景や関連事項にまで踏み込んだ
解説を掲載している。本書を繰り返し学習することによって，広く，深い学びを実践
してほしい。

　「憲章」「AP」を引用するまでもなく，真摯に学問を追究し，培った専門性をいか
して，公共的な責任を負って活躍することが東大を目指すみなさんの使命と言えるで
あろう。本書が，「世界的視野をもった市民的エリート」への道を歩みだす一助とな
れば幸いである。

駿台文庫 編集部

目　次

※本書の「解答・解説」は出題当時の内容であり，現在の学習指導要領や科目等と異なる場合があります。

出題分析と入試対策

年度	問題	内　　　容	分　野	難易度
23	第1問	2次方程式の解を用いて定められた分数式の最小値を，相加平均・相乗平均の関係を利用して求める問題。	方程式・不等式	やや易
	第2問	絶対値記号がついた関数の定積分を計算し，それを用いて定められた3次関数の最大値・最小値を求める問題。	微分・積分	標準
	第3問	3色の玉を袋から取り出して横一列に並べる試行において，確率・条件付き確率を求める問題。 （文理共通の問題）	確率・場合の数	やや難
	第4問	半径が1の球面上の相異なる4点が作る四面体において，1つの面の三角形の面積および四面体の体積を求める問題。	空間図形	標準
22	第1問	原点で垂直に交わる2本の接線を持つ放物線の係数の条件と，ある条件をみたすときの係数の値を求める問題。	図形と式	標準
	第2問	3次関数のグラフと，グラフ上の1点における法線が相異なる3点で交わる条件を求め，3交点のx座標を用いて表される関数の値域を求める問題。	微分・積分	標準
	第3問	一般項を求めることが困難な漸化式で定義される整数の列について，3で割った余りを求め，連続する3項の最大公約数を求める問題。 （文理類似の問題）	整　数	やや難
	第4問	コイン投げの表裏の出方に応じてベクトルを用いた規則で定義される点列について，特定の回数後に点列の点が原点にある確率を求める問題。 （文理類似の問題）	確率・場合の数	難

年度	問題	内　　　容	分　　野	難易度
21	第1問	原点対称の3次関数のグラフと原点を中心とする半径1の円の共有点の個数が6個であるための条件を求める問題。	微分・積分	やや易
	第2問	1以上$2N$以下の整数から，ある条件を満たす相異なるN個の整数を選ぶ選び方の場合の数を求める問題。	確率・場合の数	標準
	第3問	座標平面上の2つの放物線についての共有点に関する条件のもとで，一方の放物線の通りうる範囲を求める問題。　　　　　　　　（文理共通の問題）	不等式と領域	標準
	第4問	$a-b$が2で割り切れるとき，${}_{4a+1}C_{4b+1}$を4で割った余りが${}_aC_b$を4で割った余りと等しいことを証明するのが主な問題。　（文理共通の問題）	整　数	難
20	第1問	x軸に接する3次関数のグラフとx軸とで囲まれた領域に格子点が1個だけあるような条件を求める問題。	微分・積分	標準
	第2問	座標平面上の8本の直線の交点である16個の点から，ある条件を満たす5個の点を選ぶ場合の数を求める問題。	確率・場合の数	やや難
	第3問	放物線C上の点と，原点を通る直線l上の点と原点とで正三角形をなすようなlの傾きの範囲を求める問題。	図形と式	標準
	第4問	2のべき乗のn個の整数からk個選んでできる積の総和を係数にもつ整式に関する問題。　　　　　　　　　　　　　　（文理共通の問題）	数　列	難
19	第1問	2つの三角形の面積が一定のときに，2つの線分の長さの比の最大値と最小値を求める問題。　　　　　　　　　　　　　（文理類似の問題）	微分・積分	標準
	第2問	座標平面上で2つの条件を満たす動点の動く領域と面積，なす角の余弦のとりうる値の範囲を求める問題。	図形と式	標準
	第3問	正八角形の頂点をコインの表裏に応じて動く点について，ある事象が起こる確率を求める問題。	確率・場合の数	標準
	第4問	2つの動点に対してベクトルを用いて定められる点の動く範囲の図示とそれに関する論証問題。	不等式と領域	標準

年度	問題	内　　　　　容	分　　野	難易度
18	第1問	放物線上の点から2接線への距離に関する問題と，放物線を境界線とする領域内の点に対する不等式の成立条件を求める問題。	図形と式	やや難
	第2問	$a_n = \dfrac{_{2n}C_n}{n!}$ で定められる数列が整数となる自然数 n の値を求める問題。　（文理類似の問題）	整　数	標準
	第3問	3次関数が単調に増加する条件，及び3次方程式の相異なる3実数解の中央の解が1より大きくなる条件を求める問題。　（文理一部共通の問題）	微分・積分	やや易
	第4問	2つの動点を用いてベクトルで定められる点の軌跡・領域と面積を求める問題。（文理類似の問題）	図形と式	標準
17	第1問	等式の関係式を満たす2変数で表された2つの面積の比の値の最大値を求める問題。	微分・積分	易
	第2問	正六角形の辺上を独立に動く2点から定まる動点が通りうる範囲の面積を求める問題。	平面図形	標準
	第3問	座標平面上の格子点上を座標軸と平行に動く点に関する確率を求める問題。　（文理類似の問題）	確率・場合の数	やや易
	第4問	一般項が与えられた数列が満たす漸化式を求め，整数問題に応用する問題。　（文理共通の問題）	整　数	標準
16	第1問	座標平面上の3点が鋭角三角形の頂点をなす条件を求める問題。	図形と式	標準
	第2問	巴戦で戦う3チームが2連勝して優勝する確率を求める問題。　（文理類似の問題）	確率・場合の数	標準
	第3問	2つの放物線が接する条件と2つの放物線が囲む部分の面積の最大値等を求める問題。	微分・積分	標準
	第4問	3^n を10及び4で割った余りと，漸化式で定められる数列の x_{10} を10で割った余りを求める問題。	整　数	やや難
15	第1問	整数についての不等式に関する命題の真偽判定問題。	整　数	標準
	第2問	ある条件をみたす放物線または直線の $|x| \leqq 1$ の部分が通過する範囲とその面積を求める問題。	不等式と領域	標準
	第3問	x 軸に接する円と y 軸に接する円が互いに外接するとき，半径についての式の最小値を求める問題。	図形と式	やや難
	第4問	コインを投げ左から文字を書いていくとき，左から n 番目の文字に関する確率を求める問題。　（文理類似の問題）	確率・場合の数	やや難

出題分析と入試対策

年度	問題	内　　　容	分　　野	難易度
14	第1問	2次関数の最大値と3次関数の最小値に関する問題。	微分・積分	易
	第2問	ある操作を繰り返し行うとき，n回目に赤球を取り出す確率を求める問題。　（文理一部共通の問題）	確率・場合の数	標準
	第3問	ある条件を満たして動く線分の通過する領域を求める問題。　　　　　　　（文理類似の問題）	不等式と領域	やや難
	第4問	漸化式で定められる整数を素数で割った余りに関する問題。　　　　　（文理一部共通の問題）	整　数	やや難
13	第1問	絶対値のついた関数を立式し，その増減を調べ，極値を求める問題。	微分・積分	標準
	第2問	座標平面上に与えられた点と放物線に関して，2つの線分の長さの差，3つの線分の長さの和が一定であることを証明する問題。	図形と式	やや難
	第3問	不等式の条件を満たして変化する2変数の関数の最小値を求める問題。	不等式と領域	やや難
	第4問	2人でコインを投げて行うゲームにおいて，一方が勝者となる確率を求める問題。　　　　　　　　　　　（文理一部共通の問題）	確率・場合の数	やや難
12	第1問	2元2次方程式を満たす実数の最大値を求める問題。	方程式・不等式	やや易
	第2問	座標平面上の三角形の面積の最大値を求める問題。	図形と式	標準
	第3問	正三角形を区切った9つの部屋を移動する点に関する確率の問題。　　　　（文理共通の問題）	確率・場合の数	やや難
	第4問	放物線外の1点から引いた2つの接線と放物線とで囲まれる領域の面積に関する問題。	微分・積分	標準
11	第1問	いくつかの条件を満たす3次関数の定積分の最小値を求める問題。	微分・積分	やや易
	第2問	逆数の小数部分の作る数列が，定数数列になる条件を求める問題。　　　（文理一部共通の問題）	整　数	標準
	第3問	ある不等式の条件を満たす整数の組が，ある等式の条件を満たすときの個数を求める問題。　　　　　　　　　　（文理一部共通の問題）	確率・場合の数	やや難
	第4問	放物線上に頂点をもつ二等辺三角形の底辺の両端が動くときの，重心の軌跡を求める問題。　　　　　　　　　（文理共通の問題）	図形と式	やや難

出題分析と入試対策

年度	問題	内　　容	分　　野	難易度
10	第1問	2つの三角形の面積が等しくなる条件と面積の和の最大値に関する問題。	三角関数	やや易
	第2問	定積分を含む等式が恒等式となる条件を求める問題。	微分・積分	やや易
	第3問	2つの箱の間でボールを移動する操作の繰り返しに関する確率の問題。　（文理一部共通の問題）	確率・場合の数	難
	第4問	円周上を一定の速さで動く3点が直角二等辺三角形を作る条件に関する問題。　（文理共通の問題）	整　数	難
09	第1問	2円が内接・外接する条件と2次関数の最大値に関する問題。	図形と式	やや易
	第2問	二項係数に関する整数の証明問題。　（文理一部共通の問題）	整　数	やや難
	第3問	4色の玉を用いた反復試行の確率に関する問題。　（文理共通の問題）	確率・場合の数	標準
	第4問	絶対値つき関数の定積分の計算とその最小値を求める問題。	微分・積分	標準
08	第1問	定積分の計算と3次関数の最大値を求める問題。	微分・積分	易
	第2問	白黒のカードのとりかえの繰り返しに関する確率の問題。　（文理類似の問題）	確率・場合の数	やや易
	第3問	3点A，B，Cに対し，$\angle APC = \angle BPC$をみたす点Pの軌跡を求める問題。	図形と式	難
	第4問	連立漸化式で定義された数列に関する論証問題。	整　数	やや難
07	第1問	絶対値記号を含む連立不等式の表す領域の図示とその面積を求める問題。	微分・積分	標準
	第2問	帰納的に定められた円の列に関して，周の長さの和と面積の和を求める問題。	平面図形	標準
	第3問	正の整数mに対して，$5m^4$の下2桁を求める問題。	整　数	標準
	第4問	ブロック積みゲームに関する確率を求める問題。　（文理共通の問題）	確率・場合の数	標準
06	第1問	円に内接する四角形の2辺の長さを求める。	平面図形	標準
	第2問	画面上に○と×を表示させる操作を繰り返し行う場合の確率の問題。　（文理類似の問題）	確率・場合の数	標準
	第3問	方程式$x^n + y^n + z^n = xyz$の$n=1$のときの正の整数解，$n=3$のときの正の実数解に関する問題。	整　数	標準
	第4問	絶対値記号と三角関数を含む関数$f(x)$が最小値をとるときの変数xの値を求める。	微分・積分	標準

出題分析と入試対策

年度	問題	内　　容	分　　野	難易度
05	第1問	2次関数 $f(x)$ とつぎはぎ1次関数 $g(x)$ について，$\{f'(x)-g'(x)\}^2$ の定積分が最小になる場合を考える。	微分・積分	やや易
	第2問	a^2-a が10000で割り切れるような奇数 a を求める。　　　　　　　　　　　（文理共通の問題）	整　数	標準
	第3問	$s \geqq 0,\ t \geqq 0,\ s^2+t^2=1$ のもとで，$x^4-2(s+t)x^2+(s-t)^2=0$ の解の値域を求める。	方程式・不等式	やや難
	第4問	あるルールにもとづく2人の間のゲームで一方が勝つ確率を求める。　　　　（文理共通の問題）	確率・場合の数	やや難
04	第1問	放物線上に3頂点をもつ正三角形の一辺の長さを求める。　　　　　　　　　（文理共通の問題）	図形と式	やや難
	第2問	xy 平面の領域における2変数関数の最大・最小問題。	不等式と領域	標準
	第3問	3次関数の合成を左辺にもつ方程式の実数解の個数を求める。　　　　　　　（文理類似の問題）	微分・積分	標準
	第4問	板の色の並びが変化していくとき，3回後と n 回後にある状態になる確率を求める。　　　　　　　　　　　　　　　　（文理類似の問題）	確率・場合の数	やや難
03	第1問	与えられた条件からパラメータの変域を調べ，積分の値域を求める。　　　　（文理類似の問題）	微分・積分	やや易
	第2問	連立1次不等式の表す領域における $x+y$ の最小値。	不等式と領域	やや難
	第3問	2次方程式の2解 $\alpha,\ \beta$ について，$s_n=\alpha^n+\beta^n$ の満たす漸化式と，s_{2003} と α^{2003} 以下の最大の整数の1の位の数を求める。　　（文理類似の問題）	整　数	標準
	第4問	さいころを繰り返し投げることでつくられる確率の値の列に関する問題。	確率・場合の数	やや難
02	第1問	三角関数を係数にもつ2つの放物線が相異なる2点で交わる条件を求める。（文理ほぼ共通の問題）	三角関数	易
	第2問	x^{n+1} を x^2-x-1 で割った余りの2つの係数に関する論証問題。　　　　　　　（文理共通の問題）	整　数	標準
	第3問	3次関数の微分と，2次関数の定積分の計算に関する問題。	微分・積分	標準
	第4問	円周上に並んだ赤と青の点に関する論証問題。	確率・場合の数	標準

年度	問題	内　　　　容	分　野	難易度
01	第1問	正三角形と二等辺三角形を面にもつ，四面体の外接球の半径を求める。　　　（文理共通の問題）	空間図形	標準
	第2問	面積計算の結果得られる関数の最大値に関する問題。	微分・積分	易
	第3問	コインを投げて数直線上の2点をある規則によって動かしていくときの，2点の座標が等しくなる場合の数を求める。　　（文理一部共通の問題）	確率・場合の数	やや難
	第4問	一列に並んだ白と黒の碁石に関する論証問題。	確率・場合の数	やや難
00	第1問	円錐台の体積として得られる3次関数の最大値を求める。	微分・積分	標準
	第2問	各変数について1次以下の式である2変数関数の最小値問題。	不等式と領域	標準
	第3問	正四面体の頂点を動く点に関する確率を求める。	確率・場合の数	やや易
	第4問	複素数平面上の2点 α，β と，α，β に付随して定まる点 w についての論証問題。（文理共通の問題）	複素数平面（範囲外）	難
99	第1問	一般角に対する三角関数の定義と，加法定理の証明。　　　　　　　　　（文理共通の問題）	三角関数	易
	第2問	複数の条件から複素数の集合を決定する問題。	複素数平面（範囲外）	標準
	第3問	2つの放物線上をそれぞれ動く2点間の距離の最小値を求める。	図形と式	標準
	第4問	四面体でできた回路上で，ある点からある点へ電流が流れる確率を求める。（文理ほぼ共通の問題）	確率・場合の数	標準

出題分析と対策

◆分量とパターン◆

　4題（100分）。すべて論述式問題である。解答用紙は1枚で，第1，2問が表面，第3，4問が裏面である。

◆内容◆

　東大文科の問題の特徴として，次のようなことが挙げられる。

（ⅰ）　図形を素材とする問題が多い。

（ⅱ）　確率と数列，整数と数列など，いくつかの単元を融合した問題がよく出る。

（ⅲ）　整数に関する問題，証明問題など，論証力を重視する問題が多い。

（ⅳ）　確率分野と数学Ⅱの微積分野の問題はほぼ必ず出題される。

（ⅴ）　小問による誘導が少なく，構想力を要求する問題が多い。

過去25年を遡って論評しよう。

99年度は問題間の難易の差が少なく，標準的な難易度の問題が揃った。その分，数学が苦手な受験生には厳しく，また，どの問題を解くかの選択にも迷い，合格者の得点率は下がったと思われる。

00年度は難度の高い1問を除き解きやすく，3問完答もできたであろう。

01年度は問題間の難易の差がはっきりした出題であった。そのような年には難度の低い問題をほぼ完答し，さらに高い問題にも少し手をつけ，5割以上の得点を目指したい。

02年度は東大入試としては難度が非常に低く，合格にはかなりの得点が必要であっただろう。このような難易度では，受験生の学力低下を助長してしまうのではないかと心配である。

その反動か，03，04，05年度は一転して難度が高い状況が続き，4割できれば上出来であっただろう。

06，07年度は手頃なレベルの出題に戻った。得点率は6割程度が目標である。

08，10，11，12年度は，また，難度が高くなった。ただ，問題間の難易の差がはっきりしているので，難度の低い問題をほぼ完答し，さらに難度の高い問題にも少し手をつけ，得点率は，5割程度は目指したい。

09年度は前年より解きやすい問題で，6割以上を目指したい。

13年度は全体的に難度が高く，かなり多くの受験生が低得点に終わったと思われる。

14年度は難度が高すぎる問題は出題されず，09年度レベルの問題になった。ただ，問題間の難易の差はある程度はっきりしている。前年までの傾向にとらわれることなく，地に足が着いたしっかりとした学習を積み重ねることが大切である。

15年度は易しい問題，誘導つきの問題が少なく，数学が苦手な受験生には厳しかったと思われる。

16，17，18年度は15年度と異なり部分点が取りやすい出題で，数学の出来が合否に与える影響は，難度が高いときと比べ，飛躍的に高まったと思われる。

19年度も手は付くが完答しにくい問題が揃って並び，数学の出来具合が合否のカギを握るような出題となっている。文系受験生だからといって手を抜くことなく，しっかりと数学の学力をつけることが大切である。

20，21，22年度は，難度の高い問題も出題されたが，その一方で，標準レベル，やや難度の低い問題も出題され，問題間の難度の差が目立つ出題であった。このよう

な年度には，どの問題から手を付けるかが重要になる。すべての問題文を読んで，難度をある程度見極め，自分にとって解けそうな問題から手を付け，難度が高い問題以外の解答の完成度を高めることが大切である。

　23年度は，20～22年度と比較すると，難度が下がり，難問といえるものは出題されなかった。前半の第1問，第2問が手を付けやすく，後半の第3問，第4問が若干手を付けにくい問題であったため，入試本番では，取り組みやすく感じた受験生も多かっただろう。東大文科では，久々に立体図形が出題されたことは，特筆に値する。近年の出題分野にとらわれず，高校数学全般について，表面的な学習に流されず，しっかりと思索を深めながら学習を行うことが大切である。

◆入試対策◆

　◆内容◆で述べたような特徴をもつ東大文科の数学の問題が解けるようになるためには，表面的ではない，本物の学力が必要とされる。解法のパターンを覚えているだけでは通用しない。文系の受験生であれば，文系科目がある程度できるのは当然のことなので，数学の出来・不出来が合否に大きく影響を及ぼすことになる。文系受験生であればこそ，数学を疎かにすることなくしっかりと学習しておきたい。

　まず，

　　1°　基本事項をしっかりと身につけること

は当然である。近年，教科書レベルの内容でさえしっかりと身につけていない受験生が目立ってきている。まずは，教科書レベルのことができなければ話にならない。

　次に，

　　2°　図形が苦手でないようにしておくこと

である。中学で学んだ図形の知識のうち大学入試にも役立つ内容を整理して頭の中に入れておくと同時に，積極的に図形問題に取り組んでおきたい。

　また，

　　3°　計算力をつけておくこと

とともに，

　　4°　論証力をつけておくこと

である。日頃から，必ず手を動かして最後まで計算をやり遂げるとともに，論理的にきちんとした答案を書く練習を積んでおきたい。定理や公式の証明も疎かにせず，"数学の機構"をじっくりと学んでおくことは，未知の問題に出会ったときに解法の糸口を見いだす上で，大きな手助けになることであろう。また，すぐに解けない問題でも，粘って考えることも大切である。

　結局のところ，

5°　正統的な数学の学習をすること

に尽きる。はじめに述べたことの繰り返しになるが，パターン暗記や山かけなどの小手先の技術ではない，本格的で精密な思考力と論述力を鍛えておくことが，東大入試を突破するために最も重要なことなのである。

2023年

第 1 問

解 答

$f(x)=x^2+x-k$ とおく。

k が正の実数のとき，実数係数の 2 次方程式 $f(x)=0$ について，

$$(2\text{ 解の積})=-k<0$$

であるから，2 次方程式 $f(x)=0$ は確かに 2 つの実数解をもつ。それらを $\alpha,\ \beta$ とすると，$f(x)$ は

$$f(x)=(x-\alpha)(x-\beta)$$

と因数分解されるから，$k>2$ のとき，

$$(1-\alpha)(1-\beta)=f(1)=2-k\neq0 \qquad\qquad\cdots\cdots①$$

であり，$1-\alpha\neq0,\ 1-\beta\neq0$ が成り立つ。

以下，$k>2$ のときを考え，$F=\dfrac{\alpha^3}{1-\beta}+\dfrac{\beta^3}{1-\alpha}$ とおく。

まず，① に注意すると，

$$F=\frac{(1-\alpha)\alpha^3+(1-\beta)\beta^3}{(1-\alpha)(1-\beta)}=\frac{-(\alpha^4+\beta^4)+(\alpha^3+\beta^3)}{2-k}$$

$$=\frac{(\alpha^4+\beta^4)-(\alpha^3+\beta^3)}{k-2}$$

である。

ここで，$\alpha,\ \beta$ が $f(x)=0$ の解であることから，

$$\begin{cases}\alpha^2+\alpha-k=0\\ \beta^2+\beta-k=0\end{cases}\quad\therefore\quad\begin{cases}\alpha^2=-\alpha+k\qquad\qquad\cdots\cdots②\\ \beta^2=-\beta+k\qquad\qquad\cdots\cdots③\end{cases}$$

であり，n を 0 以上の整数とするとき，② の両辺に α^n をかけた式と ③ の両辺に β^n をかけた式を辺々加えることにより，

$$\alpha^{n+2}+\beta^{n+2}=-(\alpha^{n+1}+\beta^{n+1})+k(\alpha^n+\beta^n)$$

が成り立つ。これと，解と係数の関係より $\alpha+\beta=-1$ であることを用いると，

$$\alpha^2+\beta^2=-(\alpha+\beta)+k(1+1)=-(-1)+k\cdot2=2k+1$$

$$\alpha^3+\beta^3=-(\alpha^2+\beta^2)+k(\alpha+\beta)=-(2k+1)+k\cdot(-1)$$

$$=-(3k+1)$$

$$\alpha^4+\beta^4=-(\alpha^3+\beta^3)+k(\alpha^2+\beta^2)=(3k+1)+k\cdot(2k+1)$$
$$=2k^2+4k+1$$

が得られる。

以上から，F は k を用いて

$$F=\frac{(2k^2+4k+1)+(3k+1)}{k-2}=\frac{2k^2+7k+2}{k-2}$$

と表される。

さて，$2k^2+7k+2$ を $k-2$ で割った商は $2k+11$，余りは 24 であるから，F は

$$F=2k+11+\frac{24}{k-2}$$

と変形され，さらに

$$F=2(k-2)+\frac{24}{k-2}+15$$

と変形し，$k-2>0$ に注意して，相加平均・相乗平均の不等式を用いると，

$$F\geqq2\sqrt{2(k-2)\cdot\frac{24}{k-2}}+15=8\sqrt{3}+15$$

が成り立つ。また，この不等式の等号は，

$$k-2>0 \ \ かつ \ \ 2(k-2)=\frac{24}{k-2}, \ \ すなわち，\ k-2=2\sqrt{3}$$

のときに成立する。

よって，k が $k>2$ の範囲を動くとき，F の最小値は，

$$\boldsymbol{8\sqrt{3}+15}$$

である。

解説

1° 2023 年度の問題の中では最も易しく，完答したい問題である。

2° 上の 解 答 では，念のため，k が正の実数のとき，2 次方程式 $x^2+x-k=0$ が 2 つの実数解 α, β をもつこと，および，$k>2$ のとき，$1-\alpha\neq0$，$1-\beta\neq0$ であることを確認しておいたが，実際の答案では，不要であろう。

3° $F=\dfrac{\alpha^3}{1-\beta}+\dfrac{\beta^3}{1-\alpha}$ とおく。最初の仕事は，F を k を用いて表すことである。

通分することにより，

$$F=\frac{(\alpha^3-\alpha^4)+(\beta^3-\beta^4)}{(1-\alpha)(1-\beta)}=\frac{(\alpha^3+\beta^3)-(\alpha^4+\beta^4)}{(1-\alpha)(1-\beta)} \quad\cdots\cdots Ⓐ$$

であることがすぐに分かる。

　F を k を用いて表す最も素朴な方法は，解と係数の関係を用いる方法であろう。

　2次方程式 $x^2+x-k=0$ の2つの解が α, β であることより，

$$\alpha+\beta=-1, \quad \alpha\beta=-k \qquad\qquad \cdots\cdots\text{Ⓑ}$$

であるから，

$$\alpha^3+\beta^3=(\alpha+\beta)^3-3\alpha\beta(\alpha+\beta)=(-1)^3-3\cdot(-k)\cdot(-1)$$
$$=-3k-1$$
$$\alpha^4+\beta^4=(\alpha^2+\beta^2)^2-2\alpha^2\beta^2=\{(\alpha+\beta)^2-2\alpha\beta\}^2-2(\alpha\beta)^2$$
$$=\{(-1)^2-2\cdot(-k)\}^2-2(-k)^2=(2k+1)^2-2k^2$$
$$=2k^2+4k+1$$
$$(1-\alpha)(1-\beta)=1-(\alpha+\beta)+\alpha\beta=1-(-1)+(-k)$$
$$=-k+2$$

となる。

　よって，F を k を用いて表すと，

$$F=\frac{(\alpha^3+\beta^3)-(\alpha^4+\beta^4)}{(1-\alpha)(1-\beta)}=\frac{(-3k-1)-(2k^2+4k+1)}{-k+2}$$
$$=\frac{2k^2+7k+2}{k-2}$$

となる。

　ここで，解と係数の関係がどのようにして得られたかを確認しておこう。

　2次方程式 $x^2+x-k=0$ の2解が α, β であるというのは，x^2+x-k が

$$x^2+x-k=(x-\alpha)(x-\beta) \qquad\qquad \cdots\cdots\text{Ⓒ}$$

と因数分解されることである。この等式の両辺の x の係数，定数項を比較することにより Ⓑ が得られるのである。

　そうであれば，Ⓐ の分母の $(1-\alpha)(1-\beta)$ を解と係数の関係を用いて計算するのは，本末転倒である。Ⓒ の両辺に $x=1$ を代入することにより，直ちに

$$2-k=(1-\alpha)(1-\beta), \quad \text{すなわち，①}$$

が得られるのである。

　Ⓐ の分子を k を用いて表す方法は，いろいろある。

　$\boxed{解}$ $\boxed{答}$ では，$S_n=\alpha^n+\beta^n$ が漸化式

$$S_{n+2}=-S_{n+1}+kS_n$$

を満たすことを利用して，$S_0=2$, $S_1=-1$ から順に S_2, S_3, S_4 を求めたのである。この方法は，東大受験生であれば習得しておきたい重要手法である。一般に，

$$S_n = A\alpha^n + B\beta^n \quad (A,\ B,\ \alpha,\ \beta \text{ は定数})$$

が

$$S_{n+2} = (\alpha + \beta)S_{n+1} - \alpha\beta S_n$$

を満たすことを背景にした問題は，これまでの東大入試でも何回も出題されている。

この方法，解と係数の関係を用いる方法以外の方法として，"次数下げ"を利用する方法も考えられる。

$\alpha,\ \beta$ が $x^2 + x - k = 0$ の解であることから，

$$\alpha^2 + \alpha - k = 0,\ \beta^2 + \beta - k = 0 \qquad\qquad \cdots\cdots ⒟$$

$$\therefore\quad \alpha^2 = -\alpha + k,\ \beta^2 = -\beta + k \qquad\qquad \cdots\cdots ⒠$$

が成り立つ。

⒠ の第1式の両辺に α をかけると

$$\alpha^3 = -\alpha^2 + k\alpha = -(-\alpha + k) + k\alpha$$
$$= (k+1)\alpha - k$$

となり，さらに両辺に α をかけると

$$\alpha^4 = (k+1)\alpha^2 - k\alpha = (k+1)(-\alpha + k) - k\alpha$$
$$= -(2k+1)\alpha + k^2 + k$$

となるから，

$$\alpha^3 - \alpha^4 = \{(k+1)\alpha - k\} - \{-(2k+1)\alpha + k^2 + k\}$$
$$= (3k+2)\alpha - k^2 - 2k$$

が得られる。$\beta^3 - \beta^4$ についても，同様にして，

$$\beta^3 - \beta^4 = (3k+2)\beta - k^2 - 2k$$

である。

これらは，次のようにして導くこともできる。

$-x^4 + x^3$ を $x^2 + x - k$ で割ると，

　　　商は $-x^2 + 2x - k - 2$，余りは $(3k+2)x - k^2 - 2k$

である（確かめよ）から，

$$-x^4 + x^3 = (x^2 + x - k)(-x^2 + 2x - k - 2) + (3k+2)x - k^2 - 2k$$

が成り立つ。この等式に $x = \alpha$，$x = \beta$ を代入すると，⒟ に注意することにより，

$$-\alpha^4 + \alpha^3 = (3k+2)\alpha - k^2 - 2k$$
$$-\beta^4 + \beta^3 = (3k+2)\beta - k^2 - 2k$$

が得られる。

以上より，

$$(\alpha^3-\alpha^4)+(\beta^3-\beta^4)=(3k+2)(\alpha+\beta)-2k^2-4k$$
$$=(3k+2)\cdot(-1)-2k^2-4k$$
$$=-2k^2-7k-2$$

である。

4° F を k を用いて

$$F=\frac{2k^2+7k+2}{k-2}$$

と表した後は，多項式の割り算を利用して

$$F=2k+11+\frac{24}{k-2}=2(k-2)+\frac{24}{k-2}+15$$

と変形すれば，相加平均・相乗平均の不等式が使える形になり，最小値を求めることができる。その際，等号成立が k の変域内で起こり得ることの確認を忘れないようにすることが重要である。

　なお，上の変形は，$k-2=t$，すなわち，$k=t+2$ とおいて，

$$F=\frac{2k^2+7k+2}{k-2}$$
$$=\frac{2(t+2)^2+7(t+2)+2}{t}=\frac{2t^2+15t+24}{t}$$
$$=2t+15+\frac{24}{t}=2t+\frac{24}{t}+15$$

のように行ってもよい。

5° k が $k>2$ の範囲を動くとき，$F=\dfrac{2k^2+7k+2}{k-2}$ の最小値を求める方法としては，以上の他に，

$$k>2 \text{ において } \frac{2k^2+7k+2}{k-2}=a \text{ となり得る}$$

$\Longleftrightarrow$　$k>2$ かつ $\dfrac{2k^2+7k+2}{k-2}=a$ を満たす k が存在する

$\Longleftrightarrow$　k の方程式 $\dfrac{2k^2+7k+2}{k-2}=a$ が $k>2$ を満たす解をもつ

$\Longleftrightarrow$　k の方程式 $2k^2-(a-7)k+2a+2=0$ が $k>2$ を満たす解をもつ

であることを利用するものもある。

　この方針による解答の詳細については，読者の課題としておこう。

第 2 問

解答

点 $\mathrm{P}(t,\ 3t^2-4t)$ と直線 $l : 2x-y=0$ の距離 $f(t)$ は,

$$f(t)=\frac{|2t-(3t^2-4t)|}{\sqrt{2^2+(-1)^2}}=\frac{|-3t^2+6t|}{\sqrt{5}}=\frac{1}{\sqrt{5}}|3t^2-6t|$$

であるから,

$$k(t)=3t^2-6t \text{ とおくと } f(t)=\frac{1}{\sqrt{5}}|k(t)|$$

と表される。

(1)　　　　　　$k(t)=3t^2-6t$

の原始関数の 1 つを

$$K(t)=t^3-3t^2$$

とする。

$$k(t)=3t(t-2)$$

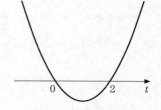

のグラフが右図のようであることに注意すると,

(i)　$-1\leqq a\leqq 0$ のとき

$$g(a)=\frac{1}{\sqrt{5}}\int_{-1}^{a}|k(t)|\,dt=\frac{1}{\sqrt{5}}\int_{-1}^{a}k(t)\,dt=\frac{1}{\sqrt{5}}\Big[K(t)\Big]_{-1}^{a}$$

$$=\frac{1}{\sqrt{5}}\{K(a)-K(-1)\}=\frac{1}{\sqrt{5}}\{(a^3-3a^2)-(-4)\}$$

$$=\frac{1}{\sqrt{5}}(a^3-3a^2+4)$$

(ii)　$0\leqq a\leqq 2$ のとき

$$g(a)=\frac{1}{\sqrt{5}}\int_{-1}^{a}|k(t)|\,dt=\frac{1}{\sqrt{5}}\left[\int_{-1}^{0}k(t)\,dt+\int_{0}^{a}\{-k(t)\}\,dt\right]$$

$$=\frac{1}{\sqrt{5}}\left\{\int_{-1}^{0}k(t)\,dt+\int_{a}^{0}k(t)\,dt\right\}$$

$$=\frac{1}{\sqrt{5}}\left\{\Big[K(t)\Big]_{-1}^{0}+\Big[K(t)\Big]_{a}^{0}\right\}$$

$$=\frac{1}{\sqrt{5}}\{2K(0)-K(-1)-K(a)\}$$

$$=\frac{1}{\sqrt{5}}\{2\cdot 0-(-4)-(a^3-3a^2)\}$$

$$=\frac{1}{\sqrt{5}}(-a^3+3a^2+4)$$

— 19 —

と計算される。

よって，

$$g(a) = \begin{cases} \dfrac{1}{\sqrt{5}}(a^3-3a^2+4) & (-1 \leqq a \leqq 0 \text{ のとき}) \\[3mm] \dfrac{1}{\sqrt{5}}(-a^3+3a^2+4) & (0 \leqq a \leqq 2 \text{ のとき}) \end{cases}$$

である。

(2)　$0 \leqq a \leqq 2$ のとき，

$$f(a) = \frac{1}{\sqrt{5}}\{-k(a)\} = -\frac{1}{\sqrt{5}}(3a^2-6a)$$

であるから，$h(a) = g(a) - f(a)$ とおくと，

$$h(a) = \frac{1}{\sqrt{5}}(-a^3+3a^2+4) + \frac{1}{\sqrt{5}}(3a^2-6a)$$

$$= \frac{1}{\sqrt{5}}(-a^3+6a^2-6a+4)$$

となる。よって，

$$h'(a) = \frac{1}{\sqrt{5}}(-3a^2+12a-6) = -\frac{3}{\sqrt{5}}(a^2-4a+2)$$

$$= -\frac{3}{\sqrt{5}}\{a-(2-\sqrt{2})\}\{a-(2+\sqrt{2})\}$$

であり，$\alpha = 2-\sqrt{2}$ とおくと，$h(a)$ の増減は右のようになる。

ここで，

$$h(0) = \frac{4}{\sqrt{5}}, \quad h(2) = \frac{8}{\sqrt{5}}$$

（よって，$h(0) < h(2)$）

である。

a	0	$\cdots$	α	$\cdots$	2
$h'(a)$		$-$	0	$+$	
$h(a)$		$\searrow$		$\nearrow$	

また，$\alpha = 2-\sqrt{2}$ は $a^2-4a+2=0$ の解であるから，

$$\alpha^2-4\alpha+2=0 \quad \therefore \quad \alpha^2 = 4\alpha-2$$

が成り立つことに注意すると，

$$\alpha^3 = \alpha^2 \cdot \alpha = (4\alpha-2)\alpha = 4\alpha^2-2\alpha$$

$$= 4(4\alpha-2)-2\alpha = 14\alpha-8$$

となるから，

$$h(\alpha)=\frac{1}{\sqrt5}(-\alpha^3+6\alpha^2-6\alpha+4)$$

$$=\frac{1}{\sqrt5}\{-(14\alpha-8)+6(4\alpha-2)-6\alpha+4\}$$

$$=\frac{4\alpha}{\sqrt5}=\frac{4(2-\sqrt2)}{\sqrt5}$$

である。

　以上から，a が $0\leqq a\leqq2$ の範囲を動くとき，$h(a)$ の

最大値は $\dfrac{8}{\sqrt5}$，最小値は $\dfrac{4(2-\sqrt2)}{\sqrt5}$

である。

解説

1°　第 1 問に続き，取り組みやすい問題である。計算ミスをしないようにしたい。

2°　(1)では，点と直線の距離の公式を用いると，

$$f(t)=\frac{1}{\sqrt5}|3t^2-6t|$$

が直ちに得られるから，

$$g(a)=\int_{-1}^{a}f(t)\,dt=\frac{1}{\sqrt5}\int_{-1}^{a}|3t^2-6t|\,dt$$

となる。ここまでは問題ないだろう（結局のところ，絶対値付き関数に対する積分の問題ということである）。

　$-1\leqq a\leqq2$ の範囲の a に対して，$g(a)$ を計算することが目標である。

　積分区間 $-1\leqq t\leqq a$ において，被積分関数 $|3t^2-6t|$ の絶対値記号を外して積分することになるから，その区間における $3t^2-6t$ の符号が問題になる。その際，[解][答]のように，$3t^2-6t$ のグラフを思い浮かべるとミスをしにくいだろう。

$$|3t^2-6t|=\begin{cases}3t^2-6t & (t\leqq0\ \text{または}\ 2\leqq t\ \text{のとき})\\ -(3t^2-6t) & (0\leqq t\leqq2\ \text{のとき})\end{cases}$$

となるから，

(ⅰ)　$-1\leqq a\leqq0$ のとき

$$g(a)=\frac{1}{\sqrt5}\int_{-1}^{a}(3t^2-6t)\,dt$$

(ⅱ)　$0\leqq a\leqq2$ のとき

$$g(a) = \frac{1}{\sqrt{5}} \left[\int_{-1}^{0} (3t^2 - 6t)\,dt + \int_{0}^{a} \{-(3t^2 - 6t)\}\,dt \right]$$

となる。

これらの積分は実直に計算しても全く大したことはないが，同じような計算が続くので，[解][答]のように，関数 $3t^2 - 6t$ の原始関数を用意しておくと見通しよく計算できる。

3°　(2) では，a の範囲が $0 \leqq a \leqq 2$ に限定されているので，$f(a)$, $g(a)$ の表式が

$$f(a) = -\frac{1}{\sqrt{5}}(3a^2 - 6a), \quad g(a) = \frac{1}{\sqrt{5}}(-a^3 + 3a^2 + 4)$$

に確定する。よって，その範囲では，

$$g(a) - f(a) = \frac{1}{\sqrt{5}}(-a^3 + 6a^2 - 6a + 4) \quad (= h(a)\ \text{とおく})$$

となる。

あとは，$h(a)$ を微分して，その符号をもとに増減を調べれば解決するのであるが，その際，極小値 $h(2 - \sqrt{2})$ の計算が必要になる(それ以外に問題になる部分はない)。

$a = 2 - \sqrt{2}$ を直接 $h(a)$ の式に代入するのではミスをし易い。第1問の **解説** 3° でも述べた "次数下げ" の手法が有用である。

[解][答]のように "次数下げ" を行ってもよいし，$2 - \sqrt{2}$ が $a^2 - 4a + 2 = 0$ の解であることに着目して，多項式の割り算を利用して "次数下げ" を行ってもよい。すなわち，$-a^3 + 6a^2 - 6a + 4$ を $a^2 - 4a + 2$ で割った商が $-a + 2$，余りが $4a$ であることより，

$$h(a) = \frac{1}{\sqrt{5}}\{(a^2 - 4a + 2)(-a + 2) + 4a\}$$

が成り立つから，これに $a = 2 - \sqrt{2}$ を代入することにより，

$$h(2 - \sqrt{2}) = \frac{1}{\sqrt{5}}\{0 + 4(2 - \sqrt{2})\} = \frac{4(2 - \sqrt{2})}{\sqrt{5}}$$

としてもよい。

第 3 問

[解][答]

色の並び方だけに着目する。

(1)　12 個の玉の色の並び方は，

$$\frac{12!}{3!\,4!\,5!}\ \text{（通り）} \qquad\qquad\qquad \cdots\cdots ①$$

あり，これらは同様に確からしい。

どの赤玉も隣り合わないように並べるには，ま
ず赤玉以外の8個の玉を横一列に並べ，次に8個
の玉の前後・隙間の9か所のうち4か所に4個の
赤玉を1個ずつ並べればよいから，そのような並べ方は，

$$\frac{8!}{3!\,5!}\cdot {}_9\mathrm{C}_4=\frac{8!}{3!\,5!}\cdot \frac{9\cdot 8\cdot 7\cdot 6}{4!}\ \text{（通り）} \qquad\qquad \cdots\cdots ②$$

だけある。

①，②より，求める確率 p は，

$$p=\frac{\dfrac{8!}{3!\,5!}\cdot \dfrac{9\cdot 8\cdot 7\cdot 6}{4!}}{\dfrac{12!}{3!\,4!\,5!}}=\frac{8!\cdot 9\cdot 8\cdot 7\cdot 6}{12!}=\frac{9\cdot 8\cdot 7\cdot 6}{12\cdot 11\cdot 10\cdot 9}$$

$$=\boldsymbol{\frac{14}{55}}$$

である。

(2)　まず，どの赤玉も隣り合わないような色の並び方の数は，②である。

このうち，

　　　どの赤玉も隣り合わず，かつ，(いくつかの)黒球が隣り合う　　　　　$\cdots\cdots ③$

ような並び方の数を求める。

黒玉3個を2個と1個に分け，2個を組にしたものを ●● ，1個のものを ●
とする。

③を満たすように並べるには，まず ●● ， ● ，白玉5個を横一列に並べ，次
にそれらの前後・隙間の8か所のうち4か所に4個の赤玉を1個ずつ並べればよい
が，そのような並べ方を $\dfrac{7!}{5!}\cdot {}_8\mathrm{C}_4$ 通りとしたのでは， ●● と ● が隣り合い黒玉
が3個とも隣り合う場合が2重に数えられてしまう。黒玉が3個とも隣り合うよう
に並べるには，黒玉3個を組にして ●●● としたものと白玉5個を横一列に並
べ，それらの前後・隙間の7か所のうち4か所に4個の赤玉を1個ずつ並べればよ
いから，そのような並べ方は，$\dfrac{6!}{5!}\cdot {}_7\mathrm{C}_4$ 通りだけある。

よって，③を満たす並べ方は，

$$\frac{7!}{5!} \cdot {}_8C_4 - \frac{6!}{5!} \cdot {}_7C_4 = \frac{7!}{5!} \cdot \frac{8 \cdot 7 \cdot 6 \cdot 5}{4!} - \frac{6!}{5!} \cdot \frac{7 \cdot 6 \cdot 5 \cdot 4}{4!}$$

$$= \frac{7! \cdot 6 \cdot 5 \cdot 4 \cdot (2 \cdot 7 - 1)}{5! \, 4!}$$

$$= \frac{7! \cdot 6 \cdot 5 \cdot 4 \cdot 13}{5! \, 4!} \, (通り) \qquad\qquad \cdots\cdots ④$$

である。

②，④ より，

$$1 - q = \frac{\dfrac{7! \cdot 6 \cdot 5 \cdot 4 \cdot 13}{5! \, 4!}}{\dfrac{8!}{3! \, 5!} \cdot \dfrac{9 \cdot 8 \cdot 7 \cdot 6}{4!}} = \frac{7! \cdot 6 \cdot 5 \cdot 4 \cdot 13}{\dfrac{8!}{3!} \cdot 9 \cdot 8 \cdot 7 \cdot 6} = \frac{6 \cdot 5 \cdot 4 \cdot 13}{8 \cdot 9 \cdot 8 \cdot 7}$$

$$= \frac{65}{168}$$

となるから，求める確率 q は，

$$q = 1 - \frac{65}{168} = \boldsymbol{\frac{103}{168}}$$

である。

解説

1°　(1)はよくあるタイプの問題であるが，(2)は試験場ではミスを犯しやすい。しっかりした思考が重要であり，学力差がはっきりと現れたであろう。

2°　まず，(1)を例にとり，この種の問題の考え方を確認しておこう。

　　黒玉 3 個，赤玉 4 個，白玉 5 個のすべてを区別すると，計 12 個の玉を横一列に並べる方法は，全部で

　　　　12!（通り）　　　　　　　　　　　　　　　　　　　　　　　　　 ⋯⋯Ⓐ

あり，これらは同様に確からしい。

　　これらのうち，どの赤玉も隣り合わないのは，

　　　　まず赤玉以外の異なる 8 個の玉を横一列に
　　　　並べ，次にそれら 8 個の玉の前後・隙間
　　　　（右図の∧）の 9 か所のうち 4 か所に異なる
　　　　4 個の赤玉を 1 個ずつ並べる

ときであるから，そのような並べ方は，

　　　　8! $\cdot$ ${}_9P_4$（通り）　　　　　　　　　　　　　　　　　　　　 ⋯⋯Ⓑ

だけある。

　よって，どの赤玉も隣り合わない確率 p は，Ⓐ に対する Ⓑ の割合であり，

$$p = \frac{8! \cdot {}_9\mathrm{P}_4}{12!} \qquad\qquad \cdots\cdots Ⓒ$$

となる。

　このように，確率の問題では，

　　　　あらゆるものを区別した順列

をもとに確率を考えるのが基本である。

　さて，解 答 では，色の並び方だけに着目した。この場合，色の並び方の総数，そのうち赤玉が隣り合わない並び方の数は，解 答 で示したように，それぞれ

$$\frac{12!}{3! \, 4! \, 5!} \text{（通り）} \qquad\qquad \cdots\cdots Ⓓ$$

$$\frac{8!}{3! \, 5!} \cdot {}_9\mathrm{C}_4 \text{（通り）} \qquad\qquad \cdots\cdots Ⓔ$$

となる。

　黒玉 3 個を区別すると並べる順序は 3! 通り，赤玉 4 個を区別すると並べる順序は 4! 通り，白玉 5 個を区別すると並べる順序は 5! 通りあるから，Ⓐ を 3!4!5! で割ったものが Ⓓ になっているのである。それに対応して，Ⓑ を 3!4!5! で割ったものが Ⓔ になっているのである。実際，Ⓑ を 3!4!5! で割ると，

$$\frac{8! \cdot {}_9\mathrm{P}_4}{3! \, 4! \, 5!} = \frac{8!}{3! \, 5!} \cdot \frac{{}_9\mathrm{P}_4}{4!} \text{（通り）}$$

であり，確かに Ⓔ と等しい。

　要するに，すべての玉を区別した順列 Ⓐ のうち 3!4!5! 通りずつが"束"になって，色の並び方の順列 Ⓓ になり，Ⓑ についても，色の並び方だけに着目すると，3!4!5! 通りずつが"束"になって，Ⓔ になるのである。

　よって，Ⓐ に対する Ⓑ の割合と Ⓓ に対する Ⓔ の割合は等しくなるから，色の並び方にだけ着目して確率を求めてもよいことになるのである。

　色の並び方に着目した場合の数の方が小さいから，そのようにして確率を計算する方がミスをしにくいだろう。

　以下，色の並び方だけに着目して確率を求める方針で解説する。

$3°$　(2) で求めるものは，

　　　　どの赤玉も隣り合わないとき，どの黒玉も隣り合わない条件付き確率 q

である。それは，定義によれば，

　　　　どの赤玉も隣り合わない色の並び方の数を N 通り

　　　　どの赤玉も隣り合わず，かつ，どの黒玉も隣り合わない色の並び

　　　　方の数を M 通り

とすると，N に対する M の割合，すなわち，

$$q = \frac{M}{N} \qquad\qquad\qquad\qquad \cdots\cdots\text{Ⓕ}$$

である。

　まず，N は既に求めた Ⓔ である。

　次に，M を直接求めるのは少々やりにくいので，| 解 || 答 | では，余事象に着目した。すなわち，

　　　　どの赤玉も隣り合わず，かつ，(いくつかの)黒玉が隣り合う色の

　　　　並び方の数を L 通り

とすると，

$$M = N - L$$

であるから，

$$q = \frac{N-L}{N} = 1 - \frac{L}{N}$$

となるのである。

4°　| 解 || 答 | では，L を求めるのに，黒玉3個を2個と1個に分け，2個を組にしたものを ●● ，1個のものを ● として，

　　　　まず ●● ，● ，白玉5個を横一列に並べ，次にそれらの前後・隙間の

　　　　8か所のうち4か所に4個の赤玉を1個ずつ並べる

と考えたが，この方法の場合，そのままでは，

　　　　●● と ● が隣り合い黒玉が3個とも隣り合う場合が2重に数えられて

　　　　しまう

ことに注意しないと失敗する。

　はじめから排反に場合を分けて L を求めると，次のようになる。

(i)　黒玉のうち2個のみが隣り合う場合

　　この場合は，さらに

　(i)−1　まず白玉5個を横一列に並べ，その前後・隙間の6か所のうち1か所に

　　　　●● ，別の1か所に ● を並べ，次にそれら7個のものの前後・隙間の8か

　　　　所のうち4か所に4個の赤玉を1個ずつ並べる

(i)-2　まず白玉5個を横一列に並べ，その前後・隙間の6か所のうち1か所に黒玉3個 ●●● を並べ，次に ●●● の●の隙間の2か所のうち1か所に1個の赤玉を並べ，白玉5個と ●●● の6個の前後・隙間の7か所のうち3か所に3個の赤玉を1個ずつ並べる

の2つの場合に分けることにより並び方の数を求めると，

　　　(i)-1の場合は，$_6C_1 \cdot _5C_1 \cdot _8C_4$（通り）

　　　(i)-2の場合は，$_6C_1 \cdot _2C_1 \cdot _7C_3$（通り）

である。

(ii)　黒玉が3個とも隣り合う場合

まず白玉5個の前後・隙間の6か所のうち1か所に黒玉3個 ●●● を並べ，次にそれら6個のものの前後・隙間の7か所のうち4か所に4個の赤玉を1個ずつ並べると考えることにより，この場合の並び方の数は，

　　　$_6C_1 \cdot _7C_4$（通り）

である，

以上から，

$$L = _6C_1 \cdot _5C_1 \cdot _8C_4 + _6C_1 \cdot _2C_1 \cdot _7C_3 + _6C_1 \cdot _7C_4$$

$$= 6 \cdot 5 \cdot \frac{8 \cdot 7 \cdot 6 \cdot 5}{4!} + 6 \cdot 2 \cdot \frac{7 \cdot 6 \cdot 5}{3!} + 6 \cdot \frac{7 \cdot 6 \cdot 5 \cdot 4}{4!}$$

$$= \frac{6 \cdot 4 \cdot 7 \cdot 6 \cdot 5 \cdot (5 \cdot 2 + 2 + 1)}{4!} = \frac{6 \cdot 4 \cdot 7 \cdot 6 \cdot 5 \cdot 13}{4!}$$

である（ 解 答 の④と等しいことを確かめよ）。

5°　M を直接求めるには，例えば，次のようにすればよい。

まず黒玉と白玉を横一列に並べておいて，次に赤玉を並べるのであるが，黒玉と白玉を並べた段階では黒玉が隣り合っていてもよいことに注意しなければならない（あとから黒玉の間に赤玉を並べれば黒玉も隣り合わなくなる）。

まず黒玉と白玉を横一列に並べた段階で，黒玉が何個連続しているかで場合分けする。

(a)　どの黒玉も連続しないとき

まず白玉5個を横一列に並べ，その前後・隙間の6か所のうち3か所に3個の黒玉を1個ずつ並べ，次にそれら8個のものの前後・隙間の9か所のうち4か所に4個の赤玉を1個ずつ並べると考えて，そのような並び方の数は，

$_6C_3 \cdot _9C_4$（通り）

である。

(b)　3個の黒玉のうち2個のみが隣り合うとき

黒玉2個を組にしたものを ●● , 1個のものを ● とする。

まず白玉5個を横一列に並べ，その前後・隙間の6か所のうち1か所に ●● を並べ，別の1か所に ● を並べ，次に ●● の ● の隙間に1個の赤玉を並べ，白玉5個と ●● と ● の7個のものの前後・隙間の8か所のうち3か所に3個の赤玉を1個ずつ並べると考えて，そのような並び方の数は，

$_6C_1 \cdot _5C_1 \cdot _8C_3$（通り）

である。

(c)　黒玉が3個とも隣り合うとき

黒玉3個を組にしたものを ●●● とする。

まず白玉5個を横一列に並べ，その前後・隙間の6か所のうち1か所に ●●● を並べ，次に ●●● の ● の隙間の2か所ともに赤玉を1個ずつ並べ，白玉5個と ●●● の6個のものの前後・隙間の7か所のうち2か所に2個の赤玉を1個ずつ並べると考えて，そのような並び方の数は，

$_6C_1 \cdot _7C_2$（通り）

である。

以上より，

$$M = {_6C_3} \cdot {_9C_4} + {_6C_1} \cdot {_5C_1} \cdot {_8C_3} + {_6C_1} \cdot {_7C_2}$$

$$= \frac{6 \cdot 5 \cdot 4}{3!} \cdot \frac{9 \cdot 8 \cdot 7 \cdot 6}{4!} + 6 \cdot 5 \cdot \frac{8 \cdot 7 \cdot 6}{3!} + 6 \cdot \frac{7 \cdot 6}{2!}$$

$$= 5 \cdot 4 \cdot 3 \cdot 7 \cdot 6 + 6 \cdot 5 \cdot 8 \cdot 7 + 6 \cdot 7 \cdot 3$$

$$= 6 \cdot 7 \cdot (5 \cdot 4 \cdot 3 + 5 \cdot 8 + 3)$$

$$= 6 \cdot 7 \cdot 103 \qquad\qquad \cdots\cdots ⑥$$

となるから，Ⓕ，Ⓔ，Ⓖより，

— 28 —

$$q=\frac{6\cdot7\cdot103}{\dfrac{8!}{3!5!}\cdot{}_9C_4}=\frac{6\cdot7\cdot103}{\dfrac{8\cdot7\cdot6}{3\cdot2\cdot1}\cdot\dfrac{9\cdot8\cdot7\cdot6}{4\cdot3\cdot2\cdot1}}=\frac{6\cdot7\cdot103}{8\cdot7\cdot3\cdot7\cdot6}$$

$$=\frac{103}{168}$$

である。

第 4 問

解 答

(1)　三角形 ABC は AC＝BC を満たす二等辺三角形
であるから，頂点 C から底辺 AB に下ろした垂線
の足を H とすると，H は辺 AB の中点である。

　　$\alpha=\angle\mathrm{ACH}$ とおくと，α は鋭角であり，
$\angle\mathrm{ACB}=2\alpha$ より，

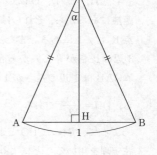

$$\sin\alpha=\sqrt{\frac{1-\cos\angle\mathrm{ACB}}{2}}$$

$$\cos\alpha=\sqrt{\frac{1+\cos\angle\mathrm{ACB}}{2}}$$

$$\therefore\quad\tan\alpha=\frac{\sin\alpha}{\cos\alpha}=\sqrt{\frac{1-\cos\angle\mathrm{ACB}}{1+\cos\angle\mathrm{ACB}}}$$

$$=\sqrt{\frac{1-\dfrac{4}{5}}{1+\dfrac{4}{5}}}=\frac{1}{3}$$

となる。

　　これより，

$$\mathrm{CH}=\frac{\mathrm{AH}}{\tan\alpha}=\frac{\dfrac{1}{2}}{\dfrac{1}{3}}=\frac{3}{2}$$

である。

　　よって，△ABC の面積は，

$$\frac{1}{2}\cdot\mathrm{AB}\cdot\mathrm{CH}=\frac{1}{2}\cdot1\cdot\frac{3}{2}=\boldsymbol{\frac{3}{4}}$$

である。

(2) $\cos\angle ACB = \cos\angle ADB$ より $\angle ACB = \angle ADB$ であるから，$AC = BC$，$AD = BD$ であることと合わせて，△ABC，△ABD は合同な二等辺三角形である。

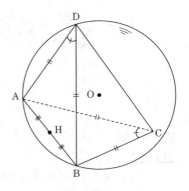

相異なる4点 A，B，C，D がのっている半径1の球面の中心を O とし，点 D から平面 ABC に下ろした垂線の足を K とする。

線分 AB の垂直二等分面を γ とし，γ による立体の切り口を考える。

4点 H，C，D，O はいずれも A，B から等距離にあるから，それらは γ 上にあり，さらに，点 K も γ 上にある。また，△CHO，△DHO は3辺の長さが等しいから合同である。さらに，△OAB は1辺の長さが1の正三角形であるから，$OH = \dfrac{\sqrt{3}}{2}$ である。

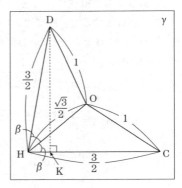

よって，$\beta = \angle CHO$ とおくと，△CHO に余弦定理を用いることにより，

$$\cos\beta = \frac{\left(\dfrac{3}{2}\right)^2 + \left(\dfrac{\sqrt{3}}{2}\right)^2 - 1^2}{2\cdot\dfrac{3}{2}\cdot\dfrac{\sqrt{3}}{2}}$$

$$= \frac{2}{\dfrac{3\sqrt{3}}{2}} = \frac{4}{3\sqrt{3}}$$

となるから，

$$\sin\beta = \sqrt{1 - \cos^2\beta} = \frac{\sqrt{11}}{3\sqrt{3}}$$

であり，

$$\sin 2\beta = 2\sin\beta\cos\beta = 2\cdot\frac{\sqrt{11}}{3\sqrt{3}}\cdot\frac{4}{3\sqrt{3}} = \frac{8\sqrt{11}}{27}$$

となる。

したがって，

$$DK = DH \sin 2\beta = CH \sin 2\beta = \frac{3}{2} \cdot \frac{8\sqrt{11}}{27} = \frac{4\sqrt{11}}{9}$$

となる。

　以上から，四面体 ABCD の体積は，

$$\frac{1}{3} \cdot \triangle ABC \cdot DK = \frac{1}{3} \cdot \frac{3}{4} \cdot \frac{4\sqrt{11}}{9} = \frac{\sqrt{11}}{9}$$

である。

【解説】

1°　東大・文科では久々の立体図形の出題である。とはいうものの，(1)は平面図形の問題であり，(2)のみが立体図形の問題である。少なくとも(1)は完答したい。

2°　(1)は，

$$AB = 1, \quad AC = BC, \quad \cos \angle ACB = \frac{4}{5}$$

である二等辺三角形 ABC の面積を求める問題である。

　二等辺三角形を扱う基本の1つは，頂角の頂点から底辺に垂線を下ろして，二等辺三角形を二等分した一方の直角三角形に着目することである。

　この問題の場合，頂点 C から底辺 AB に下ろした垂線の足を H として，直角三角形 ACH に着目することになる。

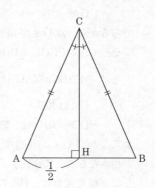

　∠ACB の三角関数の値が与えられているから，2倍角の公式(半角の公式)を用いることにより∠ACH の三角関数の値が分かり，CH の長さが分かることになる。 解 答 では，この方針で答を導いたのである。

　別解を1つ紹介しておこう。

【(1)の 別解 】

　AC = BC = a とおくと，△ABC に余弦定理を用いることにより，

$$1^2 = a^2 + a^2 - 2 \cdot a \cdot a \cdot \frac{4}{5} \qquad \therefore \quad a^2 = \frac{5}{2}$$

である。

　よって，

$$\triangle ABC = \frac{1}{2} \cdot a \cdot a \cdot \sin \angle ACB$$

$$= \frac{1}{2}a^2\sqrt{1-\left(\frac{4}{5}\right)^2} = \frac{1}{2}\cdot\frac{5}{2}\cdot\frac{3}{5}$$

$$= \frac{3}{4}$$

である。

　他にもいろいろな解法が考えられる。各自で考えてみよ。

3° （2）は，四面体 ABCD の体積を求める問題である。

　（1）を誘導と考えれば，△ABC を底面とみて，四面体 ABCD の高さを求めることになる。すなわち，頂点 D から平面 ABC に下ろした垂線の足を K として，DK の長さを求めることになる。

　そのためには，DK を含む断面図を考えることになるが，対称性（△ABC，△ABD が合同な二等辺三角形であること）を考えれば，3 点 C，D，H を含む平面による断面図を考えることになるだろう。CH⊥AB，DH⊥AB であるから，平面 CDH は AB に垂直であり，H は AB の中点であるから，結局，平面 CDH は線分 AB の垂直二等分面である。それを γ とする。

　4 点 C，D，H，K が平面 γ 上にあるのは当然であるが，さらに，球面の中心を O とすると，

　　　　OA＝OB（＝1（球面の半径））

であるから，点 O も平面 γ 上にある。

　そして，△CHO，△DHO について，

　　　　△ABC，△ABD が合同な二等辺三角形であることから，CH＝DH$\left(=\dfrac{3}{2}\right)$

　　　　OH は共通

　　　　OC＝OD（＝1（球面の半径））

より，△CHO≡△DHO であるから，2 点 C，D が相異なることに注意すると，右図が得られる。

　この図を見れば，DK の長さを求める方針が次のように立つだろう。

　　・△CHO（あるいは △DHO）に着目して，
　　　∠CHO（あるいは ∠DHO）の cos を求める

　　・2 倍角の公式を用いて，∠CHD の sin を
　　　求める

　　・以上から，DK＝DH sin∠CHD を求める

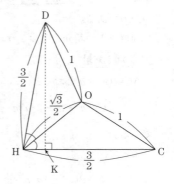

解 答 は，この方針によるものである。

四面体 ABCD の面対称性（例えば，四面体 ABCD は平面 CDH（線分 AB の垂直二等分面）に関して対称である）に着目すれば，(1)を利用せずに体積を求めることもできる。その 1 つを紹介しておこう。

【(2)の 別解 】［上の考察に続けて］

$\beta = \angle\mathrm{CHO}$ とおくと，$\sin 2\beta = \dfrac{8\sqrt{11}}{27}$ である（ 解 答 を見よ）から，

$$\triangle\mathrm{CDH} = \frac{1}{2}\cdot\mathrm{CH}\cdot\mathrm{DH}\cdot\sin\angle\mathrm{CHD}$$

$$= \frac{1}{2}\cdot\mathrm{CH}^2\cdot\sin 2\beta$$

$$= \frac{1}{2}\cdot\left(\frac{3}{2}\right)^2\cdot\frac{8\sqrt{11}}{27} = \frac{\sqrt{11}}{3}$$

となる。

平面 CDH と線分 AB が垂直であることに注意すると，四面体 ABCD の体積は，

$$\frac{1}{3}\cdot\triangle\mathrm{CDH}\cdot\mathrm{AB} = \frac{1}{3}\cdot\frac{\sqrt{11}}{3}\cdot 1 = \frac{\boldsymbol{\sqrt{11}}}{\boldsymbol{9}}$$

である。

他にも，三平方の定理を用いるなど，いろいろな解法が考えられる。各自で考えてみよ。

第 1 問

解 答

(1) 放物線 C の接線は y 軸に平行になることはないから，原点を通る C の接線は，

$$y = mx$$

とおける。これが C の接線となる条件は，x の 2 次方程式

$$x^2 + ax + b = mx, \quad \text{すなわち，} \quad x^2 - (m-a)x + b = 0 \qquad \cdots\cdots①$$

が重解をもつことで，それは m が，（①の判別式）$=0$ より，

$$(m-a)^2 - 4b = 0, \quad \text{すなわち，} \quad m^2 - 2am + a^2 - 4b = 0 \qquad \cdots\cdots②$$

を満たすことである。

よって，ℓ_1，ℓ_2 の傾きをそれぞれ m_1，m_2 とすると，

「C は，原点で垂直に交わる 2 本の接線 ℓ_1，ℓ_2 を持つ」 $\qquad \cdots\cdots Ⓐ$

とき，

「m の 2 次方程式②は，$m_1 m_2 = -1$ であるような相異なる
2 解 m_1，m_2 を持つ」

から，

（②の判別式）> 0 かつ （②の 2 解の積）$= -1$

より，

$$a^2 - (a^2 - 4b) > 0 \quad \text{かつ} \quad a^2 - 4b = -1$$

すなわち，

$$b > 0 \quad \text{かつ} \quad b = \frac{a^2+1}{4}$$

が成り立つ。これは逆に辿ることができて，Ⓐの必要十分条件である。

したがって，

$$b = \frac{a^2+1}{4}$$

と表され，このとき任意の実数値 a に対して $b \geqq \dfrac{1}{4} > 0$ となるから，a の値はすべ
ての実数をとりうる。

(2) 以下 $i = 1$，2 とする。

円 D_i の中心を Q_i とすると，円 D_i は P_i で ℓ_i と接するから，

$$P_iQ_i \perp \ell_i \quad\quad \cdots\cdots③$$

であり，P_iQ_i は D_i の半径となるから，D_2 の半径が D_1 の半径の2倍となるとき，

$$P_2Q_2 = 2P_1Q_1 \quad\quad \cdots\cdots④$$

が成り立つ。

さて，点 P_i の x 座標は，①の重解であるから，

$$(P_i \text{ の } x \text{ 座標}) = \frac{m_i - a}{2} \quad\quad \cdots\cdots⑤$$

であり，円 D_i の中心は C の軸上にあるから，

$$(Q_i \text{ の } x \text{ 座標}) = -\frac{a}{2} \quad\quad \cdots\cdots⑥$$

である。

また，$\ell_1 \perp \ell_2$ であることと③より，

$$(P_1Q_1 \text{ の傾き}) = m_2, \quad (P_2Q_2 \text{ の傾き}) = m_1 \quad\quad \cdots\cdots⑦$$

である。

さらに，点 P_1 の x 座標は点 P_2 の x 座標より小さく，$m_1m_2 = -1$ であるから，⑤により，

$$\frac{m_1 - a}{2} < \frac{m_2 - a}{2} \quad \text{かつ} \quad \text{"} m_1 \text{ と } m_2 \text{ は異符号"}$$

であり，それゆえ，

$$m_1 < 0 < m_2 \quad\quad \cdots\cdots⑧$$

である。

よって，⑤，⑥，⑦と⑧に注意すると，④となるとき，

$$\sqrt{1+m_1{}^2}\left\{\frac{m_2-a}{2} - \left(-\frac{a}{2}\right)\right\} = 2\sqrt{1+m_2{}^2}\left\{\left(-\frac{a}{2}\right) - \frac{m_1-a}{2}\right\}$$

すなわち，

$$\sqrt{1+m_1{}^2} \cdot \frac{m_2}{2} = \sqrt{1+m_2{}^2}\,(-m_1)$$

が成立し，$m_1 = -\dfrac{1}{m_2}$ を代入して変形すると，⑧に注意して，

$$\sqrt{1+\frac{1}{m_2{}^2}}\cdot\frac{m_2}{2}=\sqrt{1+m_2{}^2}\cdot\frac{1}{m_2} \text{ より，} \frac{\sqrt{m_2{}^2+1}}{2}=\frac{\sqrt{1+m_2{}^2}}{m_2}$$

となり，

$$m_2=2, \text{ したがって，} m_1=-\frac{1}{2} \qquad\qquad \cdots\cdots ⑨$$

を得る。

　m_1 と m_2 は ② の 2 解であるから，解と係数の関係より，⑨ のとき，

$$2a=2+\left(-\frac{1}{2}\right), \text{ ゆえに，} a=\frac{3}{4}$$

である。

（解説）

1°　2 次関数や 2 次方程式，図形と式，解法によっては微分法などが関わる座標平面上の総合問題である。(1)の前半は確実に得点したいところであるが，(1)の後半は証明問題になっている。また，(2)はどのように方針を立てるかでかかる時間に差が出るであろうし，計算ミスや書き間違い等も犯しやすい。計算が主体となる問題であるが，全体として平易な問題とはいえず，第 2 問よりも難しく感じたかもしれない。4 題の問題全体を見渡して対処することが本番では重要である。

2°　(1)は，原点を通る接線の傾きを設定して処理する方法と，接点の x 座標を設定して処理する方法が考えられる。|解||答| は前者の方法によるものである。理系であれば，楕円や双曲線の外部から直交する接線が引けるような点の軌跡(準円と呼ばれる円になる)を求める問題は必須問題であり，これは接線の傾きを設定して処理するのが定番である。直交条件は傾きを用いると (傾きの積)＝−1 で捉えやすいからである。文系では理系の必須問題の経験はあまりないであろうが，放物線も楕円や双曲線と同様に 2 次曲線であり，同様の方針が有効である。

　傾きを設定する場合，接線が y 軸に平行にならない(y 軸に平行な直線は傾きをもたない)ことを確認しておくことと，接する条件は放物線の式と連立させて y を消去した x の 2 次方程式が重解を持つことが必要十分であることが基本となる。

　(1)の後半は何を示せばよいか戸惑うかもしれない。「原点で垂直に交わる 2 本の接線 ℓ_1，ℓ_2 を持つとする」のであるから，この条件が成り立つときに a がすべての実数をとりうることを示せばよい。垂直条件は $m_1 m_2=-1$，つまり，(② の 2 解の積)＝−1 で捉えているので，このもとで ② が相異なる 2 実解を持つとき，すなわち，(② の判別式)＞0 が成り立つときに a がすべての実数をとりうることを示

せばよい。結局 $b=\dfrac{a^2+1}{4}$ のもとで，$b>0$ となるときに a がすべての実数をとり

うることを示せばよく，実数の2乗は0以上であることから容易に示される。

3°　(1)は接点の x 座標を設定して，次のように解いてもよい。

【(1)の 別解 】

　　$y=x^2+ax+b$ のとき，$y'=2x+a$ であるから，C 上の点 $(t,\ t^2+at+b)$ におけ

る接線は，

　　　　　　$y=(2t+a)(x-t)+t^2+at+b$　　　　　　　　　　　……㋐

と表され，㋐ が原点を通る条件は，

　　　　　　$0=(2t+a)(-t)+t^2+at+b$，すなわち，$t^2=b$　　　　……㋑

が成り立つことである。

　　よって，

　　　　　「C は，原点で垂直に交わる2本の接線 ℓ_1，ℓ_2 を持つ」　　　　……Ⓐ

とき，

　　　　　「㋑ を満たす相異なる実数 t が2個存在し，その t に対応する ㋐ の傾きの

　　　　　積が -1 である」

から，

　　　　　$b>0$ かつ $(2\sqrt{b}+a)(-2\sqrt{b}+a)=-1$

すなわち，

　　　　　$b>0$ かつ $a^2-4b=-1$

が成立する。（以下，解 答 と同様である。）

4°　(2)は，一方の円の半径が他方の円の半径の2倍であることをどのように捉える

かが問題である。いくつかの方針が考えられるが，いずれにしても 解 答 の ㋐

に着目することがポイントになる。それゆえ(2)では傾きを主役にして計算を進め

ていくのがよく，(1)を 別解 のように解いた場合でも(2)は傾きを持ち出して計

算するのがよい。

　　解法の基礎となるのは，円と直線の接する条件が，

　　　　　（円の中心から直線に至る距離）＝（円の半径）

であること，および，

　　　　　（円の中心と接点を通る直線）⊥（円の接線）

という幾何学的性質，さらに

> 傾き m の直線 $y=mx+n$ 上の2点
> $(x_1,\,mx_1+n),(x_2,\,mx_2+n)$ の間の距離 d は,
> $$d=\sqrt{1+m^2}\,|x_1-x_2|$$
> で与えられる。

という公式(証明してみよ)である。この公式を知らなくても解決はできるが,これを念頭におくと大変見通しがよい。

⑦ は,P_1Q_1 の傾きが m_2,P_2Q_2 の傾きが m_1,と添え字の番号が1と2で入れ替わっていることに注意しよう。その後は,解答の ⑧(図を描けば自明であるが)にも注意して丁寧に計算を進めればよく,最後は a の値を求めるために m の2次方程式 ② に戻ればよい。とはいえ,この筋道にはなかなか気づきにくいかもしれない。

5° (2)では上の公式を利用せずに,幾何学的考察を活用して半径の条件を捉えるのもよい。

　右図のように,接点 P_i から放物線 C の軸への垂線の足を H_i $(i=1,\,2)$ とすると,$\triangle P_1H_1Q_1\backsim\triangle Q_2H_2P_2$ であり,円 D_2 の半径が円 D_1 の半径の2倍であることから,$\triangle P_1H_1Q_1$ と $\triangle Q_2H_2P_2$ の相似比は $1:2$ である。そこで,解 答 の ⑦, ⑧ 及び $m_1m_2=-1$ に注意すると,

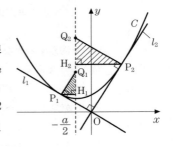

$$\frac{Q_2H_2}{P_2H_2}=-m_1=\frac{1}{m_2}\,,\quad\frac{Q_2H_2}{P_1H_1}=2$$

より

$$\frac{P_1H_1}{P_2H_2}=\frac{1}{2m_2}\,,\quad\text{すなわち},\ P_2H_2=2m_2P_1H_1$$

を得て,これより,

$$\frac{m_2-a}{2}-\left(-\frac{a}{2}\right)=2m_2\left\{\left(-\frac{a}{2}\right)-\frac{m_1-a}{2}\right\}$$

が成り立ち,これと $m_1m_2=-1$ より,m_1,m_2 が定まる。この解法は傾きを幾何学的に捉えているに過ぎない。

第 2 問

解 答

(1) α のとりうる値の範囲は，

「C と ℓ が相異なる 3 点で交わる」　……Ⓐ

ような α の条件として得られる。

ここで，

$$y = x^3 - x \qquad\qquad ……①$$

のとき，

$$y' = 3x^2 - 1 \qquad\qquad ……②$$

であるから，$\alpha = \pm\dfrac{1}{\sqrt{3}}$ のとき，ℓ は y 軸と平行となり，Ⓐ は成立しない。

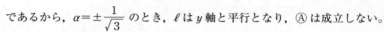

よって，

$$\alpha \neq \pm\frac{1}{\sqrt{3}} \qquad\qquad\qquad\qquad ……③$$

でなければならない。

③ のもとで，$m = -\dfrac{1}{3\alpha^2 - 1}$ とおくと，ℓ は，

$$y = m(x - \alpha) + \alpha^3 - \alpha \qquad\qquad\qquad ……④$$

と表される。① と ④ を連立させ y を消去すると，

$$x^3 - x = m(x - \alpha) + \alpha^3 - \alpha$$

となり，これを変形すると，

$$x^3 - \alpha^3 - m(x - \alpha) - (x - \alpha) = 0$$

より，

$$(x - \alpha)(x^2 + \alpha x + \alpha^2 - m - 1) = 0 \qquad\qquad ……⑤$$

となる。

そこで，

$$f(x) = x^2 + \alpha x + \alpha^2 - m - 1$$

とおくと，

Ⓐ　$\Longleftrightarrow$　「⑤ を満たす相異なる実数 x が 3 個ある」

　　$\Longleftrightarrow$　「$f(x) = 0$ を満たす相異なる実数 x が $x = \alpha$ 以外に 2 個ある」

　　$\Longleftrightarrow$　「x の 2 次方程式 $f(x) = 0$ が $x = \alpha$ 以外の相異なる 2 実数解を持つ」

　　$\Longleftrightarrow$　($f(x) = 0$ の判別式) > 0 かつ $f(\alpha) \neq 0$

$$\Longleftrightarrow\quad \alpha^2-4(\alpha^2-m-1)>0 \qquad\qquad \cdots\cdots\text{⑥}$$

$$\text{かつ}\ \ 3\alpha^2-m-1\neq0 \qquad\qquad \cdots\cdots\text{⑦}$$

である。

　ここで，$m=-\dfrac{1}{3\alpha^2-1}$ を用いると，

$$\text{⑥}\quad \Longleftrightarrow\quad 3\alpha^2-4m-4<0$$

$$\Longleftrightarrow\quad \dfrac{(3\alpha^2-4)(3\alpha^2-1)+4}{3\alpha^2-1}<0$$

$$\Longleftrightarrow\quad \dfrac{\left(3\alpha^2-\dfrac{5}{2}\right)^2+\dfrac{7}{4}}{3\alpha^2-1}<0$$

$$\Longleftrightarrow\quad 3\alpha^2-1<0 \quad \left(\because\ \ \text{実数}\,\alpha\,\text{によらず}\ \left(3\alpha^2-\dfrac{5}{2}\right)^2+\dfrac{7}{4}>0\right)$$

$$\Longleftrightarrow\quad -\dfrac{1}{\sqrt{3}}<\alpha<\dfrac{1}{\sqrt{3}} \qquad\qquad \cdots\cdots\text{⑥}'$$

$$\text{⑦}\quad \Longleftrightarrow\quad \dfrac{(3\alpha^2-1)^2+1}{3\alpha^2-1}\neq0 \qquad\qquad \cdots\cdots\text{⑦}'$$

であり，⑦′は実数 α によらず成立するから，結局，

$$\text{Ⓐ}\quad \Longleftrightarrow\quad \text{⑥}'$$

であり，⑥′は③をみたす。

　したがって，α のとりうる値の範囲は，

$$-\dfrac{1}{\sqrt{3}}<\alpha<\dfrac{1}{\sqrt{3}}$$

である。

(2)　β と γ は x の2次方程式 $f(x)=0$ の2解であるから，解と係数の関係より，

$$\beta+\gamma=-\alpha,\ \ \beta\gamma=\alpha^2-m-1 \qquad\qquad \cdots\cdots\text{⑧}$$

である。

　よって，⑧と $m=-\dfrac{1}{3\alpha^2-1}$ を用いると，

$$\begin{aligned}
\beta^2+\beta\gamma+\gamma^2-1 &=(\beta+\gamma)^2-\beta\gamma-1\\
&=(-\alpha)^2-(\alpha^2-m-1)-1\\
&=m\\
&=-\dfrac{1}{3\alpha^2-1} \qquad\qquad \cdots\cdots\text{⑨}
\end{aligned}$$

となり，$-\dfrac{1}{3\alpha^2-1} \neq 0$ であるから，$\beta^2+\beta\gamma+\gamma^2-1 \neq 0$ となる。

(3)　⑨より，

$$u=4\alpha^3+\dfrac{1}{\beta^2+\beta\gamma+\gamma^2-1}$$
$$=4\alpha^3-(3\alpha^2-1)$$
$$=4\alpha^3-3\alpha^2+1 \qquad\qquad\cdots\cdots⑩$$

と表され，⑩を $g(\alpha)$ とおくと，

$$g'(\alpha)=12\alpha^2-6\alpha$$
$$=6\alpha(2\alpha-1)$$

より，⑥′のもとで右表を得る。

α	$\left(-\dfrac{1}{\sqrt{3}}\right)$	$\cdots$	0	$\cdots$	$\dfrac{1}{2}$	$\cdots$	$\left(\dfrac{1}{\sqrt{3}}\right)$
$g'(\alpha)$			$+$	0	$-$	0	$+$
$g(\alpha)$			$\nearrow$		$\searrow$		$\nearrow$

さらに，

$$g\left(\pm\dfrac{1}{\sqrt{3}}\right)=\pm\dfrac{4}{3\sqrt{3}}\ (複号同順),\ g(0)=1,\ g\left(\dfrac{1}{2}\right)=\dfrac{3}{4}$$

であって，

$$-\dfrac{4}{3\sqrt{3}}<\dfrac{3}{4},\ \ \dfrac{4}{3\sqrt{3}}=\sqrt{\dfrac{16}{27}}<1$$

であるから，u のとりうる値の範囲は，

$$-\dfrac{4}{3\sqrt{3}}<u\leqq 1$$

である。

解説

1°　直線 ℓ は接線と垂直に交わる直線で，これを点 P における C の法線という。本問は 3 次関数のグラフとその法線を素材とした総合問題であり，数Ⅱの微分法および 3 次方程式，2 次方程式の議論にも関連している。第 1 問と同様に複合的な問題であるが，第 1 問より見通しがよく，解法もほぼ決まってくるので，2022 年度の文科では最も取り組みやすい。とはいえ，(1)で躓くと(2)，(3)にも影響し解決できなくなる恐れがある点で，試験場では難しく感じるかもしれない。しっかりとした計算力を要求される問題である。

2°　(1)は，α のとりうる値の範囲が │解│ │答│ の Ⓐ で定められることは大丈夫であろう。また，ℓ が y 軸に平行でないことも大丈夫であろう。答案では一言触れておきたい。

(1)のポイントは，C の式と ℓ の式を連立させて得られる x の3次方程式の因数分解を見通しておくことである。C と ℓ は点Pを共有するので，点Pの x 座標の $x=\alpha$ を解にもつからである。 解 答 では法線 ℓ の傾きを $m=-\dfrac{1}{3\alpha^2-1}$ とおいて1文字 m で表すことにより，

$$x^3-x=m(x-\alpha)+\alpha^3-\alpha, \quad \text{すなわち}, \quad x^3-\alpha^3-m(x-\alpha)-(x-\alpha)=0$$

のように，3次方程式を見やすくしたが，この置き換えは必然ではない。置き換えなくても，やたらに展開などしないで，

$$x^3-\alpha^3+\frac{1}{3\alpha^2-1}(x-\alpha)-(x-\alpha)=0$$

のように $x-\alpha$ を因数にもつことを念頭におきつつ変形することが肝心である。

その後は，2次方程式の議論に帰着する。(判別式)>0 の条件は分数不等式になるが，分母の符号に無頓着に分母を払ったりしないように注意しよう。 解 答 では，判別式の分数の分子を，$3\alpha^2$ をカタマリにして平方完成したが，α^2 をカタマリにして，

$$(3\alpha^2-4)(3\alpha^2-1)+4=9\alpha^4-15\alpha^2+8$$
$$=9\left(\alpha^2-\frac{5}{6}\right)^2+\frac{7}{4}>0$$

としてももちろんよい。

3° (2)は，(1)の解答の流れから，β と γ を2解とする2次方程式が $f(x)=0$ であることが直ちにわかるはずである。$\beta^2+\beta\gamma+\gamma^2-1$ は β と γ の対称式になっているので，解と係数の関係を用いればよいことにもすぐ気付くであろう。(1)ができれば(2)は得点できるはずである。

4° (3)も，(1)と(2)ができれば，u を α の3次関数として表し，(1)の範囲を α の変域として調べればよいことがわかるであろう。微分法を用いればよい。注意しなければならないのは，極大値や極小値が必ずしも値域の限界とは限らない，ということである。それゆえ，増減表だけでなく，極大値・極小値と変域の端点における関数値との大小を確認しなければならない。本問では，増減表から，

変域の左の限界点における関数値と極小値の大小，

変域の右の限界点における関数値と極大値の大小

を調べねばならず，それが 解 答 の

$$g\left(\pm\frac{1}{\sqrt{3}}\right)=\pm\frac{4}{3\sqrt{3}} \quad \text{（複号同順）}, \quad g(0)=1, \quad g\left(\frac{1}{2}\right)=\frac{3}{4}$$

であって,

$$-\frac{4}{3\sqrt{3}}<\frac{3}{4}, \quad \frac{4}{3\sqrt{3}}=\sqrt{\frac{16}{27}}<1$$

の部分である。

第 3 問

解 答

$$a_1=4 \quad\quad\quad\quad\quad\quad\quad\quad\quad\quad\quad\quad\quad \cdots\cdots ①$$
$$a_{n+1}=a_n{}^2+n(n+2) \quad (n=1,~2,~3,~\cdots\cdots) \quad\quad \cdots\cdots ②$$

(1) 合同式の法を 3 とし,mod3 は省略する。

まず,① と ② により,

$$\left.\begin{array}{l} a_1=4\equiv1, \\ a_2=a_1{}^2+1\cdot3\equiv1^2+1\cdot0=1, \\ a_3=a_2{}^2+2\cdot4\equiv1^2+2\cdot1=3\equiv0, \\ a_4=a_3{}^2+3\cdot5\equiv0^2+0\cdot2=0, \\ a_5=a_4{}^2+4\cdot6\equiv0^2+1\cdot0=0, \\ a_6=a_5{}^2+5\cdot7\equiv0^2+2\cdot1=2 \end{array}\right\} \quad\quad \cdots\cdots ③$$

である。

次に,$n=1,~2,~3,~\cdots\cdots$ に対し,

$$a_{n+6}\equiv a_n \quad\quad\quad\quad\quad\quad\quad\quad\quad\quad\quad \cdots\cdots ④$$

であることを,n に関する数学的帰納法で示そう。

(I)　$n=1$ のとき,③ の $a_6\equiv2$ と ② より,

$$a_7=a_6{}^2+6\cdot8\equiv2^2+0\cdot2=4\equiv1$$

であるから,③ の $a_1\equiv1$ とから,

$$a_7\equiv a_1$$

が成り立つ。

(II)　ある $n\,(\geqq1)$ に対して ④ が成り立つと仮定すると,$a_{n+6}\equiv a_n$ であり,② を用いると,

$$a_{n+7}=a_{n+6}{}^2+(n+6)(n+8)$$
$$\equiv a_n{}^2+n(n+2)$$
$$=a_{n+1}$$

であるから,

$$a_{n+7}\equiv a_{n+1}$$

となり，④は n を $n+1$ に代えても成り立つ。

よって，(I)，(II)より，$n=1$，2，3，…… に対し，④ が成り立つ。

したがって，③ と ④ より，

　　　「a_n を3で割った余りは，1，1，0，0，0，2をこの順にとり，

　　　周期6で繰り返す。」　　　　　　　　　　　　　　　　　　　……⑤

しかるに，

　　　$2022 = 6 \cdot 337$

より 2022 は 6 の倍数であるから，⑤ により，a_{2022} を3で割った余りは，

　　　2

である。

(2)　$N = 2022$ とおいて，a_N，a_{N+1}，a_{N+2} の最大公約数を求める。

いま，a_N，a_{N+1}，a_{N+2} が共通の素因数 p をもつと仮定する。

このとき，② より，

　　　$a_{N+1} - a_N{}^2 = N(N+2)$

　　　$a_{N+2} - a_{N+1}{}^2 = (N+1)(N+3)$

であるから，

　　　"$N(N+2)$，$(N+1)(N+3)$ はどちらも p の倍数"

であり，p は素数であるから，

　　　"N と $N+2$ の少なくとも一つは p の倍数で，かつ，$N+1$ と

　　　　$N+3$ の少なくとも一つは p の倍数"　　　　　　　　　　……⑥

である。

　しかるに，

　　　$(N+3) - N = 3$

であるから，⑥ より $p \leqq 3$ でなければならず，$N+1$ と $N+3$ が奇数であること
と，p は素数であることから，

　　　$p = 3$

以外にはありえない。しかし，これは(1)の事実に矛盾する。

よって，はじめの仮定は誤りで，a_N，a_{N+1}，a_{N+2} は共通の素因数をもたない。

したがって，a_N，a_{N+1}，a_{N+2} の最大公約数は，

　　　1

である。

解説

1°　2021 年度も出題されていた整数問題で，数列，漸化式との融合問題である。2021 年度の第 4 問に比べれば取り組みやすいが，2022 年度中では手強い問題である。答案をきちんと作成するという観点からはやや難しい問題であるものの，思考力を試すという観点からは良問である。手を動かして書き出してみれば，解決への道筋が見えてくるので，第 1 問や第 2 問よりも着手しやすいのではないだろうか。整数は東大文科の頻出分野であるので，本問の答案を限られた時間内に作成できるようなレベルを目標にして対策しておきたい。

2°　数列を学んだばかりの高校生には，漸化式は"解いて一般項を求めるもの"と決めつけている人を多く見受けるが，解ける漸化式というのは特殊な形をしたものだけで，漸化式全体からすればごくわずかである。本問の漸化式も解こうすると大変である。そもそも与えられた漸化式は $a_n{}^2$ を含む 2 次の漸化式で $n(n+2)$ のような n の 2 次式も含まれており，容易には解けそうにない，と判断するのが第一歩である。(1)，(2) の問題の要求を見据えればなおさらである。

3°　さて，(1)は，まず漸化式を繰り返し用い"実験"してみることが解決のための最初のポイントである。ただし，3 で割った余りが問題にされているのであるから，余りだけを書き出してみればよい。合同式を用いて書き出してみると能率がよい。はじめの数項程度ではなく，規則性が見えるまで十数項程度書き出してみるとよい。整数の数列は無限に続くが，3 で割った余りはたった 3 つの有限個しかないので，いつかは繰り返しが現れるはずである。それが ┃解┃ ┃答┃ の ⑤ である。⑤ を予想することが二番目のポイントである。┃解┃ ┃答┃ も上のような実験のもとで作っているのである。さらに ⑤ が予想できれば結果も予想できるが，それでは解答として通用しない。⑤ の予想を証明することが三番目のポイントである。漸化式は帰納的に数列を定めているのであるから，数学的帰納法によるのが自然である。┃解┃ ┃答┃ では ③ のあと ④ を数学的帰納法で証明したが，漸化式の形から，a_{n+1} を 3 で割った余りは a_n と n のそれぞれを 3 で割った余りで決まることを説明し，

　　　$a_7 \equiv a_1 \pmod 3$ かつ $7 \equiv 1 \pmod 3$

より，帰納的に ⑤ が成り立つ，と簡略的に記述しても許容されるであろう。

　また，④ を帰納法で示そうとする代わりに，もっと直接的に ⑤ を示そうと考え，$k=1$, 2, 3, …… に対し，

　　　$a_{6k-5} \equiv 1$, $a_{6k-4} \equiv 1$, $a_{6k-3} \equiv 0$, $a_{6k-2} \equiv 0$, $a_{6k-1} \equiv 0$, $a_{6k} \equiv 2$　　　　……◎

であることを帰納的に示してもよい。すなわち，合同式の法を 3 として，$a_1 \equiv 1$ であり，$a_{6k-5} \equiv 1$ を仮定すると，② を繰り返し用い，

$$a_{6k-4} = a_{6k-5}{}^2 + (6k-5)(6k-3) \equiv 1^2 + 1 \cdot 0 = 1,$$

$$a_{6k-3} = a_{6k-4}{}^2 + (6k-4)(6k-2) \equiv 1^2 + 2 \cdot 1 = 3 \equiv 0,$$

$$a_{6k-2} = a_{6k-3}{}^2 + (6k-3)(6k-1) \equiv 0^2 + 0 \cdot 2 = 0,$$

$$a_{6k-1} = a_{6k-2}{}^2 + (6k-2)(6k) \equiv 0^2 + 1 \cdot 0 = 0,$$

$$a_{6k} = a_{6k-1}{}^2 + (6k-1)(6k+1) \equiv 0^2 + 2 \cdot 1 = 2,$$

$$a_{6k+1} = a_{6k}{}^2 + (6k)(6k+2) \equiv 2^2 + 0 \cdot 2 = 4 \equiv 1$$

となることから ◎ が示され，⑤ が示されたことになる。

なお，2022 は 2022 年度の入試問題であるというだけで (1) では 2022 に固有の意味があるわけではないが，(2) は解法によっては 2022 という数だからこそ，という意味がある。

本問のような漸化式で定められる整数の列についての余りの問題は，過去問にもいくつか類題があり，たとえば 1993 年度第 2 問にある。過去問の研究も良い対策になる例である。

4°　(2) は，連続する 3 つの項の最大公約数を求める問題で，もちろん 3 項の一般項を求めるのではない。(1) の事実を念頭におきつつ，$N = 2022$ として a_N，a_{N+1}，a_{N+2} の間には ② より，

$$a_{N+1} = a_N{}^2 + 2022 \cdot 2024, \quad \text{つまり，} \quad a_{N+1} - a_N{}^2 = 2022 \cdot 2024$$

$$a_{N+2} = a_{N+1}{}^2 + 2023 \cdot 2025, \quad \text{つまり，} \quad a_{N+2} - a_{N+1}{}^2 = 2023 \cdot 2025$$

という関係があることに注目する。求める最大公約数が，数値として具体的に見えている $2022 \cdot 2024$，$2023 \cdot 2025$ の公約数に限られることを押さえるのがキーポイントである。そのことはユークリッドの互除法の原理と同様である。すなわち，整数 a，b，q，r $(b \neq 0,\ 0 \leqq r < b)$ の間に

$$a = qb + r$$

という関係があるとき，a と b の最大公約数は，b と r の最大公約数に一致する，というのがユークリッドの互除法であるが，その原理は，$r = a - qb$ であることから a と b の公約数は r の約数であり，$a = qb + r$ より b と r の公約数は a の約数である，ということである。

最大公約数を求めるには共通の素因数を調べればよいことについては大丈夫だろう。そうすると，$2022 \cdot 2024$，$2023 \cdot 2025$ のそれぞれを素因数分解して

$$2022 \cdot 2024 = (2 \cdot 3 \cdot 337) \cdot (2^3 \cdot 11 \cdot 23) = 2^4 \cdot 3 \cdot 11 \cdot 23 \cdot 337$$

$$2023 \cdot 2025 = (7 \cdot 17^2) \cdot (3^4 \cdot 5^2) = 3^4 \cdot 5^2 \cdot 7 \cdot 17^2$$

に共通の素因数が 3 以外にはなく，このことと (1) の事実により，(2) は解決する。これは 解 答 とは異なる方法であり (2) の部分的別解になる。

5° (2) の 解 答 では上のように素因数分解を考える代わりに，a_N，a_{N+1}，a_{N+2} が連続する 3 項，それゆえ N，$N+1$，$N+2$，$N+3$ が連続する 4 整数であることに着目している。

たとえば，"連続する 2 整数は互いに素" ということを知っているかもしれないが，その理由は，連続する 2 整数 m，$m+1$ の差が

$$(m+1)-m=1$$

より 1 であって，m と $m+1$ の公約数は左辺の約数であるから右辺の約数でもあり，右辺は 1 であるから最大公約数は 1 であって，m と $m+1$ は互いに素となるのであった。

これと同様に，本問では連続 4 整数の差が最大でも 3 で，さらに，2023 と 2025 がともに奇数であることから，2022·2024 と 2023·2025 の共通の素因数があるとすれば 3 のみであることがわかる。このことと (1) の事実を組み合わせることが 解 答 の考え方である。

第 4 問

解 答

0 以上の整数 k に対して，

$$\vec{v_k}=\left(\cos\frac{2k\pi}{3}~,~\sin\frac{2k\pi}{3}\right)$$

は，

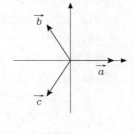

$$\vec{a}=(1,~0),~~\vec{b}=\left(-\frac{1}{2}~,~\frac{\sqrt{3}}{2}\right),$$

$$\vec{c}=\left(-\frac{1}{2}~,~-\frac{\sqrt{3}}{2}\right)$$

のいずれかであり，順に k を 3 で割った余りが 0，1，2 の場合に対応する。

X_N が O にあるのは，N 回目までに $\vec{a}$，$\vec{b}$，$\vec{c}$ が加えられた回数を順に α，β，γ とすると，

$$\alpha\vec{a}+\beta\vec{b}+\gamma\vec{c}=\vec{0} \qquad\qquad \cdots\cdots①$$

となるときであり，① の両辺の x 成分と y 成分を比較して，

$$\begin{cases} \alpha - \dfrac{1}{2}(\beta+\gamma)=0 \\ \dfrac{\sqrt{3}}{2}(\beta-\gamma)=0 \end{cases} \quad より，\alpha=\beta=\gamma \qquad \cdots\cdots②$$

でなければならない。

　以下，コインの表を×，裏を○で表すことにする。

投げたとき×と○がどちらも $\dfrac{1}{2}$ の確率で出るコインを N 回投げるのであるから，

　　X_5 が O にあるような×○の出方の場合の数を s，

　　X_{98} が O にあり，かつ，×が90回，○が8回であるような×○の出方の
　　場合の数を t

とすると，(1)，(2)で求める確率は，それぞれ

$$s\left(\dfrac{1}{2}\right)^5, \quad t\left(\dfrac{1}{2}\right)^{98}$$

で与えられる。そこで $(\alpha,\ \beta,\ \gamma)$ の組で場合分けして，s と t を求めることにする。

(1)　X_5 が O にあるのは，②より，0以上の整数 $\alpha,\ \beta,\ \gamma$ が

　　　$\alpha+\beta+\gamma \leqq 5$ かつ $\alpha=\beta=\gamma$

でみたすときで，

　　　$(\alpha,\ \beta,\ \gamma)=(0,\ 0,\ 0)$ または $(\alpha,\ \beta,\ \gamma)=(1,\ 1,\ 1)$

でなければならない。

(ア)　$(\alpha,\ \beta,\ \gamma)=(0,\ 0,\ 0)$ のとき，5回とも○が出る場合で，この場合の数は，

　　　1通り

　である。

(イ)　$(\alpha,\ \beta,\ \gamma)=(1,\ 1,\ 1)$ のとき，×が3回，○が2回で，この場合の数は，

　　　○2個を並べておき，○と○のすき間または両端に，左か
　　　ら見てそれまでに○が出た回数を3で割った余りが0，1，
　　　2に対応する位置に×3個を1個ずつ分配して入れる
　　　（図1）

図1

ような入れ方の数と1対1に対応するから，

　　　×○×○×

の

　　　1通り

である。

よって，

— 48 —

$$s = 1+1 = 2$$

であるから，求める確率は，

$$2\left(\frac{1}{2}\right)^5 = \frac{1}{16}$$

である。

(2) X_{98} が O にあり，かつ，× が 90 回，○ が 8 回であるのは，② より，0 以上の整数 α, β, γ が

$$\alpha + \beta + \gamma = 90 \quad \text{かつ} \quad \alpha = \beta = \gamma$$

をみたすときで，

$$(\alpha, \ \beta, \ \gamma) = (30, \ 30, \ 30)$$

でなければならず，この場合の数は，

○ 8 個を並べておき，○ と○のすき
間または両端に，左から見てそれま
でに○が出た回数を 3 で割った余り
が 0，1，2 に対応するそれぞれ 3 か
所の位置に × 30 個ずつを分配して入れる（図 2）

図 2

ような入れ方の数と 1 対 1 に対応する。

図 2 の 0 の位置に入れる × 30 個の入れ方は，

30 個の × と 2 本の仕切りを | を 1 列に並べる並べ方

と 1 対 1 に対応するから，

$$_{30+2}\mathrm{C}_2 = _{32}\mathrm{C}_2 = \frac{32 \cdot 31}{2 \cdot 1} = 2^4 \cdot 31 \ (\text{通り})$$

である。

図 2 の 1 の位置，2 の位置に入れる × 30 個の入れ方もそれぞれ $2^4 \cdot 31$ 通りずつあるので，

$$t = (2^4 \cdot 31)^3 = 2^{12} \cdot 31^3$$

である。

よって，求める確率は，

$$2^{12} \cdot 31^3 \left(\frac{1}{2}\right)^{98} = \frac{31^3}{2^{86}}$$

である。

解説

1°　確率の問題であるが，実質的には場合の数を数える問題で，ここ数年文科では場合の数・確率分野では実質的に数える問題の出題が続いている。いずれも試験場では手強く感じる問題ばかりであり，この分野の高いレベルの学力が要求される。本問は，問題の規則を正しく理解し，点列の点が原点 O の位置にあることが，コインの表裏の出方と対応付けられることを掴むまでがポイントであり，そのポイントを掴むまでには，時間もかかるし，ひと苦労する。しかし，分かってしまえばむしろ容易に感じるという点で，"簡単"な難問であり，いかにも東大らしい「数学的読解力」が試される良問である。数学で差をつけたい受験生は本問のようなレベルの問題を解き切る実力を培っておきたい。逆に数学が不得手な受験生は，(1)だけを解いて(2)は"捨ててしまう"のも実戦的である。本問と似た雰囲気の問題として 2013 年度文科第 4 問も参考にするとよい。

2°　まず，ベクトル $\vec{v_k}$ を確認しよう。$\vec{v_k}$ は 3 種類の方向しか表さない単位ベクトルであり，その和はゼロベクトルになっている。すなわち，**解** **答** の $\vec{a}$, $\vec{b}$, $\vec{c}$ で表され，$|\vec{a}|=|\vec{b}|=|\vec{c}|=1$, $\vec{a}+\vec{b}+\vec{c}=\vec{0}$ であって，$\vec{v_k}$ の方向は k を 3 で割った余りによって決まる。

　次に規則(i)，(ii)を正しく理解しよう。

$$\overrightarrow{\mathrm{OX}_n}=\overrightarrow{\mathrm{OX}_{n-1}}+\vec{v_k}$$

とは，「点 X_n は点 X_{n-1} をベクトル $\vec{v_k}$ だけ平行移動した点である」ということである。コインの表が出た場合は，$\vec{v_k}$ だけ平行移動した点が点列の次の点となり，裏が出た場合は点列の次の点は前の点と同じ，ということであるが，$\vec{v_k}$ の k が「その回も含めてそれまでにコインの裏が出た回数」をいうことをしっかり頭に入れたい。それゆえコインの表と裏を×，○などと記号化して横 1 列に並べて，左から見ることにより裏の出た回数を数えやすくしておくとよい。

　さらに，「点 X_N が O にある」ということがどのような状況であるかを把握したい。それには実験してみることが有効である。実際に点列を作ってみれば，「点 X_N が O にある」には，**解** **答** の ① より ② が成り立たねばならないことは掴めるであろう。これは $\vec{a}+\vec{b}+\vec{c}=\vec{0}$ であることからほぼ自明であるが，きちんと示すには **解** **答** のように成分を比較するか，$\vec{a}+\vec{b}+\vec{c}=\vec{0}$ より $\vec{a}=-\vec{b}-\vec{c}$ として ① に代入して整理し，

$$\alpha(-\vec{b}-\vec{c})+\beta\vec{b}+\gamma\vec{c}=\vec{0} \text{ より，} (\beta-\alpha)\vec{b}+(\gamma-\alpha)\vec{c}=\vec{0}$$

として，"$\vec{b}$ と $\vec{c}$ が線型独立(ともに $\vec{0}$ でなく平行でない)"ことから，

— 50 —

$\beta-\alpha=0$ かつ $\gamma-\alpha=0$，すなわち，$\alpha=\beta=\gamma$

を導くことになる。いずれにしても，「点 X_N が O にある」には $\vec{a}$, $\vec{b}$, $\vec{c}$ が加えられた回数が同じであり，それゆえコインの表の出る回数が 3 の倍数でなければならない，ということを掴むことが第一歩である。

3°　さて，(1)については，上のような規則の理解の把握を兼ねて実験してみれば，たった 5 回であるから，すべての場合を列挙して書き出すことによっても解決に至る。これも解法の一つである。読者は一度手を動かして実際に書き出してみてもらいたい。 解 答 の×，○を用いれば，

○○○○○　または　×○×○×

と出る場合しかないことは少しの時間でわかるはずである。

4°　しかし，(1)をすべて列挙の手法で解決しただけでは(2)に繋がらない。列挙する過程で(2)に繋がる考え方を掴むことがさらに肝心である。×と○を 1 列に並べることで点列を対応付ける（これもポイントになる！）ことができれば，$\vec{a}$, $\vec{b}$, $\vec{c}$ が加えられる回数が同じ回数ずつでなければならないことと，○が連続しても点列の次の点は前の点と同じであることから，○と○のすき間または両端のどこかに×を同じ個数ずつ入れなければならず，左から見たときの○の回数を考えれば，(1)では○だけしか出ない場合以外は×と○の出方が決まってしまう。

　(2)は×と○の回数が決まっているので，同様に考えれば，○ 8 個を 1 列に並べ，そのすき間または両端に×を挿入すればよく，左から見たときの○の回数を考えると，×30 個ずつをそれぞれ 解 答 の図 2 の 0, 1, 2 の位置に分配する問題に帰着できる。同じものを異なる組に分配する問題は，受験生必須の基本問題である。よく知られた問題に言い換えることが解決への決定打になる。

5°　(2)で，×30 個を図 2 の 3 か所の 0 の位置に分配して入れる入れ方の総数は，

×30 個と仕切り │ 2 本を 1 列に並べる並べ方

と 1 対 1 に対応することは大丈夫であろうか。これはいわゆる重複組合せの場合の数であり，

×30 個と仕切り │ 2 本の合計 32 個を 1 列に並べ，

左の仕切り │ よりも左側の×の個数，

左の仕切り │ と右の仕切り │ の間の×の個数，

右の仕切り │ よりも右側の×の個数

のそれぞれを，3 か所の 0 に入れる入れ方

$$\underbrace{\times\times\cdots\times}_{\text{初めの 0 に入る個数}} \mid \underbrace{\times\times\cdots\times}_{\text{2 番目の 0 に入る個数}} \mid \underbrace{\times\times\cdots\times}_{\text{3 番目の 0 に入る個数}}$$

と1対1に対応させることができる。このとき"個数"は0個でもよいことに注意する。それゆえ，

$$_{32}C_2$$

で計算できるのである。これはまた，

> 区別のつかない30個のものをA，B，Cの3人に，1個も貰えない人がいてもよいとして分配する方法の数

あるいは，

$$\begin{cases} x+y+z=30 \\ x\geqq0,\ y\geqq0,\ z\geqq0 \end{cases}$$ をみたす整数の組 $(x,\ y,\ z)$ の個数

と同じである。

一般に，相異なる n 種類のものから重複を許して r 個取る組合せの総数を，重複組合せといい，

$$_nH_r$$

という記号で表す。このとき，

$$_nH_r = {}_{n+r-1}C_r = {}_{n+r-1}C_{n-1}$$

であることが，上記の仕切り | を用いる考え方で証明できる。各自で確認してみるとよい。

2021 年

第 1 問

解 答

曲線 $y = ax^3 - 2x$ と原点を中心とする半径 1 の円 $x^2 + y^2 = 1$ の共有点の x 座標は，2 式から y を消去して得られる x の方程式

$$x^2 + (ax^3 - 2x)^2 = 1, \quad \text{すなわち,} \quad a^2 x^6 - 4ax^4 + 5x^2 - 1 = 0 \qquad \cdots\cdots ①$$

の実数解である。よって，共有点の個数が 6 であるための条件は，① の相異なる実数解の個数が 6 個であることであるが，① で $X = x^2$ とおくと，

$$a^2 X^3 - 4aX^2 + 5X - 1 = 0 \qquad \cdots\cdots ②$$

となるから，X の方程式②の相異なる正の実数解の個数が 3 個であるような a の範囲を求めればよい。

②の左辺を $f(X)$ とおくと，

$$f'(X) = 3a^2 X^2 - 8aX + 5$$
$$= (aX - 1)(3aX - 5)$$

となるから，$a > 0$ に注意すると，$X \geqq 0$ における $f(X)$ の増減は右のようになる。

X	0	$\cdots$	$\dfrac{1}{a}$	$\cdots$	$\dfrac{5}{3a}$	$\cdots$
$f'(X)$		+	0	−	0	+
$f(X)$	-1	↗	$\dfrac{2}{a} - 1$	↘	$\dfrac{50}{27a} - 1$	↗

よって，求める a の範囲は，

$$\frac{2}{a} - 1 > 0 \quad \text{かつ} \quad \frac{50}{27a} - 1 < 0$$

より，$a > 0$ に注意して，

$$\boldsymbol{\frac{50}{27} < a < 2}$$

である。

解説

1° 2021 年度の問題の中では最も取り組みやすい問題であり，合格のためには落としたくない問題である。

2° まず，曲線 $y = ax^3 - 2x$ と円 $x^2 + y^2 = 1$ の共有点を考えるのであるから，2 式を連立して共有点の x 座標が満たす方程式①を作るのは当然であろう。①は x^2

についての 3 次方程式であるから，$X=x^2$ とおくと，X の 3 次方程式 ② が得られる。

　　あとは「① の相異なる実数解の個数が 6 個である」ことを，「② の相異なる正の実数解の個数が 3 個である」と言い換えて，② の左辺の増減（グラフ）を考えれば解決する。

　　言い換える際，x が実数のとき X も実数であり，

　　　　$X>0$ を満たす 1 個の X に対して 2 個の相異なる実数 $x=\pm\sqrt{X}$ が定まり，

　　　　$X=0$ に対して 1 個の実数 $x=0$ が定まり，

　　　　$X<0$ を満たす実数 X に対して実数 x は存在しない

こと，および，

　　　　$X>0$ を満たす相異なる X に対する実数 x はすべて相異なる

ことに注意しよう。

　　ちなみに，曲線 $y=ax^3-2x$ と円 $x^2+y^2=1$ がともに原点に関して対称であること，および，y 軸上に共有点をもたないことに注意すると，共有点の個数が 6 個であるのは，x の方程式 ① の相異なる正の実数解の個数が 3 個のときであり，それは，X の方程式 ② の相異なる正の実数解の個数が 3 個のときである。しかし，このように考えても，やることは同じであり，計算が軽減されるわけではない。

　　なお，① の実数解は，それを整理する前の方程式 $x^2+(ax^3-2x)^2=1$ の実数解であることから，自動的に，$x^2\leqq1$，すなわち，$-1\leqq x\leqq1$ を満たすので，x に範囲をつけて

　　　　「① が $-1\leqq x\leqq1$ の範囲に相異なる実数解を 6 個もつ」

と考えなくてもよいことを，老婆心ながら注意しておこう。

3°　② のあと，少々工夫することもできる。$a>0$ に注意して $t=aX$ と置き換えると，

$$a^2\left(\frac{t}{a}\right)^3-4a\left(\frac{t}{a}\right)^2+5\frac{t}{a}-1=0$$

$$\therefore\quad t^3-4t^2+5t-a=0$$

$$\therefore\quad t^3-4t^2+5t=a \qquad \cdots\cdots③$$

のように文字定数 a を分離することができ，t の方程式③の相異なる正の実数解の個数が 3 個であるような a の範囲を求めればよいことになる。

　　③の左辺を $g(t)$ とおくと，③の実数解は，tu 平面における曲線 $u=g(t)$ と直線 $u=a$ の

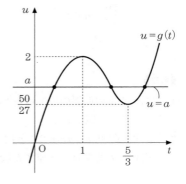

共有点の t 座標である。

$$g'(t)=3t^2-8t+5=(t-1)(3t-5)$$

より，$u=g(t)$ のグラフは前ページの図のようになるから，求める a の範囲は，

$$\frac{50}{27}<a<2$$

となる。

第 2 問

解 答

(1) $$S=\{x_1,\ x_2,\ x_3,\ \cdots\cdots,\ x_N\}\quad(x_1<x_2<x_3<\cdots\cdots<x_N)$$

とすると，

$$x_1=1,\ x_2-x_1\geqq2,\ x_3-x_2\geqq2,\ \cdots\cdots,\ x_N-x_{N-1}\geqq2 \qquad\cdots\cdots\text{①}$$

である。

①の N 個の式を辺々加えると，

$$x_N\geqq1+2(N-1)=2N-1$$

となるから，$x_N\leqq2N$ に注意すると，①の $N-1$ 個の不等式において，

(ⅰ) $x_2-x_1,\ x_3-x_2,\ \cdots\cdots,\ x_N-x_{N-1}$ がすべて 2

または

(ⅱ) $x_2-x_1,\ x_3-x_2,\ \cdots\cdots,\ x_N-x_{N-1}$ のうち 1 つが 3 で残りが 2

である。

(ⅰ)の場合は 1 通り，(ⅱ)の場合は $_{N-1}\mathrm{C}_1$ 通りであるから，求める選び方は，

$$1+{}_{N-1}\mathrm{C}_1=1+(N-1)$$
$$=N\ \text{（通り）}$$

である。

(2) S に含まれる連続する $N-2$ 個の整数からなる集合のうち最小要素が最小であるものを

$$T=\{l,\ l+1,\ \cdots\cdots,\ l+N-3\}$$

とすると，$1\in S$ であることから，

$$l=1\ \text{または}\ 3\leqq l\leqq N+3$$

である。

(ⅰ) $l=1$ のとき

T に含まれない S の要素は，1 以上 $2N$ 以下の整数のうち T に含まれない $N+2$ 個の整数のうちの 2 個であるから，選び方は

$_{N+2}C_2$ 通り

である。

(ii) $3 \leq l \leq N+3$ のとき

T に含まれない S の要素のうち 1 でないものは，1 以上 $2N$ 以下の整数のうち $\{1,\ l-1\} \cup T$ に含まれない N 個の整数のうちの 1 個であるから，選び方は，各 l に対して

$_{N}C_1$ 通り

ずつである（$4 \leq l \leq N+3$ かつ T に含まれない S の要素が 1，2 で連続する 2 個の整数であったとしても，$N \geq 5$ より，$2 < N-2$ であることに注意）。

以上から，求める選び方は，

$$_{N+2}C_2 + (N+1) \cdot {}_{N}C_1 = \frac{(N+2)(N+1)}{2} + (N+1)N$$

$$= \frac{1}{2}(N+1)(3N+2) \ (通り)$$

である。

解説

1° (1)は，手を動かせば，状況が見えてくるだろう。

1 は必ず選ぶこととして，1 以上 $2N$ 以下の整数から相異なる

N 個の整数を選ぶとき，どの 2 個も連続する整数ではない　　……Ⓐ

ような選び方が何通りあるかを求める問題である。

まず，Ⓐ を満たすようにできるだけ小さな整数を選ぶと，

1，3，5，……，$2N-3$，$2N-1$　　　　　　　　　……Ⓑ

となり，最大の整数が $2N$ より 1 だけ小さい整数になる。

ということは，Ⓐ を満たす Ⓑ 以外の選び方は，隣り合う 2 数の差のうち 1 か所のみが 3 で他は 2 であるような

1，4，6，8，……，$2N-4$，$2N-2$，$2N$

1，3，6，8，……，$2N-4$，$2N-2$，$2N$

………………

1，3，5，7，……，$2N-5$，$2N-2$，$2N$

1，3，5，7，……，$2N-5$，$2N-3$，$2N$

の $N-1$ 通りであることになる（1 は必ず選ぶことに注意）。

よって，Ⓐ を満たすような選び方の総数は，N 通りになるのである。

　　以上のことをきちんと論述したものが，上の 解 答 である。

2°　(1) の別解を 2 つ紹介しておこう。

【(1) の 別解1 】

　　1 は必ず選ぶから，2 は必ず選ばない。よって，

　　　　3 以上 2N 以下の整数から相異なる $N-1$ 個の整数を

　　　　どの 2 個も連続しない　　　　　　　　　　　　　　　……Ⓒ

ように選ぶことになる。

　　$2N-2$ 個の整数 3, 4, 5, ……, $2N$ のうち，選んだ数に○をつけ，選ばなかった数に×をつけると，Ⓒ を満たす選び方と

　　　　$N-1$ 個の○と $N-1$ 個の×を横 1 列に並べたもので，

　　　　○が隣り合うところがない　　　　　　　　　　　　　……Ⓓ

を満たす並べ方が 1 対 1 に対応するから，Ⓓ を満たす並べ方の総数を求めればよい。

　　Ⓓ は，$N-1$ 個の×を横 1 列に並べておいて，それらの前，×と×の間，それらの後の計 N か所から，$N-1$ か所を選んで○を入れることによって得られるから，求める選び方は，

$$\uparrow \times \uparrow \times \uparrow \times \uparrow \times \uparrow \cdots \uparrow \times \uparrow \times \uparrow$$

$$_N\mathrm{C}_{N-1}={}_N\mathrm{C}_1=\boldsymbol{N}\ \textbf{(通り)}$$

である。

【(1) の 別解2 】

　　S の 1 以外の要素を

　　　　$y_1,\ y_2,\ \cdots\cdots,\ y_{N-1}$　　　（ただし，$y_1<y_2<\cdots\cdots<y_{N-1}$）

とすると，$y_1,\ y_2,\ \cdots\cdots,\ y_{N-1}$ は，

　　　　$3\leqq y_1,\ y_2-y_1\geqq2,\ y_3-y_2\geqq2,\ \cdots\cdots,\ y_{N-1}-y_{N-2}\geqq2,\ y_{N-1}\leqq2N$ ……Ⓔ

を満たす整数である。

　　Ⓔ を満たす整数 $y_1,\ y_2,\ \cdots\cdots,\ y_{N-1}$ に対して，

　　　　$z_1=y_1,\ z_2=y_2-1,\ z_3=y_3-2,\ \cdots\cdots,\ z_{N-1}=y_{N-1}-(N-2)$

とおくと，$z_1,\ z_2,\ \cdots\cdots,\ z_{N-1}$ は，

　　　　$3\leqq z_1,\ z_2-z_1\geqq1,\ z_3-z_2\geqq1,\ \cdots\cdots,\ z_{N-1}-z_{N-2}\geqq1,\ z_{N-1}\leqq2N-(N-2)$

すなわち，

　　　　$3\leqq z_1<z_2<z_3<\cdots\cdots<z_{N-2}<z_{N-1}\leqq N+2$　　　　　　　……Ⓕ

を満たす整数であり，Ⓔ を満たす整数 $y_1,\ y_2,\ \cdots\cdots,\ y_{N-1}$ の組と Ⓕ を満たす整数 $z_1,\ z_2,\ \cdots\cdots,\ z_{N-1}$ の組は 1 対 1 に対応する。

よって，Ⓕを満たす整数 z_1，z_2，……，z_{N-1} の組の個数を求めればよい。

Ⓕを満たす整数 z_1，z_2，……，z_{N-1} は，

　　　3以上 $N+2$ 以下の N 個の整数から $N-1$ 個を選んで

　　　小さい順に並べたもの

であるから，求める選び方は，

$$_N\mathrm{C}_{N-1} = {_N\mathrm{C}_1} = N \ (通り)$$

である。

3°　(2)は，(1)と比べると考えにくい。いい加減に数えると漏れや重複が生じてしまう。何か基準を決めて，漏れや重複が生じないように数え上げることが大切である。

　　⎡解⎤⎡答⎤では，

　　　S に含まれる連続する $N-2$ 個の整数からなる集合のうち

　　　最小要素が最小であるもの

に着目して，条件2を満たす選び方が何通りあるかを数えたが，

　　　S に含まれる連続する整数からなる集合の要素の個数の最大値が

　　　$N-2$，$N-1$，N のいずれであるか

に着目するのもよい。その方針による解答は次のようになる。

【(2)の 別解 】

(i)　S が，連続する $N-2$ 個の整数からなる集合を含むが，連続する $N-1$ 個以上の整数からなる集合を含まないとき

　　S に含まれる連続する $N-2$ 個の整数からなる集合は（$N\geqq5$ より）ただ1つであり，それを

　　　$U = \{l, \ l+1, \ ……, \ l+N-3\}$

とすると，$1 \in S$ であることから，

　　　$l=1$ または $3 \leqq l \leqq N+3$

である。

(i-1)　$l=1$ のとき

　　U に含まれない S の要素は，1以上 $2N$ 以下の整数のうち $U \cup \{N-1\}$ に含まれない $N+1$ 個の整数のうちの2個であるから，選び方は

　　　$_{N+1}\mathrm{C}_2$ 通り

　　である。

(i-2)　$3 \leqq l \leqq N+2$ のとき

　　U に含まれない S の要素のうち1でないものは，1以上 $2N$ 以下の整数のう

ち $\{1,\ l-1\}\cup U\cup\{l+N-2\}$ に含まれない $N-1$ 個の整数のうちの 1 個であるから，選び方は，各 l に対して

$\qquad_{N-1}\mathrm{C}_1$ 通り

ずつである。

(i-3)　$l=N+3$ のとき

　　U に含まれない S の要素のうち 1 でないものは，1 以上 $2N$ 以下の整数のうち $\{1,\ N+2\}\cup U$ に含まれない N 個の整数のうちの 1 個であるから，選び方は

$\qquad_{N}\mathrm{C}_1$ 通り

である。

(ii)　S が，連続する $N-1$ 個の整数からなる集合を含むが，連続する N 個の整数からなる集合を含まないとき

　　S に含まれる連続する $N-1$ の整数からなる集合（それはただ 1 つである）を

$\qquad U=\{l,\ l+1,\ \cdots\cdots,\ l+N-2\}$

とすると，$1\in S$ であることから，

$\qquad l=1$ または $3\leqq l\leqq N+2$

である。

(ii-1)　$l=1$ のとき

　　U に含まれない S の要素は，1 以上 $2N$ 以下の整数のうち $U\cup\{N\}$ に含まれない N 個の整数のうちの 1 個であるから，選び方は

$\qquad_{N}\mathrm{C}_1$ 通り

である。

(ii-2)　$3\leqq l\leqq N+2$ のとき

　　各 l に対して

$\qquad S=\{1\}\cup U$

の

$\qquad$1 通り

ずつである。

(iii)　S が，連続する N 個の整数からなる集合を含むとき

$\qquad S=\{1,\ 2,\ \cdots\cdots,\ N\}$

の

$\qquad$1 通り

である。

以上から，求める選び方は，

$$({}_{N+1}C_2 + N \cdot {}_{N-1}C_1 + {}_{N}C_1) + ({}_{N}C_1 + N \cdot 1) + 1$$

$$= \left\{ \frac{(N+1)N}{2} + N(N-1) + N \right\} + (N+N) + 1$$

$$= \frac{1}{2}(N+1)(3N+2) \ (\text{通り})$$

である。

第 3 問

解 答

(1)　放物線

$$C : y = x^2 + ax + b \qquad \cdots\cdots①$$

と放物線 $y = -x^2$ の共有点の x 座標は，2 式から y を消去して得られる x の方程式

$$x^2 + ax + b = -x^2, \quad \text{すなわち,} \quad -2x^2 - ax = b \qquad \cdots\cdots②$$

の実数解であり，それは，放物線 $y = -2x^2 - ax$ と直線 $y = b$ の共有点の x 座標である。

$f(x) = -2x^2 - ax$ とおくと，放物線 $y = f(x)$ は上に凸であるから，a, b に対する条件は，

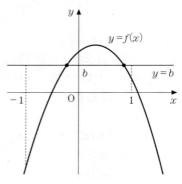

$$f(-1) < b \ \text{かつ} \ f(0) > b \ \text{かつ} \ f(1) < b$$

すなわち，

$$b > a - 2 \ \text{かつ} \ b < 0 \ \text{かつ} \ b > -a - 2$$
$$\cdots\cdots③$$

であり，点 (a, b) の存在範囲を ab 平面上に図示すると，下図の網目部分（ただし境界上の点は含まない）となる。

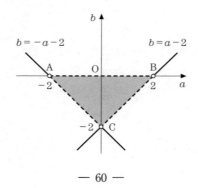

(2) 実数 a, b が③を満たして変化するとき，放物線①が通りうる範囲は，③かつ①を満たす実数 a, b が存在するような点 (x, y) の全体であり，それは，ab 平面において，領域③と直線

$$xa + b + x^2 = y \qquad\qquad \cdots\cdots④$$

が共有点をもつような点 (x, y) の全体である。

　領域③は，3点 A$(-2, 0)$，B$(2, 0)$，C$(0, -2)$ を3頂点とする三角形の内部であるから，それと直線④が共有点をもたないのは，

　　　3点 A，B，C がすべて領域 $xa + b + x^2 \geqq y$ に含まれる　　　$\cdots\cdots⑤$

　　または

　　　3点 A，B，C がすべて領域 $xa + b + x^2 \leqq y$ に含まれる　　　$\cdots\cdots⑥$

のときである。④の左辺を $g(a, b)$ とおくと，

　　⑤　$\Longleftrightarrow$　$g(-2, 0) \geqq y$ かつ $g(2, 0) \geqq y$ かつ $g(0, -2) \geqq y$

　　　　$\Longleftrightarrow$　$y \leqq x^2 - 2x$ かつ $y \leqq x^2 + 2x$ かつ $y \leqq x^2 - 2$　　　$\cdots\cdots⑦$

　　⑥　$\Longleftrightarrow$　$g(-2, 0) \leqq y$ かつ $g(2, 0) \leqq y$ かつ $g(0, -2) \leqq y$

　　　　$\Longleftrightarrow$　$y \geqq x^2 - 2x$ かつ $y \geqq x^2 + 2x$ かつ $y \geqq x^2 - 2$　　　$\cdots\cdots⑧$

となるから，求める範囲は，⑦，⑧の和集合の補集合であり，xy 平面上に図示すると，下図の網目部分（ただし境界上の点は含まない）となる。

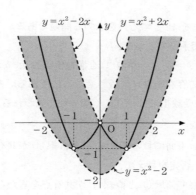

解説

1° (1)は，容易であり，合格のためには落とせない。

　放物線 $y = x^2 + ax + b$ と放物線 $y = -x^2$ が2つの共有点をもち，一方の共有点の x 座標が $-1 < x < 0$ を満たし，他方の共有点の x 座標が $0 < x < 1$ を満たすのは，x の方程式

$$x^2+ax+b=-x^2 \qquad\qquad \cdots\cdots \text{Ⓐ}$$

が相異なる 2 つの実数解をもち，一方の解が $-1<x<0$ の範囲にあり，他方の解が $0<x<1$ の範囲にあるときである。そのような点 $(a,\ b)$ の存在する範囲を図示することが目標である。

解答では，Ⓐ を

$$-2x^2-ax=b \qquad\qquad \cdots\cdots ②$$

と変形して（いわゆる "文字定数 b の分離"），xy 平面において，放物線 $y=-2x^2-ax$ と直線 $y=b$ の共有点の x 座標を考察することにより解決した。

Ⓐ を

$$2x^2+ax+b=0 \qquad\qquad \cdots\cdots \text{Ⓑ}$$

と変形して，Ⓑ の左辺のグラフを考察してもよい。その場合，Ⓑ の左辺を $h(x)$ とおくと，$a,\ b$ に対する条件は，

$$h(-1)>0 \ \text{かつ} \ h(0)<0 \ \text{かつ} \ h(1)>0$$

となる。

2°　(2) は，2 つの実数 $a,\ b$ が

$$b>a-2 \ \text{かつ} \ b<0 \ \text{かつ} \ b>-a-2 \qquad\qquad \cdots\cdots ③$$

を満たして変化するときに，放物線

$$y=x^2+ax+b \qquad\qquad \cdots\cdots ①$$

が通りうる範囲（それを W とする）を求める問題である。

この種の問題の常套手段の 1 つは，

$$(x,\ y)\in W \iff ③\text{かつ}①\text{を満たす実数} a,\ b \text{が存在する} \quad \cdots\cdots \text{Ⓒ}$$

と言い換えて，$a,\ b$ の存在条件に帰着させる方法である。変化するものが $a,\ b$ と 2 つあるので，文系の受験生にはやりにくかったと思われる。

解答では，Ⓒ を

$$\text{Ⓒ} \iff ab\text{平面において領域}③\text{と直線}④\text{が共有点をもつ} \quad \cdots\cdots \text{Ⓓ}$$

と言い換え，さらに，否定を考えて，

$$ab\text{平面において領域}③\text{と直線}④\text{が共有点をもたない}$$

条件を求めることにより解決した。Ⓓ を直接考えると，

$$3\text{点 A，B，C の中に直線}④\text{に関して反対側にあるものが存在する}$$

となり，少々面倒になるからである。

直接 Ⓓ を考えれば，例えば，次のようになる。

【(2)の **別解1**】　（⑩に続けて）

領域③は，3点 A$(-2, 0)$，B$(2, 0)$，C$(0, -2)$ を3頂点とする三角形の内部である。

また，① は

$$b=-xa-x^2+y \qquad\qquad\qquad\cdots\cdots ⑥$$

と変形できるので，ab 平面において傾きが $-x$ の直線であることに注意する。

(i)　$-x \leqq -1$，すなわち，$1 \leqq x$ のとき

　　⑩が成り立つのは，A$(-2, 0)$ が⑥の下側にあり，かつ，B$(2, 0)$ が⑥の上側にあるときであるから，x，y に対する条件は，

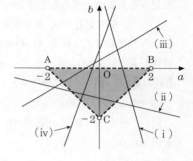

$$0<-x\cdot(-2)-x^2+y$$
$$かつ\ 0>-x\cdot2-x^2+y$$
$$\therefore \quad x^2-2x<y<x^2+2x$$

となる。

(ii)　$-1 \leqq -x \leqq 0$，すなわち，$0 \leqq x \leqq 1$ のとき

　　⑩が成り立つのは，C$(0, -2)$ が⑥の下側にあり，かつ，B$(2, 0)$ が⑥の上側にあるときであるから，x，y に対する条件は，

$$-2<-x\cdot0-x^2+y\ \ かつ\ 0>-x\cdot2-x^2+y$$
$$\therefore \quad x^2-2<y<x^2+2x$$

となる。

(iii)　$0 \leqq -x \leqq 1$，すなわち，$-1 \leqq x \leqq 0$ のとき

　　⑩が成り立つのは，C$(0, -2)$ が⑥の下側にあり，かつ，A$(-2, 0)$ が⑥の上側にあるときであるから，x，y に対する条件は，

$$-2<-x\cdot0-x^2+y\ \ かつ\ 0>-x\cdot(-2)-x^2+y$$
$$\therefore \quad x^2-2<y<x^2-2x$$

となる。

(iv)　$1 \leqq -x$，すなわち，$x \leqq -1$ のとき

　　⑩が成り立つのは，B$(2, 0)$ が⑥の下側にあり，かつ，A$(-2, 0)$ が⑥の上側にあるときであるから，x，y に対する条件は，

$$0<-x\cdot2-x^2+y\ \ かつ\ 0>-x\cdot(-2)-x^2+y$$
$$\therefore \quad x^2+2x<y<x^2-2x$$

となる。

（図示省略）

　他にも，Ⓔ の b 切片 $-x^2+y$ と -2，0 との大小によって場合分けすることにより，Ⓓ が成り立つ条件を求めることもできる。各自やってみよ。

3°　2つの実数 a，b が

$$b>a-2 \ \text{かつ} \ b<0 \ \text{かつ} \ b>-a-2 \qquad \cdots\cdots③$$

を満たして変化するときに，放物線

$$y=x^2+ax+b \qquad \cdots\cdots①$$

が通りうる範囲を求める手法としては，

　　　　x を固定して a，b を変化させるときの y の値域を求める

という方法も考えられる（いわゆる "ファクシミリの原理"）。この方針による解答は次のようになる。

【(2) の 別解2 】　（上に続けて）

　ab 平面における領域 ③ は，

$$-2<b<0 \ \cdots\cdots Ⓕ \ \text{かつ} \ -(b+2)<a<b+2 \ \cdots\cdots Ⓖ$$

と表される。

(a)　$x=0$ のとき

　① は $y=b$ となるから，その値域は，

$$-2<y<0 \qquad \cdots\cdots Ⓗ$$

　となる。

(b)　$x\neq0$ のとき

　　まず，b を Ⓕ の範囲で固定して，a を Ⓖ の範囲で変化させるときの ① の値域を求める。

　　① の右辺を a の関数とみて $i(a)$ とおくと，$i(a)$ は a の 1 次関数であるから，Ⓖ における値域は，

$$\min\{i(-(b+2)),\ i(b+2)\}<i(a)<\max\{i(-(b+2)),\ i(b+2)\}$$

となる（$\min\{p,\ q,\ \cdots\cdots\}$ は p，q，$\cdots\cdots$ のうちの最小値，$\max\{p,\ q,\ \cdots\cdots\}$ は p，q，$\cdots\cdots$ のうちの最大値を表す）。ここで，$i(-(b+2))$，$i(b+2)$ をそれぞれ $j(b)$，$k(b)$ とおくと，

$$j(b)=x^2-(b+2)x+b=(-x+1)b+x^2-2x$$
$$k(b)=x^2+(b+2)x+b=(x+1)b+x^2+2x$$

である。

　　次に，b を Ⓕ の範囲で変化させる。

(b-1)　$x\neq\pm1$ のとき

— 64 —

$j(b)$, $k(b)$ はともに b の1次関数であるから，Ⓕ における値域は，

$$\min\{j(-2),\ j(0)\} < j(b) < \max\{j(-2),\ j(0)\}$$
$$\min\{k(-2),\ k(0)\} < k(b) < \max\{k(-2),\ k(0)\}$$

となる。

よって，① の値域は，

$$\min\{j(-2),\ j(0),\ k(-2),\ k(0)\} < y < \max\{j(-2),\ j(0),\ k(-2),\ k(0)\}$$

となり，

$$j(-2) = x^2 - 2,\ \ j(0) = x^2 - 2x,\ \ k(-2) = x^2 - 2,\ \ k(0) = x^2 + 2x$$

であるから，

$$\min\{x^2 - 2,\ x^2 - 2x,\ x^2 + 2x\} < y < \max\{x^2 - 2,\ x^2 - 2x,\ x^2 + 2x\}$$

$$\cdots\cdots Ⓘ$$

となる。

(b-2)　$x = -1$ のとき

$$j(b) = 2b + 3,\ \ k(b) = -1$$

であり，Ⓕ における $j(b)$ の値域は $-1 < j(b) < 3$ であるから，① の値域は，

$$-1 < y < 3 \qquad\qquad\qquad \cdots\cdots Ⓙ$$

となる。

(b-3)　$x = 1$ のとき

$$j(b) = -1,\ \ k(b) = 2b + 3$$

であるから，(b-2)の場合と同様にして，① の値域は，Ⓙ となる。

Ⓘ で $x = 0$, ± 1 とおくと，それぞれ Ⓗ, Ⓙ と一致するから，すべての x に対して，Ⓘ でよい。

（図示省略）

　上では，a, b のうち初めに b を固定して a を変化させた後 b を変化させることにより ① の値域を求めたが，初めに a を固定して b を変化させた後 a を変化させることにより ① の値域を求めることもできる。各自やってみよ。

4° (2)において，2つの実数 a, b が

$$b > a - 2 \ \text{かつ}\ b < 0 \ \text{かつ}\ b > -a - 2 \qquad\qquad \cdots\cdots ③$$

を満たして変化するときに，放物線

$$y = x^2 + ax + b \qquad\qquad\qquad\qquad\qquad \cdots\cdots ①$$

が通りうる範囲は，y 軸に関して対称である。なぜなら，ab 平面における領域 ③ が b 軸に関して対称であることより，

$(a,\ b) = (a_0,\ b_0)$ が ③ を満たす $\iff$ $(a,\ b) = (-a_0,\ b_0)$ が ③ を満たす

であり，

$$(a,\ b)=(a_0,\ b_0)\text{ に対する ① は } y=x^2+a_0x+b_0 \qquad\cdots\cdots\text{Ⓚ}$$

$$(a,\ b)=(-a_0,\ b_0)\text{ に対する ① は } y=x^2-a_0x+b_0 \qquad\cdots\cdots\text{Ⓛ}$$

で，Ⓚ と Ⓛ は y 軸に関して対称な放物線であるから，① の通りうる範囲は y 軸に関して対称になる。

　このことを用いれば，(2) の解答の際，まずは $x\geqq0$ のときを考えればよくなり，記述量を軽減することができる。各自，そのことを考慮して，上の **別解1**，**別解2** を作り直してみよ。

第　4　問

解 答

(1) K を 4 で割った余りが L を 4 で割った余りと等しい，すなわち，$K-L$ が 4 で割り切れることから，$(K-L)A$ は 4 で割り切れるが，$KA=LB$ より，

$$(K-L)A=KA-LA=LB-LA=L(B-A)$$

であるから，$L(B-A)$ が 4 で割り切れる。

　ここで，L が奇数であることより，L と 4 は互いに素であるから，$B-A$ が 4 で割り切れる，すなわち，A を 4 で割った余りは B を 4 で割った余りと等しい。

(2)
$$A={}_{4a+1}\mathrm{C}_{4b+1}=\frac{(4a+1)\cdot4a\cdot(4a-1)\cdot\cdots\cdot(4a-4b+2)(4a-4b+1)}{(4b+1)\cdot4b\cdot(4b-1)\cdot\cdots\cdot2\cdot1}$$

$$=\frac{4a+1}{4b+1}\cdot\frac{4a}{4b}\cdot\frac{4a-1}{4b-1}\cdot\frac{4a-2}{4b-2}\cdot\frac{4a-3}{4b-3}\cdot\frac{4a-4}{4b-4}\cdot\frac{4a-5}{4b-5}\cdot\frac{4a-6}{4b-6}\cdots$$

$$\cdot\frac{4a-4b+4}{4}\cdot\frac{4a-4b+3}{3}\cdot\frac{4a-4b+2}{2}\cdot\frac{4a-4b+1}{1}$$

の最右辺において，

・分母・分子がともに奇数である分数の積は，

$$\frac{4a+1}{4b+1}\cdot\frac{4a-1}{4b-1}\cdot\frac{4a-3}{4b-3}\cdot\frac{4a-5}{4b-5}\cdots\cdot\frac{4a-4b+3}{3}\cdot\frac{4a-4b+1}{1} \qquad\cdots\cdots①$$

・分母・分子がともに 4 で割り切れない偶数である分数の積は，各分数の分母・分子を 2 で約分することにより，

$$\frac{4a-2}{4b-2}\cdot\frac{4a-6}{4b-6}\cdots\cdot\frac{4a-4b+2}{2}=\frac{2a-1}{2b-1}\cdot\frac{2a-3}{2b-3}\cdots\cdot\frac{2a-2b+1}{1} \qquad\cdots\cdots②$$

・分母・分子がともに 4 の倍数である分数の積は，各分数の分母・分子を 4 で約分することにより，

$$\frac{4a}{4b} \cdot \frac{4a-4}{4b-4} \cdots \frac{4a-4b+4}{4} = \frac{a}{b} \cdot \frac{a-1}{b-1} \cdots \frac{a-b+1}{1}$$

$$= \frac{a(a-1)\cdots(a-b+1)}{b(b-1)\cdots 1}$$

$$= {}_aC_b = B$$

となる。

　よって，① および ② の右辺に現れる分数の分母の積・分子の積をそれぞれ K，L とおくと，それらはともに正の奇数であり，$A = \dfrac{L}{K}B$，すなわち，$KA = LB$ が成り立つ。

　したがって，$KA = LB$ となるような正の奇数 K，L が存在する。

(3)　$A = {}_{4a+1}C_{4b+1}$，$B = {}_aC_b$ とし，K，L は上で定めたものとする。

　① に現れる各分数の分子と分母の差 $4(a-b)$ は 4 で割り切れるから，分母を 4 で割った余りは分子を 4 で割った余りと等しい。

　また，$a-b$ が 2 で割り切れることより，② の右辺に現れる各分数の分子と分母の差 $2(a-b)$ も 4 で割り切れるから，分母を 4 で割った余りは分子を 4 で割った余りと等しい。

　よって，K を 4 で割った余りは L を 4 で割った余りと等しいから，(1) より，A を 4 で割った余りは B を 4 で割った余りと等しい。

(4)　$2021 = 4 \cdot 505 + 1$，$37 = 4 \cdot 9 + 1$ で $505 - 9$ は 2 で割り切れるから，(3) より，${}_{2021}C_{37}$ を 4 で割った余りは ${}_{505}C_9$ を 4 で割った余りと等しい。

　さらに，$505 = 4 \cdot 126 + 1$，$9 = 4 \cdot 2 + 1$ で $126 - 2$ は 2 で割り切れるから，再び (3) より，${}_{505}C_9$ を 4 で割った余りは ${}_{126}C_2$ を 4 で割った余りと等しい。

　ここで，

$$_{126}C_2 = \frac{126 \cdot 125}{2 \cdot 1} = 63 \cdot 125$$

において，63，125 を 4 で割った余りはそれぞれ 3，1 であるから，${}_{126}C_2$ を 4 で割った余りは

$$3 \cdot 1 = 3$$

となる。

　以上から，${}_{2021}C_{37}$ を 4 で割った余りは

3

である。

解説

1° (1)は基本的であるが，(2)，(3)は思考力が必要であり難しい。(4)は，それまでの小問の結果を用いれば，すぐに解決する。(2)，(3)がすぐに解決できないのであれば，(1)，(4)のみを解き，(2)，(3)はとばすのが賢明だろう。

2° (1)について，上の 解 答 では合同式を用いずに証明を書いたが，合同式を用いれば，次のようになる。

『以下，合同式の法は4であるとする。

Kを4で割った余りがLを4で割った余りと等しいことより，$K \equiv L$であるから，$KA \equiv LA$となるが，$KA = LB$より，

$$LB \equiv LA \qquad\qquad\qquad\qquad ……Ⓐ$$

となる。

ここで，Lが奇数であることより，Lと4は互いに素であるから，

$$B \equiv A \qquad\qquad\qquad\qquad ……Ⓑ$$

が成り立つ。すなわち，Aを4で割った余りはBを4で割った余りと等しい。』

注意すべきことは，Ⓐ からⒷ を導く際，$L \neq 0$を根拠とするのは誤りであるということである。例えば，$L=2$，$A=1$，$B=3$のとき，Ⓐ は成り立つがⒷ は成り立たない！　Ⓐ は，$LB - LA$，すなわち，$L(B-A)$が4で割り切れることを意味し，Ⓑ は，$B-A$が4で割り切れることを意味するから，Ⓐ からⒷ を導くことができる根拠は，Lと4が互いに素であるということなのである。

また，次のように証明を書いてもよい。

『以下，合同式の法は4であるとする。

K，Lは正の奇数で，Kを4で割った余りがLを4で割った余りと等しいことより，$K \equiv L \equiv \pm 1$であるから，$KA = LB$より，

$$\pm A \equiv \pm B \quad (\text{複号同順}) \qquad \therefore \quad A \equiv B$$

が成り立つ。

よって，Aを4で割った余りはBを4で割った余りと等しい。』

3° (2)については，${}_{4a+1}\mathrm{C}_{4b+1}$を階乗の記号を用いて ${}_{4a+1}\mathrm{C}_{4b+1} = \dfrac{(4a+1)!}{(4b+1)!(4a-4b)!}$

と表すと，解答のきっかけを掴みにくくなる。素直に積を用いて

$$
{}_{4a+1}\mathrm{C}_{4b+1} = \frac{\overbrace{(4a+1)\cdot 4a \cdot (4a-1)\cdots\cdots(4a-4b+2)(4a-4b+1)}^{4b+1\text{個の連続する整数の積}}}{\underbrace{(4b+1)\cdot 4b \cdot (4b-1)\cdots\cdots 2 \cdot 1}_{4b+1\text{個の連続する整数の積}}}
$$

と表した後，分子・分母の因数を1つずつ組んで

$$_{4a+1}C_{4b+1} = \frac{4a+1}{4b+1} \cdot \frac{4a}{4b} \cdot \frac{4a-1}{4b-1} \cdot \frac{4a-2}{4b-2} \cdot \frac{4a-3}{4b-3} \cdot \frac{4a-4}{4b-4} \cdot \frac{4a-5}{4b-5} \cdot \frac{4a-6}{4b-6} \cdots$$
$$\cdot \frac{4a-4b+4}{4} \cdot \frac{4a-4b+3}{3} \cdot \frac{4a-4b+2}{2} \cdot \frac{4a-4b+1}{1}$$

と表すと，方針が見えてくるだろう。

上式の右辺において，分母・分子がともに4の倍数である分数の積は，

$$\frac{4a}{4b} \cdot \frac{4a-4}{4b-4} \cdots \frac{4a-4b+4}{4} = \frac{a}{b} \cdot \frac{a-1}{b-1} \cdots \frac{a-b+1}{1}$$
$$= \frac{a(a-1) \cdots (a-b+1)}{b(b-1) \cdots 1}$$

と変形でき，$_aC_b$ になるのである！

あとは，分母・分子がともに奇数である分数の積

$$\frac{4a+1}{4b+1} \cdot \frac{4a-1}{4b-1} \cdot \frac{4a-3}{4b-3} \cdot \frac{4a-5}{4b-5} \cdots \frac{4a-4b+3}{3} \cdot \frac{4a-4b+1}{1} \qquad \cdots\cdots①$$

はそのままにして，分母・分子がともに4で割り切れない偶数である分数の積を

$$\frac{4a-2}{4b-2} \cdot \frac{4a-6}{4b-6} \cdots \frac{4a-4b+2}{2} = \frac{2a-1}{2b-1} \cdot \frac{2a-3}{2b-3} \cdots \frac{2a-2b+1}{1} \qquad \cdots\cdots②$$

のように，分母・分子がともに奇数である分数の積の形に変形すればよいのである。

そうして，① および ② の右辺に現れる分数の分母の積・分子の積をそれぞれ K，L とおくと，それらはともに正の奇数であり，$KA = LB$ が成り立つことになる。

4°　(3)は，(1)，(2)を誘導と考えれば，(2)の解答中で定めた K，L に対して，

K を4で割った余りが L を4で割った余りと等しい　　　　　……ⓒ

ことを示せばよい，という方針が立つだろう。K，L は，それぞれ，① および ② の右辺に現れる分数の分母の積・分子の積である。整数の積を4で割った余りは，積の各因数を4で割った余りによって決まることを考慮して，① および ② の右辺に現れる分数の1つ1つについて，分母・分子を4で割った余りを考えてみる。① に現れる各分数の分母・分子の差は4で割り切れ，($a-b$ が2で割り切れることから，）② の右辺に現れる各分数の分母・分子の差も4で割り切れるから，① および ② の右辺に現れる各分数の分母・分子を4で割った余りは等しいことが分かる。よって，それらの積である K，L について，ⓒ が成り立つ。

5°　(4)については，(1)から(3)までの結果を用いれば，直ちに解決する。$\boxed{解}$ $\boxed{答}$ 以上の解説は不要であろう。

2020 年

第 1 問

解 答

$f(x)=x^3-3ax^2+b\ (a>0,\ b>0)$ とおくと，

$$C:y=f(x)$$

である。

まず，条件 1 を考える。

$$f'(x)=3x^2-6ax$$
$$=3x(x-2a)$$

より，$f(x)$ の増減は右表のようになるので，C と x 軸との接点は，

x	$\cdots$	0	$\cdots$	$2a$	$\cdots$
$f'(x)$	$+$	0	$-$	0	$+$
$f(x)$	$\nearrow$		$\searrow$		$\nearrow$

$$(0,\ f(0))\ \text{または}\ (2a,\ f(2a))$$

すなわち，

$$(0,\ b)\ \text{または}\ (2a,\ -4a^3+b)$$

以外にはない。

しかるに，$b>0$ であるから，点 $(0,\ b)$ が x 軸との接点となることはない。

よって，x 軸との接点は $(2a,\ -4a^3+b)$ であり，この y 座標が 0 であることから，

$$-4a^3+b=0,\ \text{つまり，}\ \boldsymbol{b=4a^3} \qquad \cdots\cdots\text{①}$$

のように b が a で表される。

次に，条件 2 を考える。

① のもとでは，

$$f(x)=x^3-3ax^2+4a^3$$
$$=(x-2a)^2(x+a)$$

となり，x 軸と C で囲まれた領域（境界は含まない）は右図斜線部のようになる。この領域を D とする。

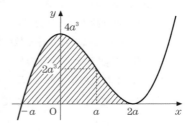

x 座標と y 座標がともに整数である点を格子点と呼ぶことにすると，右図より，D に属する y 軸上に格子点がなければ D は $0<y<1$ の範囲にあることになり，D に属する格子点は存在

しない。

　よって，領域 D に属する格子点がちょうど1個であるためには，

$$(0, 1) \in D \text{ かつ } (0, 2) \notin D \qquad\qquad \cdots\cdots ②$$

が必要であり，

$$② \iff 1 < 4a^3 \leqq 2$$

$$\iff \frac{1}{\sqrt[3]{4}} < a \leqq \frac{1}{\sqrt[3]{2}} \qquad\qquad \cdots\cdots ②'$$

である。

　逆に，②′ のとき，やはり D の形状に注意すると，

　　・$0 < a < 1$ であるから，D の $-a < x \leqq a$ の部分には点 $(0, 1)$ 以外に格子点は存在しない

　　・$f(a) = 2a^3$ で $0 < 2a^3 \leqq 1$ であるから，D の $a < x < 2a$ の部分には格子点は存在しない

ことがわかり，条件 2 が満たされるので，十分でもある。

　以上から，a のとりうる値の範囲は②′，すなわち，

$$\frac{1}{\sqrt[3]{4}} < a \leqq \frac{1}{\sqrt[3]{2}}$$

である。

解説

1°　3次関数のグラフと領域内の格子点の個数を考察する問題であり，落ち着いて素直に処理しようとすれば全く難しくない。ただし，結果だけが合えばよいのではない。結果に至る過程を論理的にきちんと記述しようとすると，時間を要するし表現力も要することになる。採点の仕方によって十分に得点差が現れたことであろうし，意外に得点できていないのではないだろうか。数式の羅列だけでなく，採点官に論理的に伝えるように答案を作成する習慣をつけておきたい。

2°　条件 1 は，$f(x)$ が多項式であることに注意すると，

$$f(\alpha) = 0 \text{ かつ } f'(\alpha) = 0$$

となる実数 α が存在することが必要十分である。これを実直に具体化して $b > 0$ に注意すれば，$b = 4a^3$ の結果を得るが，これは 解 答 のように，曲線 C の極大となる点または極小となる点が x 軸に接する条件を求めることと同じである。C は3次関数のグラフであり，数学 Ⅱ の微分法で習熟しておくべきものであるから，解 答 のように増減を調べ，グラフを思い浮かべて処理する方法が馴染みやす

いであろう。

3°　条件 2 の扱い方が本問の考えどころになる。まずは領域（D と名付けた）を図示して目で見て考察するのが第一手であろう。すると，D に属する可能性のある格子点はごくわずかであることがわかる。特に曲線 C の極大となる点が y 軸上にあることに注意すると，条件 2 の「ちょうど 1 個」とは，「点 $(0,\ 1)$ のみが D に含まれる」と言い換えることができる。このことを掴むこととその理由を答案上に論理的に記述することが本問のポイントである。

$\boxed{解}$ $\boxed{答}$ では，条件 2 が成立するために，D の形状を根拠に必要条件として ② を押さえ，その結果として a の値の範囲が絞られることを利用して，やはり D の形状を根拠に十分性を示した。このとき，必要性では D が $y>0$ の範囲にあることと C が極大となる点が $(0,\ 4a^3)$ であることに特に注目している。また，十分性では C と x 軸との共有点の x 座標が $-a$ と $2a$ であることに特に注目している。このとき D は $-a<x\le a$ を満たす部分と $a<x<2a$ を満たす部分に分けられるからである。

4°　②，すなわち，②′ を必要条件として導いた後は，$0<a<1$ ゆえ $0<2a<2$ に注意すると，x 座標が -1 以下または 2 以上の格子点は D に属さないから，x 座標が 1 である格子点が D に属さないことを示すことで十分性を確認してもよい。すなわち，

$$f(1)\le 1 \qquad\qquad\qquad\cdots\cdots③$$

を示してもよい。

$$③ \iff 1-3a+4a^3\le 1$$
$$\iff a(4a^2-3)\le 0$$

であるから，$a>0$ のもとでは，③ は

$$0<a\le\frac{\sqrt{3}}{2} \qquad\qquad\qquad\cdots\cdots③'$$

と書き直せて，

$$\frac{1}{\sqrt[3]{2}}-\frac{\sqrt{3}}{2}=\frac{\left(\sqrt[3]{2}\right)^2-\sqrt{3}}{2}$$
$$=\frac{\sqrt[3]{4}-\sqrt{3}}{2}$$
$$=\frac{\sqrt[6]{16}-\sqrt[6]{27}}{2}$$
$$<0$$

である。よって，②′すなわち $\dfrac{1}{\sqrt[3]{4}}<a\leqq\dfrac{1}{\sqrt[3]{2}}$ ならば，③′すなわち $0<a\leqq\dfrac{\sqrt{3}}{2}$ は

確かに成立する。したがって，②′ が条件2の必要十分条件となる。

第 2 問

解 答

与えられた8本の直線を図1のように，

$$L_a : x=a \quad (a=1,\ 2,\ 3,\ 4)$$
$$M_b : y=b \quad (b=1,\ 2,\ 3,\ 4)$$

とおき，問題文の

(1)の「条件」を Ⓐ，(2)の「条件」を Ⓑ

とおく。

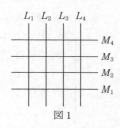

図1

(1) 条件 Ⓐ の "ちょうど2本" は，

　(ⅰ) L_a から2本

　(ⅱ) M_b から2本

　(ⅲ) L_a と M_b から1本ずつ

のいずれかであるから，各場合に分けて Ⓐ を満たす5個の点の選び方を数える。

　(ⅰ)の場合，

　　① L_a の4本からどの2本を選ぶかで，$_4C_2$ 通りある。

　　② ①の2本が L_1 と L_2 とすると，L_3 と L_4 上の8個の点から5個の点を選ぶ選び方が $_8C_5$ 通りある（図2参照）。

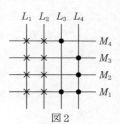

図2

　　③ さらに，②の $_8C_5$ 通りの中には，8本の直線のうち，選んだ点を1個も含まないものがちょうど3本ある場合が含まれる。その3本は2本が L_1，L_2 のとき，他の1本は M_b の4本中の1本であり，その1本の選び方が4通り，その1本を M_1 とすると，L_1，L_2，M_1 上以外の残り6個の点から5個の点を選ぶ選び方が $_6C_5$ 通りある（図3参照）。

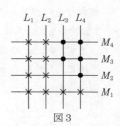

図3

であるから，Ⓐ を満たす5個の点の選び方は，

$$_4C_2 \cdot (_8C_5 - 4 \cdot _6C_5) = 6 \cdot (56-24) = 192 \quad (通り)$$

である。

　(ii) の場合，(i) の場合と同様で，

　　　　192 通り

である。

　(iii) の場合，

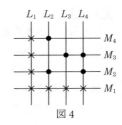

L_1 L_2 L_3 L_4

M_4
M_3
M_2
M_1

図 4

④　L_a と M_b からそれぞれどの 1 本を選ぶかで，4^2 通りある。

⑤　④の 2 本が L_1 と M_1 とすると，L_1 と M_1 上以外の 9 個の点から 5 個の点を選ぶ選び方が $_9C_5$ 通りある（図 4 参照）。

⑥　さらに，⑤の $_9C_5$ 通りの中には，8 本の直線のうち，選んだ点を 1 個も含まないものがちょうど 3 本ある場合が含まれる。その 3 本は 2 本が L_1，M_1 のとき，他の 1 本は L_1 と M_1 以外の 6 本中の 1 本であり，その 1 本の選び方が 6 通り，その 1 本を L_2 とすると，L_1，L_2，M_1 上以外の残り 6 個の点から 5 個の点を選ぶ選び方が $_6C_5$ 通りある（図 3 参照）。

であるから，Ⓐ を満たす 5 個の点の選び方は，

$$4^2 \cdot (_9C_5 - 6 \cdot {}_6C_5) = 16 \cdot (126 - 36) = 1440 \text{（通り）}$$

である。

　以上，(i)，(ii)，(iii) より，求める選び方は，

$$192 \cdot 2 + 1440 = \mathbf{1824}\text{（通り）}$$

である。

(2)　条件 Ⓑ を満たすように 5 個の点を選んだとき，4 本の L_a のうち，選んだ点を 2 個含むものがちょうど 1 つあり（それを l とする），4 本の M_b のうち，選んだ点を 2 個含むものがちょうど 1 つある（それを m とする）。

　まず，l と m の選び方が，4^2 通りある。

　次に，l が L_1，m が M_1 であるときの 5 点の選び方を N 通りとして，選んだ 5 個の点の中に，

　　(ア)　L_1 と M_1 の交点 $(1, 1)$ を含む

　　(イ)　L_1 と M_1 の交点 $(1, 1)$ を含まない

の 2 つの場合に分けて N を数える。

(ア)の場合,

> ⑦　L_1 と M_1 上の点の選び方は, "L_1 上の点 $(1, 1)$ 以外の 3 点から 1 点, M_1 上の点 $(1, 1)$ 以外の 3 点から 1 点" を選ぶので, 3^2 通りある.
>
> ⑧　⑦ に お い て L_1 上 の 点 $(1, 2)$, M_1 上 の 点 $(2, 1)$ を選んだときの 5 点の選び方は, "$(3, 3)$ と $(4, 4)$ の 2 点から 1 点を選ぶ場合と $(3, 4)$ と $(4, 3)$ の 2 点から 1 点を選ぶ場合" の 2 通りである(図 5 参照).

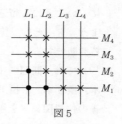

図 5

(イ)の場合,

> ⑨　L_1 と M_1 上の点の選び方は, "L_1 上の点 $(1, 1)$ 以外の 3 点から 2 点, M_1 上の点 $(1, 1)$ 以外の 3 点から 2 点を選ぶ" ので, $({}_3C_2)^2$ 通りある.
>
> ⑩　⑨ において L_1 上の点 $(1, 2)$ と $(1, 3)$, M_1 上 の点 $(2, 1)$ と $(3, 1)$ を選んだときの 5 点の選び 方は "$(4, 4)$ を選ぶ場合" の 1 通りである(図 6 参照).

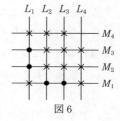

図 6

であるから, (ア), (イ) より,

$$N = 3^2 \cdot 2 + ({}_3C_2)^2 \cdot 1 = 3^3$$

である.

したがって, 求める選び方は,

$$4^2 \cdot N = 4^2 \cdot 3^3 = \mathbf{432}　\textbf{(通り)}$$

である.

解説

1°　(1) も (2) も場合分けの基準を明確にして場合を分け, 重複にも注意しつつ, コツコツ数えることが基本方針になる. 個数を求める問題は, 2011 年度, 2001 年度と出題があるがどちらも数列絡みであった. 本問のように適切に場合分けしてコツコツと数えるだけの, 確率が絡まない「場合の数」の問題は, 東大文科としてはレアである. しかし, コツコツ数える点では, 2019 年度第 3 問の確率の問題と雰囲気が似ており, 決して新傾向という訳ではない. 取り組みやすい問題のように思えるが, 安易な公式の適用だけでは正しい結果を得ることが困難であり, 慎重に数えたとしても導いた結果に自信が持てない, 受験生泣かせの問題である. さらには, ど

のように計算しているかの説明も記述せねばならず，数式の羅列では得点に繋がりにくいことにも留意しよう。2020 年度の中では第 4 問に次いで難しい問題といえよう。もっとも，普段の学習には格好の練習問題であり，じっくり取り組むに値する問題である。

2°　(1)では，問題の「条件」における「ちょうど 2 本」がどの 2 本かを考えて，縦 2 本，横 2 本，縦横 1 本ずつ，と場合を分けるのが自然であろう。すなわち，"2 直線の位置関係"を場合分けの基準に採用し，平行か垂直か，平行の場合は縦か横か，で分ければよい。

　その際，例えば縦 2 本が「ちょうど 2 本」になる場合，選択可能な点の個数が 8 個だからといって，単純に **解** **答** の②の $_8C_5$ 通りとはならないことに注意できるかがポイントになる。$_8C_5$ 通りの中には，8 本の直線のうち，選んだ点を 1 個も含まないものがちょうど 3 本ある場合も含まれるからである！（ちょうど 4 本ある場合はありえない。）それゆえ，**解** **答** の③の場合の数を除かなければならない。縦横 1 本ずつの場合も同様に **解** **答** の⑥の場合の数を除くことがポイントになる。

3°　(2)では，問題の「条件」における「少なくとも 1 個」の表現に着目して余事象を考えたくなるかもしれないが（しかも余事象を考えようとすると(1)の結果が利用できる！），その方針ではかえって大変である（不可能ではないので意欲ある読者は考察してみてもらいたい）。問題の「条件」は"縦にも横にも 2 点が選ばれる直線が 1 本，1 点が選ばれる直線が 3 本"という極めて厳しい制約を課している。場合の数を数える際は，制約の厳しいところから数える方が能率的であることを押さえておきたい。

　そこで，**解** **答** では縦横のそれぞれ 2 点が選ばれる直線に注目して，縦横 2 直線の交点が選ばれるか否かを場合分けの基準に採用した。この"場合分けの基準"を強く意識することがポイントである。そうでないと，**解** **答** の(ア)，(イ)の一方の場合を忘れやすく，誤りを犯しかねない。(ア)，(イ)の場合分けさえできれば，あとは丁寧に数えるだけで容易に解決する。

4° (2)はつぎのようにするのも明快である。

> ・ 解 答 における l の選び方が，4通り
>
> ・ l 上の2点の選び方が，$_4C_2$ 通り
>
> ・ l が L_1 であるとし，L_1 上の2点 $(1, 1)$ と $(1, 2)$ が選ばれたとすると，残り3点は L_2，L_3，L_4 上から1点ずつ選ばれ，その3点を $(2, p)$，$(3, q)$，$(4, r)$ とすると，⑬を満たすのは，
>
> (a) p, q, r がすべて3または4であり，3と4が少なくとも1つ含まれる場合が，2^3-2 通り
>
> (b) p, q, r が $\{1, 3, 4\}$ または $\{2, 3, 4\}$ となる場合が，$3! \cdot 2$ 通り

であるから，⑬を満たす選び方は，

$$4 \cdot {}_4C_2 \cdot \{(2^3-2)+3! \cdot 2\} = 4 \cdot 6 \cdot (6+12) = 432 \text{（通り）}$$

である。

　この方法も "縦にも横にも2点が選ばれる直線が1本，1点が選ばれる直線が3本" という厳しい制約を意識し，縦方向をまず決めてから横方向を決めていこうと考えている。(a), (b)の場合分けの基準は，L_1 上の選んだ2点の y 座標と一致するものが残りの3点の中に含まれるか否か，である。

5°　なお，(2)では，

> ・4点を縦横各4直線から1点ずつ選ぶ選び方が，4! 通り
>
> ・残り1点の選び方は残りの点の中のどれでもよいから，16－4通り

であることより，

$$4! \cdot (16-4) = 24 \cdot 12 = 288 \text{（通り）}$$

と考える人もいるだろうが，これは誤りである。

　この計算では， 解 答 の図6のような場合が 4! 通りの中には含まれず漏れているからである。コツコツと手を動かしてみることが肝心である。

第 3 問

解答

(1)
$$y = x^2 - 2x + 4 \qquad \cdots\cdots ①$$
$$= (x-1)^2 + 3$$

より，曲線 C は右図のような放物線の一部(端点を含む)である。

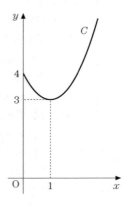

　点 P が曲線 C 上を動くときの半直線 OP の動きを視察すると，半直線 OP が曲線 C に接するときの半直線と y 軸の $y \geqq 0$ の部分とではさまれる領域が，求める通過領域となる。

　ここで，原点を通る直線 $y = mx$ が曲線 C と接するとき，① と $y = mx$ から y を消去して得られる x の2次方程式

$$x^2 - 2x + 4 = mx, \ \ \text{すなわち，} \ \ x^2 - (m+2)x + 4 = 0 \qquad \cdots\cdots ②$$

が $x \geqq 0$ の範囲に重解を持つから，

　　　(②の判別式)＝0 かつ (②の2解の和)≧0

より，

$$(m+2)^2 - 16 = 0 \ \ \text{かつ} \ \ m + 2 \geqq 0$$
$$\therefore \ \ m + 2 = 4 \quad \therefore \ \ m = 2$$

　このとき ② の重解は $x = 2$ であり，接点の座標は $(2, \ 4)$ である。

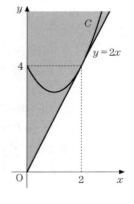

　よって，求める通過領域は，

$$x \geqq 0 \ \ \text{かつ} \ \ y \geqq 2x$$

で表される領域であり，図示すると右図網目部(境界線上の点を含む)となる。

(2)　問題文の「条件」を満たす a とは，

　　　「半直線 OA から直線 $l : y = ax$ へ向けて測った角が $\pm \dfrac{\pi}{3}$ となる」
　　　　　　　　　　　　　　　　　　　　　　　　　　　　　$\cdots\cdots Ⓐ$

ような a であるから，曲線 C 上に点 A があることに注意すると，Ⓐ となるような a は，

　　　「(1)で求めた領域を原点のまわりに $\pm \dfrac{\pi}{3}$ 回転して得られる領域と

直線 $l: y = ax$ が共有点をもつ」　　　　　　　　　……Ⓑ

ような a にほかならない。

ここで，x 軸の正方向から直線 $y = 2x$ へ向けて測った鋭角を θ とすると，

$$\tan\theta = 2 > \sqrt{3} = \tan\frac{\pi}{3}$$

より，

$$\frac{\pi}{3} < \theta < \frac{\pi}{2}$$

であるから，⑴の図も参照すると，

$$Ⓑ \iff \tan\left(\theta + \frac{\pi}{3}\right) \le a \le \tan\left(\frac{\pi}{2} + \frac{\pi}{3}\right)$$

$$\text{または } \tan\left(\theta - \frac{\pi}{3}\right) \le a \le \tan\left(\frac{\pi}{2} - \frac{\pi}{3}\right)$$

$$\iff \frac{\tan\theta + \tan\frac{\pi}{3}}{1 - \tan\theta\tan\frac{\pi}{3}} \le a \le \tan\frac{5}{6}\pi$$

$$\text{または } \frac{\tan\theta - \tan\frac{\pi}{3}}{1 + \tan\theta\tan\frac{\pi}{3}} \le a \le \tan\frac{\pi}{6}$$

$$\iff \frac{2 + \sqrt{3}}{1 - 2\sqrt{3}} \le a \le -\frac{1}{\sqrt{3}} \text{ または } \frac{2 - \sqrt{3}}{1 + 2\sqrt{3}} \le a \le \frac{1}{\sqrt{3}}$$

であり，これを整理して，求める a の範囲は，

$$\frac{-8 - 5\sqrt{3}}{11} \le a \le -\frac{1}{\sqrt{3}} \text{ または } \frac{-8 + 5\sqrt{3}}{11} \le a \le \frac{1}{\sqrt{3}}$$

である。

解説

1°　⑵が主問題である。いきなり⑵だけが出題されたなら途方に暮れてしまいそうであるが，⑴の強力なヒントがあるので，比較的得点しやすい問題であり，2020年度の中では合否を分ける問題といえそうである。東大文科では，座標平面上でなす角を捉えるのに，直線の傾きと tan の関係を利用する問題がしばしば出題されてきた。本問もその類例であり，頻出の話題といってよい。

2°　⑴は容易である。いきなり図示できそうであるが，原点を通り曲線 C に接する

直線の方程式 $y=2x$ の導出過程は記述すべきであろう。$\boxed{解}$ $\boxed{答}$ のように重解条件で求める以外に、微分法を用いてもよい。すなわち、接点を $(t,\ t^2-2t+4)$ $(t \geqq 0)$ とおき、$y=x^2-2x+4$ のとき $y'=2x-2$ であることから、接線が

$$y=(2t-2)(x-t)+t^2-2t+4$$

と表され、これが原点を通る条件から、

$$0=(2t-2)(-t)+t^2-2t+4 \quad かつ \quad t \geqq 0 \qquad \therefore \quad t=2$$

これより $y=2x$ が得られる。

3° (2)は、問題文の「条件」を実直に考えると $\boxed{解}$ $\boxed{答}$ の Ⓐ となるが、これを Ⓑ と捉え直すこと、すなわち、(1)の領域を原点のまわりに $\pm\dfrac{\pi}{3}$ 回転して得られる領域の境界線の傾きが、求める a の範囲の上限と下限の値を与え、その間の値をすべて取り得ることを掴むこと、が決定的なポイントである

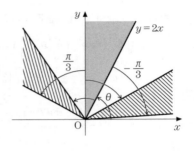

(右図斜線部)。(1)をヒントに(2)の問題文を解釈する「数学的読解力」がものをいう問題であり、東大数学の特徴的な問題である。

4° Ⓑ が掴めたとしても、"回転"を直接定式化しようとすると大変である。求める a の範囲の上限と下限の値は、y 軸を原点のまわりに $\pm\dfrac{\pi}{3}$ 回転した直線の傾き、及び直線 $y=2x$ を原点のまわりに $\pm\dfrac{\pi}{3}$ 回転した直線の傾きであり、傾きが問題となっているのであるから、tan の加法定理を応用するのが自然である。

　一般に、

「ベクトル $(1,\ 0)$ の向きから、直線 L へ正の向きに測った角を $\alpha(0 \leqq \alpha \leqq \pi)$ とすると、$\alpha \neq \dfrac{\pi}{2}$ のときは、L の傾きが $\tan\alpha$ である」

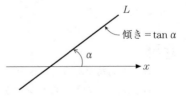

ことは基本事項であり、このことと tan の加法定理

$$\tan(\alpha-\beta)=\dfrac{\tan\alpha-\tan\beta}{1+\tan\alpha\tan\beta}$$

が使えれば、それほど煩雑な計算もなく本問は解決する。

5°　なお，(2)で求めた a の範囲に重複がないことは，解 答 の「$\dfrac{\pi}{3}<\theta<\dfrac{\pi}{2}$」に注意すると，

(1)の領域を原点のまわりに $-\dfrac{\pi}{3}$ 回転した領域は，原点以外は第1象限内，

(1)の領域を原点のまわりに $\dfrac{\pi}{3}$ 回転した領域は，原点以外は第2象限内

となることからわかる（もし，(1)の領域を回転して第1象限内と第3象限内にくることがあれば，半直線の通過領域としては原点以外で重ならなくても，傾きの範囲は重なる場合があることに注意せよ）。

第 4 問

解 答

(1)　2以上の整数 n に対し，
$$S_n=2^0+2^1+2^2+\cdots\cdots+2^{n-1}$$
$$T_n=(2^0)^2+(2^1)^2+(2^2)^2+\cdots\cdots(2^{n-1})^2$$
$$=4^0+4^1+4^2+\cdots\cdots+4^{n-1}$$

とおくと，
$$S_n{}^2=T_n+2a_{n,2} \quad \text{より，} \quad a_{n,2}=\frac{1}{2}(S_n{}^2-T_n) \qquad\qquad \cdots\cdots ①$$

が成り立つ。

ここで，
$$S_n{}^2=\left(\frac{2^n-1}{2-1}\right)^2=(2^n-1)^2 \qquad\qquad \cdots\cdots ②$$

$$T_n=\frac{4^n-1}{4-1}=\frac{1}{3}(2^n+1)(2^n-1) \qquad\qquad \cdots\cdots ③$$

であるから，②と③を①に代入して整理し，
$$a_{n,2}=\frac{1}{2}(2^n-1)\left\{(2^n-1)-\frac{1}{3}(2^n+1)\right\}$$

$$=\frac{1}{3}(2^n-1)(2^n-2)$$

と求められる。

(2)　1以上の整数 n に対し，x についての整式
$$(1+2^0x)(1+2^1x)(1+2^2x)\cdots\cdots(1+2^{n-1}x) \qquad\qquad \cdots\cdots ④$$

は定数項が 1 の n 次式で，これを展開して整理したときの x^k $(k=1, 2, \cdots\cdots, n)$ の項の係数は，

> $2^0x, 2^1x, 2^2x, \cdots\cdots, 2^{n-1}x$ の n 個の項から，異なる k 個
>
> の項を選んでそれらの積をとり，k 個の項の選び方のすべて
>
> に対しこのように積をとることにより得られる ${}_nC_k$ 個の x^k
>
> の項の係数の和　　　　　　　　　　　　　　　　　　……(☆)

であるから，$a_{n,k}$ である。

したがって，④ が $f_n(x)$，すなわち，

$$f_n(x) = (1+2^0x)(1+2^1x)(1+2^2x)\cdots\cdots(1+2^{n-1}x) \qquad \cdots\cdots⑤$$

である。

この ⑤ により，$\dfrac{f_{n+1}(x)}{f_n(x)}$ と $\dfrac{f_{n+1}(x)}{f_n(2x)}$ はそれぞれ

$$\frac{f_{n+1}(x)}{f_n(x)} = \frac{(1+2^0x)(1+2^1x)(1+2^2x)\cdots\cdots(1+2^{n-1}x)(1+2^nx)}{(1+2^0x)(1+2^1x)(1+2^2x)\cdots\cdots(1+2^{n-1}x)}$$

$$= \mathbf{1+2^nx} \qquad \cdots\cdots⑥$$

$$\frac{f_{n+1}(x)}{f_n(2x)} = \frac{(1+2^0x)(1+2^1x)(1+2^2x)\cdots\cdots(1+2^{n-1}x)(1+2^nx)}{(1+2^0\cdot2x)(1+2^1\cdot2x)(1+2^2\cdot2x)\cdots\cdots(1+2^{n-1}\cdot2x)}$$

$$= \frac{(1+2^0x)(1+2^1x)(1+2^2x)\cdots\cdots(1+2^{n-1}x)(1+2^nx)}{(1+2^1x)(1+2^2x)(1+2^3x)\cdots\cdots(1+2^nx)}$$

$$= 1+2^0x$$

$$= \mathbf{1+x} \qquad \cdots\cdots⑦$$

のように x についての整式として表される。

(3) ⑥，⑦ より，

$$f_{n+1}(x) = (1+2^nx)f_n(x) \qquad \cdots\cdots⑥'$$

$$f_{n+1}(x) = (1+x)f_n(2x) \qquad \cdots\cdots⑦'$$

であり，⑥′ と ⑦′ それぞれの両辺の x^{k+1} の項の係数を比較して，

・⑥′ より，　$a_{n+1,k+1} = a_{n,k+1} + 2^n\cdot a_{n,k}$ 　　　　　　……⑧

・⑦′ より，　$a_{n+1,k+1} = 2^{k+1}\cdot a_{n,k+1} + 2^k\cdot a_{n,k}$ 　　　……⑨

が成り立つ。これらは，$a_{n,n+1}=0$ と定めれば，$1\leqq k\leqq n$ を満たす整数 n，k に対して成り立つ。

そこで，⑧ $\times 2^{k+1} -$ ⑨ より $a_{n,k+1}$ を消去すると，

$$(2^{k+1}-1)a_{n+1,k+1} = (2^{n+k+1}-2^k)a_{n,k}$$

を得るので，これより，

$$\frac{a_{n+1,\,k+1}}{a_{n,\,k}}=\frac{2^k(2^{n+1}-1)}{2^{k+1}-1}$$

と表される。

解説

1° (1)は手が付くかもしれないが，(2)，(3)は 2020 年度の中では最難問であり，数学を得意としている受験生であっても，他の問題があることも考えると，完答は困難であろう。理科との共通問題でもあり，文科には難しすぎて，(2)以降は差がつかないのではないだろうか。通常の数学の学習素材としては良問であるが，早々に切り捨てることを決めた受験生に有利に働く問題ということもでき，数学が合否に与える影響が低下してしまう（合否が他の教科の出来具合で決まってしまう）という点で，あまり好ましいことではないであろう。

2° (1)は，2乗の展開公式

$$(\alpha_1+\alpha_2+\cdots\cdots+\alpha_n)^2=\alpha_1{}^2+\alpha_2{}^2+\cdots\cdots+\alpha_n{}^2$$
$$+2\cdot(\text{“相異なる 2 個の }\alpha_k(k=1,\ 2,\ \cdots\cdots,\ n)\text{ の積”の総和})$$

を利用することを考えれば，|解| |答| のように容易に解決する。

これとは別に，実直に書き出して積の和を計算してもよい。すなわち，

$$a_{n,\,2}=2^0\cdot2^1+2^0\cdot2^2+2^0\cdot2^3+\cdots\cdots+2^0\cdot2^{n-1}$$
$$+2^1\cdot2^2+2^1\cdot2^3+\cdots\cdots+2^1\cdot2^{n-1}$$
$$+2^2\cdot2^3+\cdots\cdots+2^2\cdot2^{n-1}$$
$$\vdots$$
$$+2^{n-2}\cdot2^{n-1}$$

を横に加えてから，その後で縦に和をとるか，縦に加えてから，その後で横に和をとるかすればよい。たとえば後者の方法なら，

$$a_{n,\,2}=\sum_{l=1}^{n-1}\sum_{k=0}^{l-1}2^k\cdot2^l=\sum_{l=1}^{n-1}2^l\left(\sum_{k=0}^{l-1}2^k\right)$$
$$=\sum_{l=1}^{n-1}2^l\cdot\frac{2^l-1}{2-1}=\sum_{l=1}^{n-1}(4^l-2^l)$$
$$=\sum_{l=0}^{n-1}(4^l-2^l)=\frac{4^n-1}{4-1}-\frac{2^n-1}{2-1}$$
$$=\frac{1}{3}(4^n-1)-(2^n-1)=\frac{1}{3}(2^n-1)(2^n-2)$$

とできる。（$l=0$ のとき $4^l-2^l=0$ なので $l=0$ からとしてよいことに注意する。）

3° (2)は，どう着手すればよいか戸惑うであろう。試験場では時間的に厳しいかも

しれないが，本問のように n や k などの文字を含む数列が絡む問題の場合，具体的に小さな数字を入れて実験してみるのも有効なアプローチの一つである。$a_{n,k}$ の定義に基づいて実際に計算してみると，

$$a_{1,1} = 2^0 = 1$$
$$\therefore \quad f_1(x) = 1 + x$$
$$a_{2,1} = 2^0 + 2^1 = 3, \quad a_{2,2} = 2^0 \cdot 2^1 = 2$$
$$\therefore \quad f_2(x) = 1 + 3x + 2x^2 = (1+x)(1+2x)$$
$$a_{3,1} = 2^0 + 2^1 + 2^2 = 7, \quad a_{3,2} = 2^0 \cdot 2^1 + 2^0 \cdot 2^2 + 2^1 \cdot 2^2 = 14,$$
$$a_{3,3} = 2^0 \cdot 2^1 \cdot 2^2 = 8$$
$$\therefore \quad f_3(x) = 1 + 7x + 14x^2 + 8x^3 = (1+x)(1+2x)(1+4x)$$
$$a_{4,1} = 2^0 + 2^1 + 2^2 + 2^3 = 15,$$
$$a_{4,2} = 2^0 \cdot 2^1 + 2^0 \cdot 2^2 + 2^0 \cdot 2^3 + 2^1 \cdot 2^2 + 2^1 \cdot 2^3 + 2^2 \cdot 2^3 = 70,$$
$$a_{4,3} = 2^0 \cdot 2^1 \cdot 2^2 + 2^0 \cdot 2^1 \cdot 2^3 + 2^0 \cdot 2^2 \cdot 2^3 + 2^1 \cdot 2^2 \cdot 2^3 = 120,$$
$$a_{4,4} = 2^0 \cdot 2^1 \cdot 2^2 \cdot 2^3 = 64$$
$$\therefore \quad f_4(x) = 1 + 15x + 70x^2 + 120x^3 + 64x^4 = (1+x)(1+2x)(1+4x)(1+8x)$$

などとなる。因数分解にはすぐに気付かなくても，$\dfrac{f_2(x)}{f_1(x)}$，$\dfrac{f_3(x)}{f_2(x)}$，$\dfrac{f_4(x)}{f_3(x)}$ などを割り算して求めてみれば，$f_n(x)$ の構造に気付くはずである。すなわち，$f_n(x)$ は定数項が 1 である n 個の 1 次式の積として因数分解でき，各因数の x の係数が 2^m の形の数である。逆に因数分解された式を展開することを考えれば，展開の仕組みから 解 答 の(☆)に着眼でき，

$$1 + a_{n,1}x + a_{n,2}x^2 + \cdots\cdots + a_{n,n}x^n = (1+x)(1+2x)(1+2^2 x)\cdots\cdots(1+2^{n-1}x)$$

となることがわかるはずである。(2)は，解 答 の(☆)を掴み式 ⑤ を押さえることが決定的なポイントである。

なお，(☆)は上のような実験をせずとも，二項定理の証明の考え方から自然に着想できるものでもある。

4°　(2)は，問題文にもヒントがある。それは $\dfrac{f_{n+1}(x)}{f_n(x)}$ と $\dfrac{f_{n+1}(x)}{f_n(2x)}$ がともに x についての「整式」で表される，ということである。整式が問題になる場合，着眼点の一つとして"次数"に注目することを押さえておくとよい。本問の $f_n(x)$ の次数は n であるから，$f_{n+1}(x)$，$f_n(2x)$ の次数はそれぞれ $n+1$，n であり，それゆえ $\dfrac{f_{n+1}(x)}{f_n(x)}$ と $\dfrac{f_{n+1}(x)}{f_n(2x)}$ の次数はいずれも 1 となるはずである。したがって，

$$\frac{f_{n+1}(x)}{f_n(x)}=A+Bx,\quad \frac{f_{n+1}(x)}{f_n(2x)}=C+Dx$$

と表されるはずであり，左辺の分子・分母のそれぞれ定数項及び最高次の係数に着目すれば，結果は予想できる。具体的には，$f_n(x)$，$f_{n+1}(x)$，$f_n(2x)$ はいずれも定数項が1であるから，$A=1$，$C=1$ となり，

$f_n(x)$ の最高次の係数は，$a_{n,n}=2^0\cdot2^1\cdot2^2\cdots\cdots2^{n-1}$

$f_{n+1}(x)$ の最高次の係数は，$a_{n+1,n+1}=2^0\cdot2^1\cdot2^2\cdots\cdots2^{n-1}\cdot2^n$

$f_n(2x)$ の最高次の係数は，$a_{n,n}\cdot2^n=2^0\cdot2^1\cdot2^2\cdots\cdots2^{n-1}\cdot2^n$

であるから，$B=2^n$，$D=1$ となる。この予想が正しいことを証明するには，分母を払って

$$f_{n+1}(x)=f_n(x)(1+2^nx),\quad f_{n+1}(x)=f_n(2x)(1+x)$$

が成り立つことを示せばよく，それには両辺を展開して整理したときの各項の係数がすべて一致することを示せばよい。それは結局，(3)の $\boxed{\text{解}}\ \boxed{\text{答}}$ の⑧，⑨を証明することにほかならない。本問では⑧，⑨を導くために，$a_{n,k}$ を係数にもつ整式 $f_n(x)$ を利用することがポイントであり（このような $f_n(x)$ を $a_{n,k}$ の母関数（生成関数）という），直接⑧，⑨を導くことは要求されていないが，⑧，⑨を $a_{n,k}$ の定義に基づいて $f_n(x)$ を利用せずに導くこともできる。意欲ある読者は⑧，⑨の，(2)の結果を利用しない証明を考えてみるとよい。証明のヒントは，

$_n\mathrm{C}_r={}_{n-1}\mathrm{C}_{r-1}+{}_{n-1}\mathrm{C}_r$ を異なる n 個のうちの特定の1個に着目して両辺の意味を考えて証明したのと同様の考え方をする，ということである。

5° (3)は，(2)が絶妙の誘導になっており，(2)の結果を如何に利用するかがポイントになる。要求されている $\dfrac{a_{n+1,k+1}}{a_{n,k}}$ の分子・分母の $a_{n+1,k+1}$ と $a_{n,k}$ が，(2)の結果の2つの式のどこに現れるかに着眼するとよい。$a_{n+1,k+1}$ は $f_{n+1}(x)$ の x^{k+1} の項の係数，$a_{n,k}$ は $f_n(x)$ の x^k の項の係数であり，$f_n(2x)$ の x^k の項の係数にも現れる。すると，(2)の結果の式の分母を払った⑥′，⑦′の両辺の x^{k+1} の項の係数に $a_{n+1,k+1}$ と $a_{n,k}$ が現れることから，必然的に⑥′と⑦′の両辺の x^{k+1} の項の係数を比較すればよいことになる。⑥′と⑦′の左辺の x^{k+1} の係数は，$f_{n+1}(x)$ の定義から $a_{n+1,k+1}$ であり，

・⑥′の右辺の x^{k+1} に関係する部分は，

$(1+2^nx)(\cdots\cdots+a_{n,k}x^k+a_{n,k+1}x^{k+1}+\cdots\cdots)$ を展開した部分

・⑦′の右辺の x^{k+1} に関係する部分は，

$(1+x)\{\cdots\cdots+a_{n,k}(2x)^k+a_{n,k+1}(2x)^{k+1}+\cdots\cdots\}$ を展開した部分

であることから，⑧，⑨式を得る。あとは要求されている式に無関係な $a_{n,\,k+1}$ を ⑧，⑨ から消去すれば結果が導かれる。"x^{k+1} の項の係数" という同じものを 2 通りに表現することがポイントになるのである。

第 1 問

解 答

(1) まず，3点 P，Q，R がそれぞれ辺 OA，OC，BC 上にあることから，

$$0 \leqq p \leqq 1 \ \cdots\cdots① \ \text{かつ} \ 0 \leqq q \leqq 1 \ \cdots\cdots② \ \text{かつ} \ 0 \leqq r \leqq 1 \ \cdots\cdots③$$

である。また，$\triangle \mathrm{OPQ} = \dfrac{1}{3}$ より，

$$\frac{1}{2}pq = \frac{1}{3}$$

$$\therefore \quad pq = \frac{2}{3} \qquad\qquad \cdots\cdots④$$

であり，さらに，$\triangle \mathrm{OPQ} + \triangle \mathrm{PQR} = \dfrac{2}{3}$，すなわ

ち，$\triangle \mathrm{OPR} + \triangle \mathrm{OQR} = \dfrac{2}{3}$ より，

$$\frac{1}{2}p\cdot 1 + \frac{1}{2}qr = \frac{2}{3}$$

$$\therefore \quad p + qr = \frac{4}{3} \qquad\qquad \cdots\cdots⑤$$

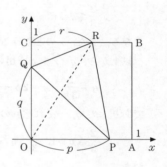

である。

④ より，$p \neq 0$ かつ $q \neq 0$ であるから，①，② と合わせて，

$$0 < p \leqq 1 \ \cdots\cdots⑥ \ \text{かつ} \ 0 < q \leqq 1 \ \cdots\cdots⑦$$

であり，q は p を用いて，

$$q = \frac{2}{3p} \qquad\qquad\qquad\qquad\qquad\qquad \cdots\cdots⑧$$

と表される。また，⑤，⑦，⑧ より，r は p を用いて，

$$r = \frac{1}{q}\left(\frac{4}{3} - p\right) = \frac{3}{2}p\left(\frac{4}{3} - p\right) = 2p - \frac{3}{2}p^2 \qquad\qquad \cdots\cdots⑨$$

と表される。

⑥，⑦，⑧ より，

$$0 < p \leqq 1 \ \text{かつ} \ 0 < \frac{2}{3p} \leqq 1$$

$$\therefore \quad \frac{2}{3} \leqq p \leqq 1 \qquad \cdots\cdots ⑩$$

となる。また，⑨ より

$$r = -\frac{3}{2}\left(p - \frac{2}{3}\right)^2 + \frac{2}{3}$$

であるから，⑩ において r のとりうる値の範囲は

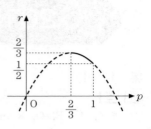

$$\frac{1}{2} \leqq r \leqq \frac{2}{3} \qquad \cdots\cdots ⑪$$

となり，このとき，③ は満たされる。

　よって，p のとりうる値の範囲は ⑩ であり，このとき，⑧ より，q のとりうる値の範囲は

$$\frac{2}{3} \leqq q \leqq 1$$

となる，また，r のとりうる値の範囲は ⑪ である。

　以上から，q，r を p を用いて表すと，

$$\boldsymbol{q = \frac{2}{3p}}, \quad \boldsymbol{r = 2p - \frac{3}{2}p^2}$$

であり，p，q，r それぞれのとりうる値の範囲は，

$$\frac{2}{3} \leqq p \leqq 1, \quad \frac{2}{3} \leqq q \leqq 1, \quad \frac{1}{2} \leqq r \leqq \frac{2}{3}$$

である。

(2)　⑧，⑨ より，$\dfrac{\mathrm{CR}}{\mathrm{OQ}} = \dfrac{r}{q}$ は，p を用いて，

$$\frac{\mathrm{CR}}{\mathrm{OQ}} = \left(\frac{3}{2}p\right)^2 \left(\frac{4}{3} - p\right)$$

$$= \frac{3}{4}p^2(4 - 3p) = \frac{3}{4}(4p^2 - 3p^3)$$

と表される。これを $f(p)$ とおくと，

$$f'(p) = \frac{3}{4}(8p - 9p^2)$$

$$= \frac{3}{4}p(8 - 9p)$$

より，⑩ における $f(p)$ の増減は右のようになる。

p	$\frac{2}{3}$	$\cdots$	$\frac{8}{9}$	$\cdots$	1
$f'(p)$		$+$	0	$-$	
$f(p)$	$\frac{2}{3}$	$\nearrow$	$\frac{64}{81}$	$\searrow$	$\frac{3}{4}$

　よって，$\dfrac{\mathrm{CR}}{\mathrm{OQ}}$ の

$$最大値は \frac{64}{81}, \quad 最小値は \frac{2}{3}$$

である。

解説

1° まず, 最初の仕事は, 面積についての条件

$$\triangle OPQ = \frac{1}{3} \quad かつ \quad \triangle PQR = \frac{1}{3} \qquad \cdots\cdots ⑫$$

を, p, q, r を用いて表すことである。

解 答 では, ⑫ を

$$\triangle OPQ = \frac{1}{3} \quad かつ \quad \triangle OPQ + \triangle PQR = \frac{2}{3}$$

と言い換え, さらに, $\triangle OPQ + \triangle PQR = \frac{2}{3}$ を $\triangle OPR + \triangle OQR = \frac{2}{3}$ と言い換える

ことにより処理している。

$\triangle PQR$ の面積を直接 p, q, r を用いて表すには,

$$\overrightarrow{PQ} = (-p, \ q), \quad \overrightarrow{PR} = (r-p, \ 1)$$

の成分を用いて,

$$\begin{aligned}
\triangle PQR &= \frac{1}{2} | -p \cdot 1 - q(r-p) | \\
&= \frac{1}{2} | -p(1-q) - qr | \\
&= \frac{1}{2} \{ p(1-q) + qr \}
\end{aligned}$$

としたり (①, ②, ③ より, $p(1-q) + qr \geqq 0$ であることに注意),

$$\begin{aligned}
\triangle PQR &= (台形 \ OPRC) - \triangle OPQ - \triangle CQR \\
&= \frac{1}{2}(p+r) \cdot 1 - \frac{1}{2}pq - \frac{1}{2}(1-q)r \\
&= \frac{1}{2}(p - pq + qr)
\end{aligned}$$

とする等の方法がある。

④, ⑤ が得られれば, q, r を p を用いて表すことは, 容易であろう (⑧, ⑨)。

2° 本問で最も重要なところは, p のとりうる値の範囲を求める部分である。

①, ②, ④ より, 直ちに ⑩ が得られるが, それで終わりなのではない! ③ を考慮していないからである。

解答では，⑩において r のとりうる値の範囲を求め（⑪），それが，③に含まれていることを確認して，p のとりうる値の範囲が⑩であることを示している。

それ以外にも，⑨を③に代入して得られる不等式

$$0 \leqq 2p - \frac{3}{2}p^2 \leqq 1$$

を解くと

$$0 \leqq p \leqq \frac{4}{3} \qquad\qquad \cdots\cdots⑬$$

となることから，「⑩ かつ ⑬」として p のとりうる値の範囲を求めることもできる。

3° (2)は，(1)ができていれば，3次関数の最大値，最小値を求めることに帰着する。特に解説の必要はないであろう。

第 2 問

解答

(1) $\overrightarrow{\mathrm{OA}}=(2,\,2)$，$\overrightarrow{\mathrm{OP}}=(p,\,q)$ より，
$\overrightarrow{\mathrm{OA}}\cdot\overrightarrow{\mathrm{OP}}=2p+2q$ であるから，条件1より，

$$8 \leqq 2p+2q \leqq 17$$

$$\therefore\quad 4 \leqq p+q \leqq \frac{17}{2} \qquad \cdots\cdots①$$

である。また，

$$c = \mathrm{OA} = 2\sqrt{2}$$

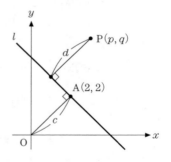

であり，直線 l の方程式が $x+y-4=0$ であることと①より，

$$d = \frac{|p+q-4|}{\sqrt{1^2+1^2}} = \frac{p+q-4}{\sqrt{2}}$$

であるから，条件2より，

$$2(p+q-4) \geqq (p-1)^2$$

である。

よって，P が動く領域 D は，

$$4 \leqq x+y \leqq \frac{17}{2} \ \cdots\cdots② \quad \text{かつ} \quad 2(x+y-4) \geqq (x-1)^2 \ \cdots\cdots③$$

で与えられる。

$x+y=4$ と $2(x+y-4)=(x-1)^2$ の共有点の座標は, 共有点の x 座標が

$$0=(x-1)^2 \quad \therefore \quad x=1$$

であることから,

$$(x, \ y)=(1, \ 3)$$

であり, $x+y=\dfrac{17}{2}$ と $2(x+y-4)=(x-1)^2$ の共有点の座標は, 共有点の x 座標が

$$9=(x-1)^2 \quad \therefore \quad x=-2, \ 4$$

であることから,

$$(x, \ y)=\left(-2, \ \dfrac{21}{2}\right), \ \left(4, \ \dfrac{9}{2}\right)$$

である。

③ を整理すると,

$$y \geqq \dfrac{1}{2}x^2-2x+\dfrac{9}{2}\left(=\dfrac{1}{2}(x-2)^2+\dfrac{5}{2}\right)$$

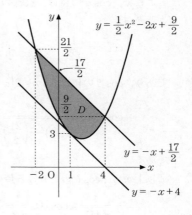

となることにも注意して, D を図示すると右図の網目部分になる(ただし, 境界を含む)。

また, D の面積は,

$$\int_{-2}^{4}\left\{\left(-x+\dfrac{17}{2}\right)-\left(\dfrac{1}{2}x^2-2x+\dfrac{9}{2}\right)\right\}dx$$

$$=-\dfrac{1}{2}\int_{-2}^{4}(x+2)(x-4)\,dx$$

$$=-\dfrac{1}{2}\left[-\dfrac{1}{6}\{4-(-2)\}^3\right]$$

$$=\textbf{18}$$

となる。

(2) $y=\dfrac{1}{2}x^2-2x+\dfrac{9}{2}$ のとき, $y'=x-2$ であるから, $x=t$ における接線の方程式は,

$$y=(t-2)(x-t)+\dfrac{1}{2}t^2-2t+\dfrac{9}{2}$$

$$\therefore \quad y=(t-2)x-\dfrac{1}{2}t^2+\dfrac{9}{2}$$

であり, これが原点を通るときの t の値は,

$$-\frac{1}{2}t^2+\frac{9}{2}=0 \qquad \therefore \quad t=\pm3$$

となる。このうち $-2\leqq t\leqq4$ の範囲にあるものは $t=3$ のみであり，そのとき，接線の傾きは 1 である。

　よって，右図を参照して，x 軸の正の部分と線分 OP のなす角 θ のとりうる値の範囲は，

$$\alpha\leqq\theta\leqq\beta$$

であり，この範囲で $\cos\theta$ が減少することから，$\cos\theta$ のとりうる値の範囲は，

$$\cos\beta\leqq\cos\theta\leqq\cos\alpha$$

となる。

　ここで，$\cos\alpha$ の値は，接線の傾きが 1 であることから，

$$\cos\alpha=\frac{1}{\sqrt{2}}$$

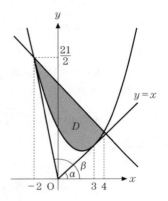

であり，$\cos\beta$ の値は，β が $\mathrm{P}\left(-2,\ \frac{21}{2}\right)$ のときの θ であることから，

$$\cos\beta=\frac{-2}{\sqrt{(-2)^2+\left(\frac{21}{2}\right)^2}}=-\frac{4}{\sqrt{457}}$$

である。

　以上から，$\cos\theta$ のとりうる値の範囲は，

$$-\frac{4}{\sqrt{457}}\leqq\cos\theta\leqq\frac{1}{\sqrt{2}}$$

である。

解説

1° 2019 年度の問題の中で，最も取り組みやすい問題であろう。

2° 条件 1，条件 2 から，領域 D が

②　かつ　③

で与えられることを得るところまでは，一本道である。それを，すぐに

$$-x+4\leqq y\leqq-x+\frac{17}{2} \quad \text{かつ} \quad y\geqq\frac{1}{2}x^2-2x+\frac{9}{2}$$

と変形してしまうと，境界の共有点の座標を求める計算の見通しが悪くなる。②

の中辺 $x+y$ が ③ の左辺 $2(x+y-4)$ に現れることに着目すると，$\boxed{解}$ $\boxed{答}$ のように見通しよく計算できる。

　結局のところ，D は，放物線と直線によって囲まれる領域になるから，その面積の計算は，典型的な処理に過ぎない。

$2°$ 　(2)では，原点 O を通る直線が放物線 $y=\dfrac{1}{2}x^2-2x+\dfrac{9}{2}$ に接するときの接点の x 座標が，$-2\leqq x\leqq 4$ の範囲にあるかどうかを調べることがポイントになる。

　$\boxed{解}$ $\boxed{答}$ では，先に接点の x 座標を文字でおき，放物線の接線の方程式を求め，それが原点を通るときを考えた。

　先に原点を通る接線の方程式を $y=mx$ とおき，x についての2次方程式 $\dfrac{1}{2}x^2-2x+\dfrac{9}{2}=mx$ が重解をもつことから，m の値，および，そのときの接点の x 座標を求めることもできる（各自やってみよ）。

　$\cos\beta$ の値が汚いので，試験会場で不安になった受験生もいたことだろう。

第 3 問

$\boxed{解}$ $\boxed{答}$

　操作を 10 回行うとき，コインの表裏の出方の総数は 2^{10} 通りあり，これらは同様に確からしい。

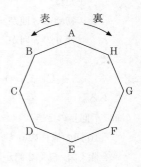

(1)　10 回の操作のうち，表が a 回，裏が b 回出るとすると，$b=10-a$ であり，事象 S が起こるのは，

　　　$a-b$ が 8 の倍数，すなわち，

　　　$2a-10$ が 8 の倍数

のときであるから，$-10\leqq 2a-10\leqq 10$ に注意して，

　　　$(a,\ b)=(1,\ 9)$ または $(a,\ b)=(5,\ 5)$

　　　または $(a,\ b)=(9,\ 1)$　　　　　……①

のときである。

　　表が 10 回のうち何回目に出るかを考えて，求める確率は，

$$\dfrac{{}_{10}C_1+{}_{10}C_5+{}_{10}C_9}{2^{10}}=\dfrac{10+252+10}{2^{10}}$$

$$=\boxed{\dfrac{17}{64}}$$

である。

(2)　まず，事象 S が起こらなければならないから，① でなければならない。

　　$(a, b) = (1, 9)$ のとき，点 P は時計回りに 1 周して点 A に戻るから，必ず点 F を通る。すなわち，事象 T も必ず起こる。

　　$(a, b) = (9, 1)$ のとき，点 P は反時計回りに 1 周して点 A に戻るから，必ず点 F を通る。すなわち，事象 T も必ず起こる。

　　$(a, b) = (5, 5)$ のとき，事象 T も起こる場合の数を，点 P が初めて点 F に移動するのが何回目の操作であるかで分類して求める。

　　点 P が初めて点 F に移動するのは，3 回目，5 回目，7 回目のいずれかであり，

(ⅰ)　3 回目のとき：

　　10 回の操作のうち，初めの 3 回が裏裏裏で，残りの 7 回が，表が 5 回，裏が 2 回の場合であるから，

　　　　$_7C_5 = 21$（通り）

　　ある。

(ⅱ)　5 回目のとき：

　　10 回の操作のうち，

　　　　初めの 5 回が表表表表表で，残りの 5 回が裏裏裏裏裏の場合

　　　　または

　　　　初めの 3 回が，表が 1 回，裏が 2 回，続く 2 回が裏裏で，

　　　　残りの 5 回が，表が 4 回，裏が 1 回の場合

　　で，

　　　　$1 + _3C_1 \cdot _5C_4 = 1 + 3 \cdot 5 = 16$（通り）

　　ある。

(ⅲ)　7 回目のとき：

　　10 回の操作のうち，初めの 5 回が，表が 2 回，裏が 3 回（ただし，裏裏裏表表を除く），続く 2 回が裏裏で，残りの 3 回が表表表の場合で，

　　　　$_5C_2 - 1 = 9$（通り）

　　ある。

　　以上から，求める確率は，

$$\frac{_{10}C_1 + _{10}C_9 + 21 + 16 + 9}{2^{10}} = \frac{66}{2^{10}}$$

$$= \frac{33}{512}$$

である。

解説

1° (1)では，10回の操作のうち，表がa回，裏がb回出るとすると，

　　　　事象Sが起こるのは，$a-b$が8の倍数のときである

ことを掴むことがポイントであるが，このことを見抜くことは，特に難しいことではない。確実に得点したい設問である。

2° (2)では，事象Sが起こる場合のうち，さらに事象Tも起こるのはどのような場合であるかを考察することになる。

　①のうち，$(a, b)=(1, 9)$および$(a, b)=(9, 1)$の場合には，事象Tも必ず起こるから，

　　　　$(a, b)=(5, 5)$　　　　　　　　　　　　　　　　……②

の場合が問題である。以下，②の場合を考える。

　[解] [答]では，点Pが初めて点Fに移動するのが何回目の操作であるかで分類して考察したが，次のように，最短経路と結びつけて考察することもできる。

　表が出たとき右に1つ進み，裏が出たとき上に1つ進むことにすると，表裏の出方は，右図の格子において，AからA′までの最短経路に対応し，そのうち事象Tが起こる場合は，図における点W，X，Y，Zの少なくとも1つを通る最短経路に対応する。

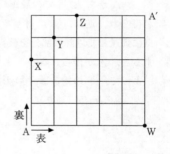

(a)　点Wを通る最短経路は，

　　　$1 \cdot 1=1$（通り）

である。

(b)　点Xを通る最短経路は，

　　　$1 \cdot {}_7C_5=21$（通り）

である。

(c)　点Xを通らず，点Yを通る最短経路は，Yの2つ下の点を通ることに注意して，

　　　${}_3C_1 \cdot 1 \cdot {}_5C_4=15$（通り）

である。

(d)　点X，Yを通らず，点Zを通る最短経路は，Xを通らず，Zの2つ下の点を通ることに注意して，

　　　$({}_5C_2-1) \cdot 1 \cdot 1=9$（通り）

である。

(b)の場合が 解 答 の(i)の場合に対応し，(a)および(c)の場合が 解 答 の(ii)の場合に対応し，(d)の場合が 解 答 の(iii)の場合に対応する。

3° **2°** において，点 X，Y，Z の少なくとも1つを通る最短経路の総数は，次のように考えると，直ちに求められる。

右図において，A から A′ までの最短経路のうち，点 X，Y，Z の少なくとも1つを通るものは，

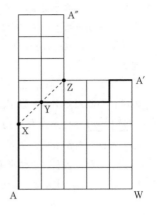

A から A′ までの最短経路のうち，

破線上の点を通るもの　　　……③

である。そのような経路に対して，初めて破線上の点に到達して以降の部分を破線に関して対称移動すると，

A から A″ までの最短経路　　……④

が得られ，逆に，④に対して，初めて破線上の点に到達して以降の部分を破線に関して対称移動すると，③が得られる。

よって，③の総数は，④の総数と等しく，

$$_{10}C_2 = 45 \text{（通り）}$$

となる。

第　4　問

解 答

(1)　まず，領域

$$D : |x| + |y| \leqq 1$$

は，x 軸，y 軸に関して対称であり，

$x \geqq 0$ かつ $y \geqq 0$ の範囲においては

$$x + y \leqq 1$$

であるから，D を図示すると右図の網目部分になる（ただし，境界を含む）。

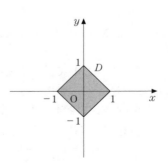

次に，領域 E を考える。

点 Q を固定して点 P のみを動かすと，

$$\overrightarrow{\text{OR}}=\overrightarrow{\text{OP}}-\overrightarrow{\text{OQ}}$$

を満たす点 R が動く範囲は，

　　　領域 D をベクトル $-\overrightarrow{\text{OQ}}$ だけ

　　　平行移動した領域 D_{Q}

である。

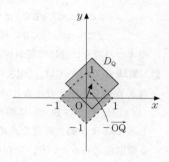

　次いで点 Q を動かすと，領域 D が原点 O に関して対称であることから，

$$\overrightarrow{\text{OQ}'}=-\overrightarrow{\text{OQ}}$$

を満たす点 Q' は領域 D を動き，そのときに領域 D_{Q} が通過する範囲が E である。

　よって，E を図示すると右図の網目部分になる（ただし，境界を含む）。

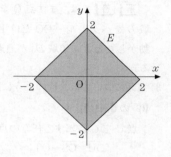

(2)　　　$\overrightarrow{\text{OR}}=\overrightarrow{\text{OP}}-\overrightarrow{\text{OQ}}=\overrightarrow{\text{QP}}$

　　　　$\overrightarrow{\text{OU}}=\overrightarrow{\text{OS}}-\overrightarrow{\text{OT}}=\overrightarrow{\text{TS}}$

である。

　領域

　　　$F:|x-a|+|y-b|\leqq 1$

は領域 D を平行移動した領域であるから，点 S, T が領域 F を動くときの $\overrightarrow{\text{TS}}$ の変域は，点 P, Q が領域 D を動くときの $\overrightarrow{\text{QP}}$ の変域と一致する。

　よって，点 U が動く範囲 G は点 R が動く範囲 E と一致する。

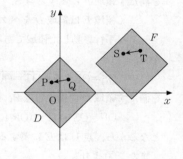

解説

1°　(1) の領域

　　　$D:|x|+|y|\leqq 1$　　　　　　　　　　　　……①

の図示については問題ないだろうが，念のため，D が x 軸，y 軸に関して対称であることを説明しておこう。

　①において y を $-y$ でおきかえても①と同じになるから，D は x 軸に関して対称である。また，①において x を $-x$ でおきかえても①と同じになるから，D は y 軸に関して対称である。

　もちろん，対称性に着目せずに，

$x \geqq 0$　かつ　$y \geqq 0$；$x < 0$　かつ　$y \geqq 0$；

$x < 0$　かつ　$y < 0$；$x \geqq 0$　かつ　$y < 0$

の４つの場合に分けて絶対値記号をはずすことにより，図示することもできる。

2°　領域 E については，2018 年度に引き続き，2 つの動点 P，Q によって定まる動点 R が動く範囲を考えるという，東大が好んで出題するタイプの問題である。

　　2 点 P，Q が「独立」に動くので，まず一方の点を固定して他方の点を動かしたときに点 R が動く範囲を求め，次に固定していた点を動かしてその範囲が通過する範囲を求めるという，いわゆる"予選・決勝法"が有効である。

　　[解] [答] では，まず点 Q を固定して点 P を動かしたときに点 R が動く範囲が領域 D をベクトル $-\overrightarrow{OQ}$ だけ平行移動した領域 D_Q であることを掴み，次に点 Q を動かしたときに領域 D_Q が通過する範囲を考えることにより，E を図示したのである。

3°　(2) については，次のように証明してもよい。

【(2) の **別解**】

　　点 U を G に属する任意の点とすると，

$$\overrightarrow{OU} = \overrightarrow{OS} - \overrightarrow{OT} \qquad \cdots\cdots ②$$

を満たす領域 F に属する点 S，T が存在し，

　　　領域 F は領域 D をベクトル $\vec{u} = (a, b)$ だけ

　　　平行移動した領域である　　　　　　　　　　　　　$\cdots\cdots ③$

から，

$$\overrightarrow{OS} = \overrightarrow{OP} + \vec{u}, \quad \overrightarrow{OT} = \overrightarrow{OQ} + \vec{u} \qquad \cdots\cdots ④$$

を満たす領域 D に属する点 P，Q が存在する。②，④ より，

$$\overrightarrow{OU} = \overrightarrow{OS} - \overrightarrow{OT} = (\overrightarrow{OP} + \vec{u}) - (\overrightarrow{OQ} + \vec{u}) = \overrightarrow{OP} - \overrightarrow{OQ}$$

となるから，点 U は E に属する。よって，$G \subset E$ が成り立つ。

　　また，③ より，

　　　領域 D は領域 F をベクトル $-\vec{u} = (-a, -b)$ だけ

　　　平行移動した領域である

から，先程と同様にして，$E \subset G$ が成り立つ。

　　以上から，$G = E$ が成り立つ。

2018年

第 1 問

解 答

(1) $y=x^2-3x+4$ のとき,

$$y'=2x-3$$

より, C 上の点 $(t,\ t^2-3t+4)$ における接線は,

$$y=(2t-3)(x-t)+t^2-3t+4$$

すなわち,

$$y=(2t-3)x-t^2+4 \qquad\qquad \cdots\cdots①$$

と表される。これが原点を通る条件は,

$$0=(2t-3)\cdot0-t^2+4,\ \ \text{すなわち},\ \ t^2-4=0$$

より,

$$t=\pm2$$

であるから, これを ① に代入することにより,

$$l:y=x$$
$$m:y=-7x$$

としてよい。

そこで, あらためて A$(t,\ t^2-3t+4)$ とおくと, 点と直線の距離の公式により,

$$L=\frac{|t-(t^2-3t+4)|}{\sqrt{1^2+(-1)^2}}=\frac{|-(t-2)^2|}{\sqrt{2}}=\frac{1}{\sqrt{2}}(t-2)^2$$

$$M=\frac{|7t+(t^2-3t+4)|}{\sqrt{7^2+1^2}}=\frac{|(t+2)^2|}{5\sqrt{2}}=\frac{1}{5\sqrt{2}}(t+2)^2$$

と表され, $a=\sqrt{\dfrac{1}{\sqrt{2}}}$, $b=\sqrt{\dfrac{1}{5\sqrt{2}}}$ とおくと,

$$\sqrt{L}+\sqrt{M}=a|t-2|+b|t+2|$$
$$=\begin{cases}-(a+b)t+2(a-b) & (t\leqq-2)\\ -(a-b)t+2(a+b) & (-2\leqq t\leqq2)\\ (a+b)t-2(a-b) & (2\leqq t)\end{cases} \qquad \cdots\cdots②$$

となる。

a と b が,

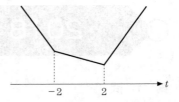

$a>b>0$

なる定数であることに注意すると，②で表される t の関数のグラフは右図のようになり，点 A が C 上を動くとき，$t=2$ において②は最小となる。

よって，$\sqrt{L}+\sqrt{M}$ が最小値をとるときの点 A の座標は，

(2, 2)

である。

(2)　点 P$(p,\ q)$ の動きうる範囲は，xy 平面上において領域 E を $px+qy\leqq 0$ で定めると，

　　　　「$D\subset E$ が成り立つ」　　　　　　　　　　　　……（＊）

ような点 $(p,\ q)$ 全体の集合である。

　（＊）であるためには，$y\geqq x^2-3x+4$ をみたす点 $(0,\ 4)$ に対して $p\cdot 0+q\cdot 4\leqq 0$ が成り立つことから，

　　　　$q\leqq 0$　　　　　　　　　　　　　　　　　　　　　……③

が必要である。

　③のもとでは，

$$px+qy\leqq 0 \iff \begin{cases} q=0 \text{ のとき，} \begin{cases} p<0 \text{ なら，} x\geqq 0,\ y \text{ は任意の実数} \\ p=0 \text{ なら，} x,\ y \text{ は任意の実数} \\ p>0 \text{ なら，} x\leqq 0,\ y \text{ は任意の実数} \end{cases} \\ q<0 \text{ のとき，} y\geqq -\dfrac{p}{q}x \end{cases}$$

　　　　　　　　　　……④

となるから，(1)の過程も参照して xy 平面上で（＊）の条件を考察すると，右図により，

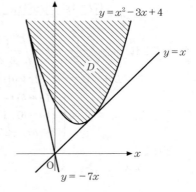

　（＊）$\iff$ ③

　　　　　かつ "$D\subset$（④の表す領域）"

　　$\iff$ "$q=0$ かつ $p=0$"

　　　　　または

　　　　　"$q<0$ かつ $-7\leqq -\dfrac{p}{q}\leqq 1$"

　　$\iff$ $(p,\ q)=(0,\ 0)$

　　　　または

$$\text{“}q<0 \text{ かつ } q\leqq -p \text{ かつ } q\leqq \frac{1}{7}p\text{”}$$

である。

　　これを図示して，下図斜線部が求める範囲である。ただし，境界線上の点はすべて含む。

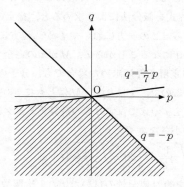

解説

1°　(1)と(2)に関連はあるものの，それぞれ単独の問題とみることもでき，2018 年度の中では最も困難を感じる問題である。これが第 1 問であるために心理的に圧迫された受験生もいたであろう。例年は第 1 問が取り組みやすいことが多いが，そのような先入観を持たないようにとの警告(？)であろうか。とはいえ，難問とは言い難く，数学でリードしたい受験生にとっては本問をクリアすることで大いに有利に機能する問題である。このレベルを想定して学習・対策をしっかりしておきたい。

2°　はじめに原点を通る C の接線の方程式を $l:y=x,\ m:y=-7x$ (l と m の方程式は反対でもよい)と求めるところは問題ないであろう。解　答では微分法を利用しているが，原点を通る接線の方程式を $y=kx$ とおき，$y=x^2-3x+4$ と連立させて得られる x の 2 次方程式

　　　　$x^2-(k+3)x+4=0$ 　　　　　　　　　　　　……㋐

が重解をもつ条件から，(判別式)$=0$，すなわち，

　　　　$(k+3)^2-4\cdot4=0$ 　　$\therefore\ k=1,\ -7$

として，$l:y=x,\ m:y=-7x$ を求めてもよい。

3°　(1)は，$\sqrt{L}+\sqrt{M}$ を最小にする C 上の点 A の座標を要求されている。そこで，

素直に点 A の x 座標を 解 答 のように t などと変数にとれば，点と直線の距離の公式によって L と M が t の式で表され $\sqrt{L}+\sqrt{M}$ も t の式で表されるので，t を変化させて $\sqrt{L}+\sqrt{M}$ が最小になるときを調べればよい，と見通せる。

　点と直線の距離の公式は，

$$l : x-y=0, \quad m : 7x+y=0$$

のように直線の方程式を $ax+by+c=0$ の形にして利用することに注意しておく。このとき，l，m の方程式を微分法により求めると，接点の x 座標 ±2 も同時に得られ，L，M の定義から ±2 の一方において L が，他方において M が，ともにその t の値においてのみ 0 になることから L，M が t の完全平方式になることがわかる。また，$2°$ のように重解条件で求めた場合でも，分子の絶対値記号の中身が ㋐ の左辺の形と同じになるので，やはり L，M はともに t の完全平方式になることがわかる。これは L，M を t の式で表すときの計算チェックに役立つ。

$4°$　(1) を解決する上での小さなポイントは，

$$\sqrt{L}+\sqrt{M}=\sqrt{\frac{1}{\sqrt{2}}}\,|t-2|+\sqrt{\frac{1}{5\sqrt{2}}}\,|t+2| \qquad\qquad \cdots\cdots㋑$$

のように，$\sqrt{L}+\sqrt{M}$ を絶対値記号の付いた t の 1 次関数として表すことである。一般に，

　　x が実数のとき，$\sqrt{x^2}=|x|$ であり，$\sqrt{x^2}=x$ ではない

ことを，老婆心ながら注意しておこう。

　(1) における最大のポイントは，㋑ のような絶対値記号の付いた 1 次関数の最小がどこで起こるかを，その理由とともに捉えることである。それには増減を調べるために絶対値記号を外してグラフを描いてみようとすればよい。絶対値記号の中身の符号で場合分けすれば，グラフは折れ線になることがわかり，㋑ の絶対値記号を外したときの 1 次の項の係数の符号及びその大きさに気をつければよい（それゆえ 解 答 における $a>b>0$ に注意する！）。いずれも基本事項に基づくだけであり，駿台の校内生であれば前期教材で学習済みのことである。

　なお，解答では ㋑ の係数を $a=\sqrt{\dfrac{1}{\sqrt{2}}}$，$b=\sqrt{\dfrac{1}{5\sqrt{2}}}$ と置き換えたが，これは見やすくするためであって本質的ではない。

$5°$　(2) はどのように着手するかが悩ましい。まずは問題文の「条件」を "読解" することから始めよう。「条件」の前半は「領域 D のすべての点 $(x,\ y)$ に対し」と，幾何的な表現になっているのに対して，後半は「不等式 $px+qy\leqq0$ が成り立つ」

と，式による表現になっている。表現の統一を図り，式だけで表現すれば，

「$y \geq x^2 - 3x + 4 \implies px + qy \leq 0$ が成り立つ」

となるし，幾何的な表現だけにすれば，

「領域 D が $px + qy \leq 0$ の定める領域に含まれる」　　……㋒

となる。不等式による条件は式変形だけでは考えにくいので，ここでは幾何的な表現に統一して図形的に考えようと方針立てすることが(2)の第一のポイントである。この㋒が **解** **答** の($*$)であり，㋒となるための実数 p, q に関する条件を求めればよいのである。これは2つの条件 a と b に対して，それぞれの真理集合（条件を真にする変数の集合を真理集合という）を A, B とするとき，

「$a \implies b$ 成り立つ」ことは「$A \subset B$ が成り立つ」ことと同じ

であるという，論理と集合の関係を基礎とするものである。

6° 次に，㋒ を考えるためには，$px + qy \leq 0$ の定める領域を E として，E を正しく把握することが(2)の第二のポイントであり，最重要ポイントである。

ここで領域 E は，

・$(p, q) \neq (0, 0)$ のときは，直線 $px + qy = 0$ 上とその片側の領域　　……㋓
・$(p, q) = (0, 0)$ のときは全平面　　……㋔

を表す。㋔ の例外的な場合に注意しなければならない点が煩わしいが，核心は㋓の直線がどのような直線であるかということと，その直線のどちら側の領域になるか，ということである。

領域が境界線のどちら側かは，領域を定める不等式が y について解ければわかるので，本問でも $px + qy \leq 0$ を y について解いてみようとすればよい。実直には q の符号で場合分けを要するが，符号が決まっていれば場合分けの手間が省ける。そこで **解** **答** では，D をみたす特定の点として D の境界線の y 切片である点 $(0, 4)$ をとり，$q \leq 0$ を必要条件として導いた。このように特定の場合に対して必要条件から考えることは全称命題（「すべての～に対して，……が成り立つ」という形の命題）を考察するときの常套手段である。

そうすると，$q = 0$ または $q < 0$ 以外にはあり得ず，$q = 0$ の場合は，㋒ が成り立つには $p = 0$ が必要十分であることが直ちにわかる。

$q < 0$ の場合は，$y \geq -\dfrac{p}{q}x$ となり直線上とその上側の領域となるから，㋒ が成り立つには，視察により境界線の直線 $y = -\dfrac{p}{q}x$ の傾き $-\dfrac{p}{q}$ が l, m の傾きに一致するか，または l, m の双方の傾きの間の傾きであることが必要十分である。(2)

において接線 l, m はこの段階の視覚的考察に役立つ。

　以上の考察をまとめたものが 解 答 であり，本質的な部分は境界線の直線の傾きに注目して解決しているのである。

7°　㋕ の領域を，傾きに注目して調べる以外に，境界線の直線の法線ベクトルに注目する方法も考えられる。

　以下，$(p, q) \neq (0, 0)$ のもとで，別解として提示しよう。ベクトルの成分表示は座標と区別するために，縦ベクトルで表示しておくことにする。

【(2)の 別解 】　((*)までは 解 答 と同じで $(p, q) \neq (0, 0)$ とする)

　ここで，$\vec{n} = \begin{pmatrix} p \\ q \end{pmatrix}$, $\vec{x} = \begin{pmatrix} x \\ y \end{pmatrix}$ とおくと，

$$px + qy \leqq 0 \iff \vec{n} \cdot \vec{x} \leqq 0$$
$$\iff \vec{n} \ \text{と} \ \vec{x} \ \text{のなす角が} \ \frac{\pi}{2} \ \text{以上}$$

であるから，E は原点を通り法線ベクトルを $\vec{n}$ とする直線上の点及びその直線を境界線として $\vec{n}$ の方向とは反対側の領域を表す。

　したがって，(*)の条件は，$P(p, q)$ とおくと，右図を参照することにより，

　　点Pが "$y \leqq -x$ かつ $y \leqq \dfrac{1}{7}x$"

で定められる領域に含まれることである。

　それゆえ，求める条件は，

$$q \leqq -p \ \text{かつ} \ q \leqq \frac{1}{7}p \ \text{かつ} \ q < 0$$

となり，これに $(p, q) = (0, 0)$ の場合を加えて結果を得る。

8°　上の 別解 の基礎となるのは，

$\vec{n} = \begin{pmatrix} a \\ b \end{pmatrix}$ は，直線 $ax + by + c = 0$ の法線ベクトルである

という事実であり，これは教科書にも太字で明示されている。この事実は次のよう

にしてわかる。

　点 A$(\vec{a})$ を通り，法線ベクトルを $\vec{n}$ とする直線上に点 X$(\vec{x})$ があるための必要十分条件は，

$$\vec{n} \perp \overrightarrow{\text{AX}} \text{ または } \overrightarrow{\text{AX}} = \vec{0}, \text{ すなわち, } \vec{n} \cdot \overrightarrow{\text{AX}} = 0$$

が成り立つことであり，A(x_0, y_0) としてこれをベクトルの成分で書き直すと，

$$a(x - x_0) + b(y - y_0) = 0 \qquad\qquad \cdots\cdots \text{◎}$$

となることから，$c = -ax_0 - by_0$ とおけば，

$$ax + by + c = 0$$

となる。

　一般に，点 (x_0, y_0) を通り，法線ベクトルを $\vec{n} = \begin{pmatrix} a \\ b \end{pmatrix}$ とする直線の方程式は，◎

で与えられることを押えておこう。

　このような理解があれば，■別解■ の方法も自然な解法であろう。

第 2 問

■解■ ■答■

(1)
$$a_7 = \frac{{}_{14}\text{C}_7}{7!}$$

$$= \frac{14 \cdot 13 \cdot 12 \cdot 11 \cdot 10 \cdot 9 \cdot 8}{7 \cdot 6 \cdot 5 \cdot 4 \cdot 3 \cdot 2 \cdot 1} \cdot \frac{1}{7 \cdot 6 \cdot 5 \cdot 4 \cdot 3 \cdot 2 \cdot 1}$$

$$= \frac{13 \cdot 11}{7 \cdot 6 \cdot 5}$$

$$= \frac{13 \cdot 11}{15 \cdot 14}$$

であることから，

$$\boldsymbol{a_7 < 1}$$

である。

(2)
$$a_n = \frac{{}_{2n}\text{C}_n}{n!} \qquad\qquad \cdots\cdots \text{①}$$

$$= \frac{(2n)!}{(n!)^3}$$

であることから，$n \geqq 2$ のもとでは，

$$\frac{a_n}{a_{n-1}} = \frac{(2n)!}{(n!)^3} \cdot \frac{\{(n-1)!\}^3}{(2n-2)!}$$

$$= \frac{2n(2n-1)}{n^3}$$

$$= \frac{4n-2}{n^2} \qquad\qquad \cdots\cdots ②$$

と表される。

　よって，$n \geqq 2$ のもとでは，

$$\frac{a_n}{a_{n-1}} < 1 \iff 4n-2 < n^2$$

$$\iff n^2 - 4n + 2 > 0$$

$$\iff (n-2)^2 > 2$$

であるから，これをみたす $n = 2, 3, \cdots\cdots$ の範囲は，

　　$n-2 \geqq 2$，すなわち，$\boldsymbol{n \geqq 4}$

である。

(3)　まず，① より，

　　$n = 1, 2, \cdots\cdots$ に対して，$a_n > 0$ $\qquad\qquad \cdots\cdots ③$

である。

　次に，(2) の考察と ③ により，

　　$n \geqq 4$ に対して $a_{n-1} > a_n$，すなわち，$a_3 > a_4 > a_5 > \cdots\cdots$ $\qquad \cdots\cdots ④$

である。

　よって，(1) の結果と ③，④ により，

　　$n \geqq 7$ に対して $0 < a_n < 1$

であるから，

　　a_n が整数となる $n \geqq 1$ は，$1 \leqq n \leqq 6$ の範囲以外には存在しない。$\cdots\cdots ⑤$

　ここで，① より，

$$a_1 = \frac{{}_2C_1}{1!} = 2$$

であることと，② より $a_n = \dfrac{4n-2}{n^2} a_{n-1}$ $(n \geqq 2)$ であることを用いると，

$$a_2 = \frac{6}{2^2} \cdot 2 = 3$$

$$a_3 = \frac{10}{3^2} \cdot 3 = \frac{2 \cdot 5}{3}$$

$$a_4 = \frac{14}{4^2} \cdot \frac{2 \cdot 5}{3} = \frac{5 \cdot 7}{2^2 \cdot 3}$$

$$a_5 = \frac{18}{5^2} \cdot \frac{5 \cdot 7}{2^2 \cdot 3} = \frac{3 \cdot 7}{2 \cdot 5}$$

$$a_6 = \frac{22}{6^2} \cdot \frac{3 \cdot 7}{2 \cdot 5} = \frac{7 \cdot 11}{2^2 \cdot 3 \cdot 5}$$

であることから，⑤ を考え合わせて，求める $n \geqq 1$ は，

$$n = 1, \ 2$$

である。

解説

1°　二項係数を用いた数列と整数の融合問題である。二項係数に関連する問題は，東大では頻出といってよく，二項定理を利用する問題もしばしば見られる。本問も二項係数の定義式さえ身についていれば，少なくとも (1) と (2) は完答できるはずで，ここまでは確実に得点しておきたい。(3) は (1) と (2) がヒントになっていることを見抜くことができたかがポイントであり，あとは計算力の問題となる。通常の学習でも経験があるはずの考え方の問題であり，東大文科としては標準的あるいはやや易しめである。

2°　(1) と (2) については解説の必要はないであろう。一般に，相異なる n 個から r 個取り出す組合せの数を $_nC_r$ と表し，

$$_nC_r = \frac{n(n-1)(n-2) \cdot \cdots\cdots \cdot (n-r+1)}{r!}, \ \ \text{すなわち，} \ _nC_r = \frac{n!}{r!(n-r)!}$$

によって計算できることを確認しておこう。

　(2) では，n の 2 次不等式 $n^2 - 4n + 2 > 0$ を具体的に解いて，

$$n < 2 - \sqrt{2} \ \ \text{または} \ \ n > 2 + \sqrt{2}$$

として結果を求めてももちろんよい。

3°　(3) では，(2) の $\dfrac{a_n}{a_{n-1}} < 1$ となる n の範囲が，数列 $\{a_n\}$ $(n = 1, 2, \cdots\cdots)$ が n に関して減少数列となる n の情報を与えることから，(1), (2) を利用することで n の範囲が $n \leqq 6$ に絞られることを掴むことが最大のポイントである。あとは，$n = 1$ から $n = 6$ までをシラミツブシすることで解決する。(2) では数列の増減に注目せよ，という明快な考え方を提供しているのであり，これが読解できないとすればそれは勉強不足といわざるを得ない。数列の最大最小や，確率の最大を調べる問題などで経験があるのではないだろうか。

　一般に，整数を変数とする関数 $f(n)$（数列は自然数を変数とする関数である）の最大最小を調べるには，

　(ア)　$f(n+1)-f(n)$ の符号を調べて，$f(n)$ の増減をみる

　(イ)　つねに $f(n)>0$ であるときは，$\dfrac{f(n+1)}{f(n)}$ と 1 との大小を調べて，$f(n)$ の増減をみる

　(ウ)　n をいったん連続変数とみて微分法などを利用して，最大最小となる n の候補を探す

などの考え方がある。本問では(イ)を誘導しているのであるが，いずれも修得しておきたい考え方である。

$4°$　(3)で n の範囲を絞り込んだ後は，具体的に $a_1 \sim a_6$ を計算せねばならない。その際，a_n の定義式 ① に基づいて実直に計算すると少し大変である。せっかく(2)において ② を導いているのであるから，それを利用するとよい。"比"は次々に掛け合わせていくことにより，約分し合って打ち消し合う。② は 2 項間漸化式を作っているのと同様なのである。計算の要領にも注意しておきたい。

第 3 問
解 答

(1)　$f(x)=x^3-3a^2x$ のとき，
$$f'(x)=3x^2-3a^2$$
$$=3(x+a)(x-a)$$
より，$a>0$ に注意すると，$f(x)$ の増減は下表に従う。

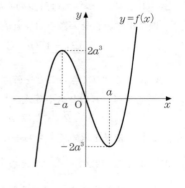

x	$\cdots$	$-a$	$\cdots$	a	$\cdots$
$f'(x)$	+	0	−	0	+
$f(x)$	↗		↘		↗

　よって，$x\geqq1$ で $f(x)$ が単調に増加するための，a についての条件は，
$$0<a\leqq1$$
である。

(2)　方程式 $f(x)=b$ の実数解は，

xy 平面上において，曲線 $y=f(x)$ と直線 $y=b$ の共有点の x 座標

……（＊）

として捉えることができる。

そこで，曲線 $y=f(x)$ と直線 $y=b$ を考察すると，

　　$0<a\leqq1$ のときは，(1)より $f(x)$ は $x\geqq1$ で単調に増加し，"$f(x)=b$ か
　　つ $x>1$" をみたす相異なる解が2個存在することはないから，条件2に
　　反する。

よって，2条件をみたすためには

　　$a>1$　　　　　　　　　　　　　　　　　　　　　　……①

が必要である。

さらに，①のもとで条件1と条件2を
みたすための条件は，右図を参照すると，

　　$1<\beta<a$

となること，すなわち，

　　$f(a)<b<f(1)$

より，

　　$-2a^3<b<1-3a^2$　　……②

となることである。

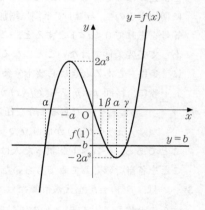

結局，与えられた2条件をみたす点
$(a,\ b)$ の動きうる範囲は，

　　① かつ ②

をみたす点 $(a,\ b)$ 全体であり，これを ab 平面上に図示すればよい。

　　ここで，境界線となる2曲線 $b=-2a^3$ と $b=1-3a^2$ とは，2式から b を消去
すると，

　　$-2a^3=1-3a^2$

より，

　　$(2a+1)(a-1)^2=0$

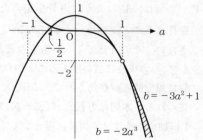

を得るので，$a=-\dfrac{1}{2}$ と $a=1$ なる2点を共

有し，特に点 $(1,\ -2)$ において接している。

　　したがって，求める範囲は，右図斜線部
のようになる。ただし，境界線上の点はす
べて除く。

解説

1° 数学Ⅱの微積分の問題は東大文科において頻出であり，本問は微分法だけの問題でやや易しい問題である。しっかり完答したいところであるが，第3問に配置されている点や，最終結果の図示において境界線の2曲線が接していることに注意すべき点など，失点しやすい要素を含んでいる。本問のような誰もが手を付けやすい問題ほど，丁寧な記述を心掛け，細かいところにも注意を払って仕上げることが大事になる。数学が苦手な受験生でも本問程度をクリアできるだけの学力を最低限度の目標としておきたい。

2° (1)は，微分法により導関数の符号を調べ，増減表を作成しようとすればよいことに迷いはないだろう。$a>0$ のもとでは，増減表から $x≧a$ において $f(x)$ は単調に増加するので，$x≧1$ で単調に増加するための条件は $0<a≦1$ となる。このとき，等号を忘れて $0<a<1$ とすると，これは $x≧1$ で単調に増加するための十分条件であって必要条件ではないことになる。問題文では「a についての条件」とあり，単に「条件」とあるときは必要十分条件を意味することに注意しよう。

　　一般に，区間 $x≧p$ で関数 $f(x)$ が単調に増加することの定義は，

　　　　$p≦x_1<x_2$ であるような任意の x_1，x_2 に対して，

　　　　$f(x_1)<f(x_2)$ が成り立つ

ことである。$0<a<1$ と誤った人は，$a=1$ のときもこの定義に当てはまっていることを各自で確認してみてもらいたい。

3° (2)は，$f(x)=b$ を代数計算だけで解くことはできないので，当然グラフを考察することになる。$f(x)=b$ の実数解を，**解** **答** の（＊）として捉えることの理解は大丈夫であろうが，答案上にも（＊）をきちんと述べておきたい。(1)で $f(x)$ の増減を調査済みなので，$y=f(x)$ と $y=b$ のグラフを考察するのが自然であり，方程式を $f(x)-b=0$ と変形して $y=f(x)-b$ と $y=0$（x 軸）のグラフを考察するのは，誤りではないが迂遠である。

4° (2)では，3°のように方針を定めたうえで，まず必要条件として **解** **答** の①を押えることが初めの一歩である。(1)が間接的なヒントになっていることを見抜きたい。そのうえで $1<β<a$ となることが必要十分であり，これをグラフを参照して②のように言い換えることが(2)における最大のポイントである。第1問と同様に視覚的考察が効くのであるが，このような処理は，検定教科書の章末問題でも見られる。本問は方程式 $f(x)=b$ にパラメタが a と b の2つ含まれること，条件1に加えて条件2も同時に考えなくてはならないこと，の2点においてほんの少し

の応用力の有無を試しているのである。パターンを覚えて当てはめようとするのではなく，つねに問題に即して考える姿勢を忘れないようにしよう。

5° 最後の図示にも注意を要する。ab 平面上に 2 曲線 $b=-2a^3$ と $b=1-3a^2$ を描くことになるが，2 つ以上の曲線を同一平面上に描く場合は，それらの位置関係がどうなっているのか，すなわち，上下左右の関係や接点交点の有無等を，計算によって確かめておくべきである。$\boxed{解}$ $\boxed{答}$ のように b を消去して得られる a の 3 次方程式 $(2a+1)(a-1)^2=0$ が実数の単解 $a=-\dfrac{1}{2}$ と重解 $a=1$ をもつので，2 曲線は 1 点で交わり，もう 1 点で接することがわかる。2 曲線が接することについては，検定教科書にその定義が記されていないが，本問のように多項式で表される関数の場合には，重解をもつことが接することを意味することは，受験生にとって常識といえよう。一般には，

> 2 曲線 C と D が接するとは，
>　C と D が共有点をもち，かつ，共有点のうちの
>　一つで，C と D の接線が一致する
> ことである。

というのが接することの定義である。多項式で表される関数の場合，この定義に基づいて重解条件で接することが捉えられることについては，微分法を基礎とする議論が必要になる。2016 年度の東大文科第 3 問の $\boxed{解説}$ **2°** を参照してもらいたい。

第 4 問

$\boxed{解}$ $\boxed{答}$

(1)　Q(x, y) とおく。

　　点 P は C 上を動くので，

　　　　P(p, p^2)

　　とおくことができて，p は

　　　　$-1\leqq p\leqq 1$　　　　　　　　　　　　　　……①

　　を変化する。このとき，

　　　　$\overrightarrow{OQ}=2\overrightarrow{OP}$

　　より，

$$\begin{cases} x = 2p & \cdots\cdots ② \\ y = 2p^2 & \cdots\cdots ③ \end{cases}$$

であるから，求める点 Q の軌跡は，

　　　　「① かつ ② かつ ③ をみたす p が存在する」　　　　　　$\cdots\cdots$Ⓐ

ような点 $(x,\ y)$ 全体の集合である。

　② より，

$$p = \frac{x}{2} \qquad\qquad\qquad\qquad\qquad \cdots\cdots②'$$

となるので，②′ を ① と ③ に代入して p を消去し，

　　　Ⓐ $\iff$ $y = 2\left(\dfrac{x}{2}\right)^2$ かつ $-1 \leqq \dfrac{x}{2} \leqq 1$

　　　　　$\iff$ $y = \dfrac{1}{2}x^2$ かつ $-2 \leqq x \leqq 2$

である。すなわち，点 Q の軌跡は，

　　　　「**放物線 $y = \dfrac{1}{2}x^2$ のうち，$-2 \leqq x \leqq 2$ をみたす部分**」

であり，これを D と名付けておく。

(2)　点 R を固定すると，点 P が C 上を動くとき，

　　　　$\overrightarrow{\mathrm{OS}} = \overrightarrow{\mathrm{OQ}} + \overrightarrow{\mathrm{OR}}$

により，点 S は D を $\overrightarrow{\mathrm{OR}}$ だけ平行移動した放物線の一部を描く。

　　よって，点 R が線分 OA 上を動くとき，点 S が動く領域は，

　　　　　「D を x 軸方向に 1 だけ平行移動するときの D の通過する範囲」$\cdots\cdots$④

である。

　　④ を図示すると，下図斜線部のようになる。ただし，境界線上の点をすべて含み，
図に記入した点は，問題文で定義された A(1, 0) 以外は B(−2, 2)，D(−1, 2)，

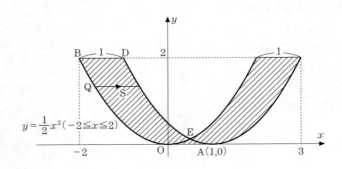

$E\left(\dfrac{1}{2}, \dfrac{1}{8}\right)$ である。

したがって，求める面積を T とすると，直線 $x=\dfrac{1}{2}$ に関する対称性があることに注意し，

$$T = 2\cdot\left\{\left(\begin{array}{c}\text{の面積}\end{array}\right) - \left(\begin{array}{c}\text{の面積}\end{array}\right)\right\}$$

$$= 2\cdot(\text{2辺の長さが2と1の長方形の面積}) - 2\int_0^{\frac{1}{2}}\frac{1}{2}x^2dx$$

$$= 2\cdot2\cdot1 - \left[\frac{1}{3}x^3\right]_0^{\frac{1}{2}}$$

$$= 4 - \frac{1}{24}$$

$$= \boldsymbol{\frac{95}{24}}$$

である。

解説

1°　独立に動く2動点を用いて，ベクトルで規定される点の軌跡や面積を求める問題で，第3問と同様に東大文科としては取り組みやすい平易な問題である。東大では本問のように問題文にベクトルが現れているものは珍しいが，複数の動点を扱う問題は頻出である。2017年度第2問にも複数の動点に対しベクトルで議論するとよい問題が出題されており，2017年度の問題をじっくり研究してあれば，本問も考えやすかったのではないだろうか。最後の面積計算で若干戸惑うかもしれないが，しっかり完答したい問題である。

2°　(1)の $\overrightarrow{\mathrm{OQ}}=2\overrightarrow{\mathrm{OP}}$ は，「点Oを相似の中心として点Pの描く図形を2倍に相似拡大した図形が点Qの描く図形である」ことを意味している。したがって，点Qの軌跡は放物線の一部 C を原点を相似の中心として2倍に相似拡大した放物線の一部であることがわかる。ただし，具体的に軌跡を表す式を求めるには計算を要する。まずは軌跡を求めようとする動点Qの座標を (x, y) などと文字でおくことが第一歩である。その後は 解 答 のように点Pを (p, p^2) $(-1\leqq p\leqq1)$ とパラメ

タ表示して x, y と p の関係を導いて p を消去する，あるいは P を (X, Y) とおき，x, y と X, Y の関係を導いて $Y = X^2$ $(-1 \leqq X \leqq 1)$ とから X, Y を消去する，という方針で処理すればよい．特に難しいところはないだろう．

3° (2)は，点 P と点 R が独立に動くことに注意すれば，(1)を利用して，まず点 P のみを動かし，ついで点 R を動かそうとする方針が立つであろう．(1)を利用せずに解決することも可能ではあるが，やはり(1)を利用する方向で考えるのが自然であり実戦的である．そうすると，(1)の結果を $\overrightarrow{OR}$ だけ平行移動すればよく，点 R が長さ 1 の x 軸上の線分 OA 上を動くことから，(1)の結果を x 軸方向に 1 だけ平行移動するときの通過範囲が求める領域であるとわかる．このように，ベクトルの式を読み取ることが本問のポイントである．

4° 図示した後の面積計算はいくつかの方法があるが，図形全体が直線 $x = \dfrac{1}{2}$ に関して対称であることを利用することを考えたい．

解 答 の 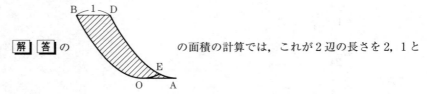 の面積の計算では，これが 2 辺の長さを 2, 1 と

する長方形の面積に等しいことを用いている．これは y 軸に垂直な直線による切り口の長さがつねに 1 であることからわかる．いわゆるカヴァリエリの原理によるものである．カヴァリエリの原理とは，本問に即して言えば，ある軸に垂直な直線による切り口の長さがつねに等しい 2 つの図形は，その面積も等しい，というものである．カヴァリエリの原理に依らずとも，B, D から x 軸への垂線の足を B′, D′ とすれば，

(長方形 BB′D′D) ＋ (図形 DD′A) － (図形 BB′O) ＝ (長方形 BB′D′D)

である（図形 DD′A と図形 BB′O は合同である）ことから，やはり 2 辺の長さを 2, 1 とする長方形の面積に等しいことがわかる．解 答 の方法以外にも面積の計算の仕方はいくつか考えられる．各自で，なるべく能率がよいのはどの方法か，を考察してみるとよい．

第 1 問

解 答

実数 s, t が

$$s>0 \quad \text{かつ} \quad 0<t<1 \qquad \cdots\cdots ①$$

を満たすことに注意すると，放物線

$A：y=s(x-1)^2$ と x 軸および y 軸で囲まれる領
域の面積 P は，

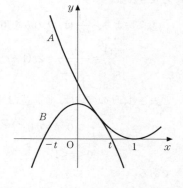

$$P=\int_0^1 s(x-1)^2 dx$$

$$=\left[\frac{1}{3}s(x-1)^3\right]_0^1$$

$$=\frac{1}{3}s$$

となり，放物線 $B：y=-x^2+t^2$ の $x\geqq0$ の部分と x 軸および y 軸で囲まれる領域の
面積 Q は，

$$Q=\int_0^t(-x^2+t^2)\,dx=\left[-\frac{1}{3}x^3+t^2x\right]_0^t=\frac{2}{3}t^3$$

となるから，$\dfrac{Q}{P}$ は，s, t を用いて，

$$\frac{Q}{P}=\frac{\frac{2}{3}t^3}{\frac{1}{3}s}=\frac{2t^3}{s} \qquad \cdots\cdots②$$

と表される。

さて，A と B がただ 1 点を共有するのは，A と B の方程式から y を消去して得ら
れる x についての方程式

$$s(x-1)^2=-x^2+t^2$$

すなわち，

$$(s+1)x^2-2sx+s-t^2=0 \qquad \cdots\cdots③$$

がただ 1 つの実数解をもつときである。①より，③は 2 次方程式であるから，その
条件は，③の判別式 D を考えて，

$$\frac{D}{4}=s^2-(s+1)(s-t^2)=0 \qquad \cdots\cdots④$$

$$\therefore \quad -(1-t^2)s+t^2=0$$

であり，①に注意すると，sはtを用いて，

$$s=\frac{t^2}{1-t^2} \qquad \cdots\cdots⑤$$

と表される。

②，⑤より，$\dfrac{Q}{P}$は，tのみを用いて，

$$\frac{Q}{P}=\frac{2t^3}{\dfrac{t^2}{1-t^2}}=2t(1-t^2)=2(t-t^3) \qquad \cdots\cdots⑥$$

と表され，tの変域は，①，⑤より，

$$\frac{t^2}{1-t^2}>0 \ \ かつ \ 0<t<1$$

$$\therefore \quad 0<t<1 \qquad \cdots\cdots⑦$$

である。

よって，⑦における⑥の最大値を求めればよい。

⑥の右辺を$f(t)$とおくと，

$$f'(t)=2(1-3t^2)$$

より，⑦における$f(t)$の増減は右のようになるから，求める最大値は，

t	(0)		$\dfrac{1}{\sqrt{3}}$		(1)
$f'(t)$		$+$	0	$-$	
$f(t)$		↗	$\dfrac{4}{3\sqrt{3}}$	↘	

$$\boldsymbol{\frac{4}{3\sqrt{3}}}$$

である。

解説

1° $\dfrac{Q}{P}$が2変数s，tを用いて②のように表されることは問題ないだろう。

2° 本問の核心部分は，AとBがただ1点を共有することから，2変数s，tの間に等式の関係式④が成り立ち，それを用いることにより，$\dfrac{Q}{P}$が1変数で表されることにある。その際，上の **解** **答** のように，sをtを用いて表して，$\dfrac{Q}{P}$をtのみを用いて表すと，tについての3次関数⑥が得られるが，④のあと，

$$t^2 = \frac{s}{s+1} \qquad \therefore \quad t = \sqrt{\frac{s}{s+1}}$$

として，$\dfrac{Q}{P}$ を s のみを用いて表すと，

$$\frac{Q}{P} = \frac{2\left(\sqrt{\dfrac{s}{s+1}}\right)^3}{s} = 2\sqrt{\frac{s}{(s+1)^3}}$$

となってしまい，このあとの処理が（数学Ⅲを学んでいない）文系の受験生にとっては辛くなってしまう。

3° なお，変数 t の変域であるが，① から直ちに

$$0 < t < 1 \qquad\qquad\qquad \cdots\cdots\text{⑧}$$

とはできないことに注意しよう。s, t の間に関係式 ⑤ が成り立つから，t の変域は ⑧ より狭くなってしまうかもしれないのである。

第 2 問

解 答

2 直線 AB，CD の交点を O とすると，六角形 ABCDEF が 1 辺の長さが 1 の正六角形であることから，三角形 OBC は 1 辺の長さが 1 の正三角形である。

点 P が辺 AB 上を，点 Q が辺 CD 上をそれぞれ独立に動くとき，

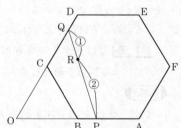

$$\overrightarrow{OP} = \overrightarrow{OB} + s\overrightarrow{BA}$$
$$= (1+s)\overrightarrow{OB} \quad (0 \leqq s \leqq 1)$$
$$\overrightarrow{OQ} = \overrightarrow{OC} + t\overrightarrow{CD}$$
$$= (1+t)\overrightarrow{OC} \quad (0 \leqq t \leqq 1)$$

とおくことができ，線分 PQ を 2：1 に内分する点 R に対して，

$$\overrightarrow{OR} = \frac{\overrightarrow{OP} + 2\overrightarrow{OQ}}{3} = \frac{(1+s)\overrightarrow{OB} + 2(1+t)\overrightarrow{OC}}{3}$$

$$= s\left(\frac{1}{3}\overrightarrow{OB}\right) + t\left(\frac{2}{3}\overrightarrow{OC}\right) + \frac{\overrightarrow{OB} + 2\overrightarrow{OC}}{3}$$

となる。よって，

$$\overrightarrow{OX} = s\left(\frac{1}{3}\overrightarrow{OB}\right) + t\left(\frac{2}{3}\overrightarrow{OC}\right), \quad \overrightarrow{OG} = \frac{\overrightarrow{OB} + 2\overrightarrow{OC}}{3}$$

とおくと，点 R は点 X をベクトル $\overrightarrow{OG}$ だけ平行移動した点であり，点 R が通りうる範囲の面積は点 X が通りうる範囲の面積に等しい。

したがって，$0 \le s \le 1$, $0 \le t \le 1$ に注意すると，2 つのベクトル $\frac{1}{3}\overrightarrow{OB}$, $\frac{2}{3}\overrightarrow{OC}$ によって張られる平行四辺形の面積を求めればよく，$\frac{1}{3}\overrightarrow{OB}$, $\frac{2}{3}\overrightarrow{OC}$ の長さがそれぞれ $\frac{1}{3}$, $\frac{2}{3}$ であること，および，なす角が $\frac{\pi}{3}$ であることに注意すると，求める面積は，

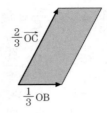

$$\frac{1}{3} \cdot \frac{2}{3} \sin \frac{\pi}{3} = \frac{1}{3} \cdot \frac{2}{3} \cdot \frac{\sqrt{3}}{2} = \frac{\sqrt{3}}{9}$$

である。

解説

1°　2017 年度の問題の中で，最も取っつきが悪く，最も差がついた問題である。

2°　いろいろな方針が考えられる。

解 **答** ではベクトルを利用したが，その他の方針による別解を紹介しよう。

別解 1

まず，点 Q を辺 CD 上に固定して点 P を辺 AB 上で動かしたとき，線分 PQ を 2：1 に内分する点 R が通りうる範囲を考える。

QR：QP＝1：3 より，点 R は，点 Q を中心に線分 AB を $\frac{1}{3}$ 倍に拡大した線分 UV を描く。ここで，点 U は線分 AQ を 2：1 に内分する点，点 V は線分 BQ を 2：1 に内分する点である。

次に，点 Q を辺 CD 上で動かしたとき，線分 UV が通りうる範囲を考える。

AU：AQ＝2：3 より，点 U は，点 A を中心に線分 CD を $\frac{2}{3}$ 倍に拡大した線分 GH を描く。

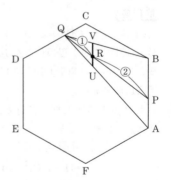

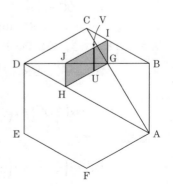

また，BV：BQ＝2：3 より，点 V は，点 B を中心に線分 CD を $\frac{2}{3}$ 倍に拡大した

線分 IJ を描く。ここで，点 G は線分 AC を 2：1 に内分する点，点 H は線分 AD を 2：1 に内分する点，点 I は線分 BC を 2：1 に内分する点，点 J は線分 BD を 2：1 に内分する点であり，2 つの線分 GI と HJ は辺 AB と平行，2 つの線分 GH と IJ は辺 CD と平行である。

よって，線分 UV が通りうる範囲は，平行四辺形 GHJI の周および内部であり，これが，点 R が通りうる範囲である。

線分 GI の長さは $\frac{1}{3}$AB＝$\frac{1}{3}$，線分 IJ の長さは $\frac{2}{3}$CD＝$\frac{2}{3}$，∠GIJ は AB と CD

のなす角 $\frac{\pi}{3}$ であるから，平行四辺形 GHJI の面積，すなわち，求める面積は，

$$\frac{1}{3} \cdot \frac{2}{3} \sin \frac{\pi}{3} = \frac{1}{3} \cdot \frac{2}{3} \cdot \frac{\sqrt{3}}{2} = \frac{\sqrt{3}}{9}$$

である。

別解 2

xy 座標軸を，1 辺の長さが 1 の正六角形 ABCDEF の頂点 A，B，C，D の座標が，それぞれ

$$A\left(\frac{\sqrt{3}}{2},\ -\frac{1}{2}\right),\ B\left(\frac{\sqrt{3}}{2},\ \frac{1}{2}\right),$$

$$C(0,\ 1),\ D\left(-\frac{\sqrt{3}}{2},\ \frac{1}{2}\right)$$

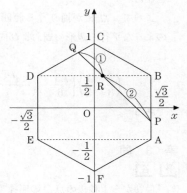

となるようにとると，辺 AB 上の点 P，辺 CD 上の点 Q の座標は，それぞれ

$$P\left(\frac{\sqrt{3}}{2},\ p\right)\ \left(-\frac{1}{2} \leqq p \leqq \frac{1}{2}\ \ \cdots\cdots①\right)$$

$$Q\left(q,\ \frac{\sqrt{3}}{3}q+1\right)\ \left(-\frac{\sqrt{3}}{2} \leqq q \leqq 0\ \ \cdots\cdots②\right)$$

とおくことができ，線分 PQ を 2：1 に内分する点 R の座標を R$(x,\ y)$ とおくと，

$$x = \frac{1 \cdot \frac{\sqrt{3}}{2} + 2q}{3}\ \ \cdots\cdots③,\ \ y = \frac{1 \cdot p + 2\left(\frac{\sqrt{3}}{3}q+1\right)}{3}\ \ \cdots\cdots④$$

となる。

　点Rが通りうる範囲は，①，②，③，④をすべて満たす実数 p, q が存在するような点 (x, y) の全体である。

　③，④より，

$$2q=3x-\frac{\sqrt{3}}{2}，p+\frac{2\sqrt{3}}{3}q=3y-2$$

となるから，p, q は，x, y を用いて，

$$p=-\sqrt{3}\,x+3y-\frac{3}{2}　\cdots\cdots ⑤，q=\frac{3}{2}x-\frac{\sqrt{3}}{4}　\cdots\cdots ⑥$$

と表される。よって，①，②，③，④をすべて満たす実数 p, q が存在するのは，⑤，⑥が①，②を満たすときであり，

$$-\frac{1}{2}\leqq -\sqrt{3}\,x+3y-\frac{3}{2}\leqq \frac{1}{2}　かつ　-\frac{\sqrt{3}}{2}\leqq \frac{3}{2}x-\frac{\sqrt{3}}{4}\leqq 0$$

$$\therefore\quad \frac{\sqrt{3}}{3}x+\frac{1}{3}\leqq y\leqq \frac{\sqrt{3}}{3}x+\frac{2}{3}　かつ　-\frac{\sqrt{3}}{6}\leqq x\leqq \frac{\sqrt{3}}{6}$$

となる。

　よって，点Rが通りうる範囲は，右図の網目部分のような平行四辺形の周および内部であり，その面積は，

$$\left(\frac{2}{3}-\frac{1}{3}\right)\left\{\frac{\sqrt{3}}{6}-\left(-\frac{\sqrt{3}}{6}\right)\right\}=\frac{\sqrt{3}}{9}$$

である。

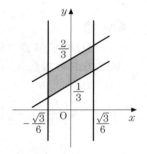

第 3 問

解 答

(1)　最初から1秒後の点Pの座標 (s, t) は，

$$(1, 0), (0, 1), (-1, 0), (0, -1)$$

のいずれかであり，それらが起こる確率はそれぞれ $\frac{1}{4}$ である。

　このうち，$t-s=-1$ となるのは，

$$(1, 0), (0, -1)$$

のときであるから，求める確率は，

$$2\cdot\frac{1}{4}=\frac{1}{2}$$

である。

(2)　点 P の座標 (x, y) に対して

$$u = y - x$$

とおくと，点 P が，格子点 (m, n) から格子点 $(m, n+1)$，$(m-1, n)$ のいずれかに動いた場合，u の値は 1 だけ増加し，格子点 (m, n) から格子点 $(m+1, n)$，$(m, n-1)$ のいずれかに動いた場合，u の値は 1 だけ減少する。

したがって，

u の値は，1 秒毎に，確率 $\dfrac{1}{2}$ で 1 だけ増加し，確率 $\dfrac{1}{2}$ で 1 だけ減少

する。

はじめ原点 O にある（このとき，$u=0$ である）とき，6 秒後に直線 $y=x$ 上にある（このときも，$u=0$ である）のは，

u が 1 だけ増加することが 3 回，1 だけ減少することが 3 回起こる場合

であるから，求める確率は，

$${}_6\mathrm{C}_3 \left(\dfrac{1}{2}\right)^3 \left(\dfrac{1}{2}\right)^3 = \boldsymbol{\dfrac{5}{16}}$$

である。

解説

1°　(1)は非常に簡単な設問であるが，(2)のための絶妙な誘導になっている。

1 回の移動によって，（点 P の y 座標）−（点 P の x 座標）の値が ± 1 だけ変化することに着目すると，(2)があっという間に解決してしまうのである。

2°　とはいえ，(1)の誘導を利用できなくても，(2)を解決することは容易である。例えば，次のようにすればよい。

【(2)の 別解 】

最初から 6 秒後までの 6 回の移動のうち，

x 座標が 1 だけ増加する移動が a 回，x 座標が 1 だけ減少する移動が b 回

y 座標が 1 だけ増加する移動が c 回，y 座標が 1 だけ減少する移動が d 回

であるとすると，a, b, c, d は，

$$a+b+c+d=6 \qquad\qquad \cdots\cdots ①$$

を満たす 0 以上の整数であり，6 秒後の点 P の座標は $(a-b, c-d)$ であるから，それが直線 $y=x$ 上にある条件は，

$$c-d=a-b \quad \therefore\quad a+d=b+c \qquad\qquad \cdots\cdots ②$$

である。

① より，② の両辺の値は 3 であるから，a, d の組 (a, d) は，

$$(0, 3), (1, 2), (2, 1), (3, 0)$$

のいずれかであり，組 (b, c) も同様である。

a, b, c, d が $a < d$ かつ $b < c$ を満たすとき，点 P の移動の仕方は，

$(a, d) = (0, 3)$ かつ $(b, c) = (0, 3)$ の場合が，$\dfrac{6!}{0!3!0!3!} = 20$（通り）

$(a, d) = (0, 3)$ かつ $(b, c) = (1, 2)$ の場合が，$\dfrac{6!}{0!3!1!2!} = 60$（通り）

$(a, d) = (1, 2)$ かつ $(b, c) = (0, 3)$ の場合が，上と同様，60（通り）

$(a, d) = (1, 2)$ かつ $(b, c) = (1, 2)$ の場合が，$\dfrac{6!}{1!2!1!2!} = 180$（通り）

であり，$a < d$ かつ $b > c$, $a > d$ かつ $b < c$, $a > d$ かつ $b > c$ のときもそれぞれ同様である。

よって，求める確率は，

$$4(20 + 60 + 60 + 180) \cdot \left(\dfrac{1}{4}\right)^6 = \dfrac{4(20 + 60 + 60 + 180)}{4^6}$$

$$= \dfrac{5}{16}$$

である。

第 4 問

解 答

$q = -\dfrac{1}{p}$ とおくと

$$pq = -1$$

$$q = -\dfrac{1}{2 + \sqrt{5}} = 2 - \sqrt{5}$$

であり，a_n（$n = 1, 2, 3, \cdots\cdots$）は，

$$a_n = p^n + q^n \qquad\qquad\qquad \cdots\cdots①$$

と表される。

(1) a_1, a_2 の値は，

$$\boldsymbol{a_1} = p + q = (2 + \sqrt{5}) + (2 - \sqrt{5}) = \boldsymbol{4} \qquad\qquad \cdots\cdots②$$

$$\boldsymbol{a_2} = p^2 + q^2 = (p + q)^2 - 2pq = 4^2 - 2 \cdot (-1) = \boldsymbol{18}$$

である。

(2) ① を用いると，

$$a_1 a_n = (p+q)(p^n + q^n) = p^{n+1} + q^{n+1} + pq(p^{n-1} + q^{n-1})$$
$$= p^{n+1} + q^{n+1} - (p^{n-1} + q^{n-1})$$

となるから，$n \geqq 2$ のとき，積 $a_1 a_n$ は，a_{n+1} と a_{n-1} を用いて，

$$\boldsymbol{a_1 a_n = a_{n+1} - a_{n-1}} \qquad \cdots\cdots ③$$

と表される。

(3) ②，③ より，$n \geqq 2$ に対して，

$$4a_n = a_{n+1} - a_{n-1} \qquad \therefore \quad a_{n+1} = 4a_n + a_{n-1} \qquad \cdots\cdots ④$$

が成り立つ。このことに注意して，a_n が自然数であることを，数学的帰納法を用いて証明する。

(I) (1) より，a_1，a_2 はともに自然数である。

(II) a_{n-1}，a_n がともに自然数であるとすると，④ より，a_{n+1} も自然数である。

　(I)，(II) より，すべての自然数 n に対して，a_n は自然数である。

(4) やはり，数学的帰納法を用いて，a_{n+1} と a_n の最大公約数が 2 であることを証明する。

(I) (1) より，

$$a_1 = 4 = 2^2, \quad a_2 = 18 = 2 \cdot 3^2$$

であるから，a_2 と a_1 の最大公約数は 2 である。

(II) a_n と a_{n-1} の最大公約数が 2 であるとする。

$$a_n = 2k, \quad a_{n-1} = 2l \quad (k \text{ と } l \text{ は互いに素な自然数})$$

とおくと，④ より，

$$a_{n+1} = 2(4k + l)$$

となるから，a_{n+1} と a_n の最大公約数が 2 であることを示すには，2 つの自然数 $4k + l$ と k が互いに素であることを示せばよい。

　$4k + l$ と k の正の公約数を d とすると，

$$l = (4k + l) - 4k$$

より d は l の約数でもあり，d は k と l の正の公約数になるから，k と l が互いに素であることより，$d = 1$ となり，$4k + l$ と k は互いに素である。

　よって，a_{n+1} と a_n の最大公約数は 2 となる。

　以上から，求める最大公約数は，

$$\boldsymbol{2}$$

である。

解説

1°　誘導にのっていけば，(3)までは何とかなるだろうし，(4)も結果は予想できるだろう。

2°　問題文では $a_n = p^n + \left(-\dfrac{1}{p}\right)^n$ と表されているが，$q = -\dfrac{1}{p}$ とおいて，①のように表しておくと，見通しがよい。

3°　(2)では，上の 解 答 のように，$a_1 = p + q$ と $a_n = p^n + q^n$ の積を，$pq = -1$ を用いて整理すればよいが，(1)の結果を用いて，

$$a_1 a_n = 4(p^n + q^n)$$

としてしまうと，少々解きにくくなる。このようにしてしまった場合には，a_{n+1}，a_{n-1} を p^n，q^n を用いて，

$$a_{n+1} = p^{n+1} + q^{n+1} = pp^n + qq^n = (2+\sqrt{5})\,p^n + (2-\sqrt{5})\,q^n$$

$$a_{n-1} = p^{n-1} + q^{n-1} = \frac{1}{p}p^n + \frac{1}{q}q^n = -(2-\sqrt{5})\,p^n - (2+\sqrt{5})\,q^n$$

と表して，

$$a_1 a_n = 4(p^n + q^n) = a_{n+1} - a_{n-1}$$

とすればよい。

　一般に，

$$a_n = Ap^n + Bq^n \quad (n=1,\ 2,\ 3,\ \cdots\cdots) \qquad\qquad \cdots\cdots ⑤$$
$$(A,\ B,\ p,\ q\ は定数)$$

が，漸化式

$$a_{n+2} = (p+q)a_{n+1} - pqa_n \quad (n=1,\ 2,\ 3,\ \cdots\cdots) \qquad\qquad \cdots\cdots ⑥$$

を満たすことは，よく知られている（⑤を⑥の右辺に代入して計算し，⑥の左辺と一致することを確かめてみよ）が，本問は，このことを知らなくても解けるような形で出題されているのである。

4°　(1)，(2)によって，数列 $\{a_n\}$ が満たす漸化式④が得られるから，(3)，(4)は（(4)は結果を予想した上で），数学的帰納法を用いて解決するのが自然だろう。

5°　(3)は，(1)，(2)を用いずに，

$$a_n = p^n + q^n = (2+\sqrt{5})^n + (2-\sqrt{5})^n$$

の右辺の各項を二項定理で展開することによって証明することもできる。

6°　一般に，次のことが成り立つ。

　『自然数 a，b，c，d が

$$a = bc + d$$

を満たすとき，

　　　　$(a$ と c の最大公約数$) = (c$ と d の最大公約数$)$

である。』　　　　　　　　　　　　　　　　　　　　　　　　　　　　　　　……（＊）

　このことは，ユークリッドの互除法の証明と同様にして証明できる。各自証明してみよ。

　（＊）を用いると，④ より，$n \geqq 2$ のとき，

　　　　$(a_{n+1}$ と a_n の最大公約数$) = (a_n$ と a_{n-1} の最大公約数$)$

となるから，a_{n+1} と a_n の最大公約数は n によらず一定であり，

　　　　$(a_{n+1}$ と a_n の最大公約数$) = (a_2$ と a_1 の最大公約数$) = 2$

が得られることになるが，この問題では，（＊）の事実を証明なしに用いるのは遠慮する方がよいだろう。

第 1 問

解 答

3点 P，Q，R が鋭角三角形の3頂点をなすための条件は，

　　　3点 P，Q，R が三角形の頂点となり，かつ，

　　　∠RPQ が鋭角 かつ ∠PQR が鋭角 かつ ∠QRP が鋭角

すなわち，

$$\overrightarrow{PR}\cdot\overrightarrow{PQ}>0 \text{ かつ } \overrightarrow{QP}\cdot\overrightarrow{QR}>0 \text{ かつ } \overrightarrow{RQ}\cdot\overrightarrow{RP}>0 \qquad \cdots\cdots(*)$$

が成り立つことである。

(このとき (*) には，P，Q，R が三角形の3頂点となる条件も含まれる。なぜなら，P，Q，R の中に同一の点があるとすると (*) に現れるベクトルのうち少なくとも一つがゼロベクトルとなり (*) が成立しないし，P，Q，R が一つの直線上にあるとしてもやはり (*) が成立しないからである。)

ここで，P(x, y)，Q$(-x, -y)$，R$(1, 0)$ のとき，ベクトルの成分を縦に書くと，

$$(*) \iff \begin{pmatrix} 1-x \\ -y \end{pmatrix}\cdot\begin{pmatrix} -2x \\ -2y \end{pmatrix}>0 \text{ かつ } \begin{pmatrix} 2x \\ 2y \end{pmatrix}\cdot\begin{pmatrix} 1+x \\ y \end{pmatrix}>0$$

$$\text{かつ } \begin{pmatrix} -x-1 \\ -y \end{pmatrix}\cdot\begin{pmatrix} x-1 \\ y \end{pmatrix}>0$$

$$\iff (1-x)(-2x)+2y^2>0 \text{ かつ } 2x(1+x)+2y^2>0$$

$$\text{かつ } (-x-1)(x-1)-y^2>0$$

$$\iff x^2-x+y^2>0 \text{ かつ } x^2+x+y^2>0$$

$$\text{かつ } x^2-1+y^2<0$$

であり，これを整理して，求める条件は，

$$\left(x-\frac{1}{2}\right)^2+y^2>\frac{1}{4}$$

$$\text{かつ } \left(x+\frac{1}{2}\right)^2+y^2>\frac{1}{4}$$

$$\text{かつ } x^2+y^2<1$$

である。

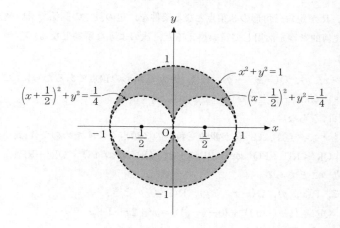

また，これをみたす点 P$(x,\ y)$ の範囲を図示すると，**図の網目部分**のようになる。ただし，**境界線上の点はすべて除く。**

解説

1°　方針さえ定めてしまえば単なる計算問題になるが，誘導設問等がなく，解決に要する時間で差がつきやすい問題である。25 分程度以内での完答を目標にしたい。図形と座標を素材としており，東大文科では頻出分野の問題といえる。

2°　ポイントは 3 点 P，Q，R が鋭角三角形の 3 頂点をなすための，P，Q，R に関する必要十分条件を問題文で与えられた x，y で定式化しやすいように正しく捉えることである。そうすれば後はそれを x，y で書き直し，図示するだけである。

　鋭角三角形とは 3 つの頂角がすべて鋭角である三角形のことであり，このことを x，y で定式化しやすいように P，Q，R で言い換えるには，幾何的考察を活用する，ベクトルの内積を利用する，あるいは辺の長さの関係を利用する等の方法が考えられる。

　 解 答 では，鋭角の条件をベクトルの内積を用いて (*) のように捉えた。座標平面上で "なす角" を具体的に捉えるには，傾きと tan による方法が第一手であるが，鋭角か直角か鈍角かを知るだけなら，ベクトルの内積が効果的である。ベクトルの始点を各頂点とすれば，内積がすべて正となることが，鋭角三角形となるためには必要十分である。(*) 以降の解答の解説は不要であろう。

3° P, Q, R が鋭角三角形の3頂点となる条件を，辺の長さの関係で言い換える，あるいは幾何的考察を活用して言い換えると，次のような解答となる。

別解1

3点 P(x, y), Q$(-x, -y)$, R$(1, 0)$ が三角形の頂点であるためには，

$$P(Q) \text{ が } x \text{ 軸上にない，すなわち，} y \neq 0 \qquad \cdots\cdots ⑦$$

でなければならない。

⑦のもとで，点 P, Q, R が鋭角三角形の3頂点をなすための条件は，

$$QR^2 < RP^2 + PQ^2 \text{ かつ } RP^2 < PQ^2 + QR^2 \text{ かつ } PQ^2 < QR^2 + RP^2 \qquad \cdots\cdots ④$$

が成り立つことである。

ここで，P(x, y), Q$(-x, -y)$, R$(1, 0)$ のとき，

$$QR^2 = \{1-(-x)\}^2 + \{0-(-y)\}^2 = x^2 + 2x + 1 + y^2$$
$$RP^2 = (x-1)^2 + (y-0)^2 = x^2 - 2x + 1 + y^2$$
$$PQ^2 = (-x-x)^2 + (-y-y)^2 = 4(x^2 + y^2)$$

であるから，これらを④に代入して整理すると，

$$④ \iff x^2 - x + y^2 > 0 \text{ かつ } x^2 + x + y^2 > 0 \text{ かつ } x^2 + y^2 < 1$$

であり，このとき，⑦はみたされる。

よって，これを整理して，結果を得る。（以下省略。）

別解2

（⑦までは **別解1** と同じ）

⑦のもとで，点 P, Q, R が鋭角三角形の3頂点をなすための条件は，

点 P から2点 Q, R を見込む角が鋭角　　　　　　　　　　$\cdots\cdots ⑦$

かつ　点 Q から2点 R, P を見込む角が鋭角　　　　　　　$\cdots\cdots ②$

かつ　点 R から2点 P, Q を見込む角が鋭角　　　　　　　$\cdots\cdots ③$

が成り立つことである。

ここで，P(x, y), Q$(-x, -y)$, R$(1, 0)$ のとき，点 P と点 Q は原点 O に関して対称で，OR$=1$ である。このことに注意すると，点 R の原点 O に関する対称点を S$(-1, 0)$ として，幾何的考察により，

$$⑦ \iff \text{点 P が直径 OR の円の外部にある}$$
$$\iff x(x-1) + y^2 > 0$$

$$② \iff \text{点 Q が直径 OR の円の外部にある}$$
$$\iff \text{点 P が直径 OS の円の外部にある}$$
$$\iff x(x+1) + y^2 > 0$$

㋑　⟺　点 R が直径 PQ の円の外部にある

　　　⟺　OP<1

　　　⟺　$x^2+y^2<1$

であり，このとき ㋐ はみたされるので，求める条件は，

$$x(x-1)+y^2>0 \ \text{かつ} \ x(x+1)+y^2>0 \ \text{かつ} \ x^2+y^2<1$$

である。（以下省略。）

4°　一般に，座標平面上の 2 点間の距離（線分の長さ）は座標だけを用いて表すことができるので，座標平面上の角度の条件はなるべく距離（長さ）の条件で言い換えると好都合である。上の **別解1** はこのような発想に基づくものであるが，その基礎となるのは，つぎの基本事項である。

> 　3 辺の長さが a, b, c である三角形が鋭角三角形となるための必要十分条件は，
> $$a^2<b^2+c^2 \ \text{かつ} \ b^2<c^2+a^2 \ \text{かつ} \ c^2<a^2+b^2$$
> が成り立つことである。

5°　もっと素朴に直接目で見て考察すると **別解2** のようになる。これは，つぎの基本事項が基礎となる。

> 　三角形 ABC とその外接円が与えられているとき，点 P を直線 AB に関して点 C と同じ側にとり，∠ACB=α とすると，
> 　　∠APB=α　⟺　点 P が円周上にある
> 　　∠APB>α　⟺　点 P が円の内部にある
> 　　∠APB<α　⟺　点 P が円の外部にある
> であり，特に
> $$\alpha=\frac{\pi}{2} \ \iff \ \text{AB は円の直径}$$
> である。

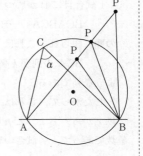

　これに加えて本問では点 P と点 Q が原点に関して対称，すなわち，P, O, Q が一直線上でかつ OP=OQ であるので，このことをフルに活用すると **別解2** のようにほとんど計算せずに解決することも可能である。もっとも，計算で機械的に解

決できる 解 答 か 別解1 の方が実戦的であろう。

第 2 問
解 答

n を 2 以上の整数とするとき，ちょうど n 試合目で A が優勝する確率を p_n とおく。

(1) ちょうど 5 試合目で A が優勝するのは，各試合で勝つチームが，

　　　　ACBAA

の順になる場合に限られるので，求める確率は，

$$p_5 = \left(\frac{1}{2}\right)^5 = \frac{1}{32}$$

である。

(2) A が優勝するのは，次の (ⅰ), (ⅱ) の場合以外にはない。

(ⅰ) 1 試合目に A が勝つ場合，各試合で勝つチームは，

　　　　ACBACB……ACBACBAA

の順に限られ，これは

　　　　ACB の列が k 個並び，最後に AA が並ぶ（$k=0, 1, 2, \cdots\cdots$）

ような列である。

　したがって，これは $n=3k+2$（$k=0, 1, 2, \cdots\cdots$）の場合に限って起こる。

(ⅱ) 1 試合目に B が勝つ場合，各試合で勝つチームは，

　　　　BCABCA……BCABCAA

の順に限られ，これは

　　　　BCA の列が k 個並び，最後に A が並ぶ（$k=1, 2, 3, \cdots\cdots$）

ような列である。

　したがって，これは $n=3k+1$（$k=1, 2, 3, \cdots\cdots$）の場合に限って起こる。

　以上から，ちょうど n（$\geqq 2$）試合目に A が優勝するような n は，3 の倍数でない整数であって，各試合の勝敗は 1 通りに定まるので，

$$p_n = \begin{cases} \left(\dfrac{1}{2}\right)^n & (\text{n が 3 の倍数でないとき}) \\ 0 & (\text{n が 3 の倍数のとき}) \end{cases}$$

である。

(3) m を正の整数とするとき，総試合数が $3m$ 回以下で A が優勝するのは，

　　　　$n=2, 3, \cdots\cdots, 3m$ に対して，ちょうど n 試合目で A の優勝が決まる

ような場合に限られ，これらは各 n について互いに排反である。

　よって，m を 2 以上の整数とするとき，求める確率は，(2)の結果により，

$$\sum_{n=2}^{3m} p_n = \sum_{k=1}^{m-1} p_{3k+1} + \sum_{k=0}^{m-1} p_{3k+2}$$

$$= \sum_{k=1}^{m-1} \frac{1}{2}\left(\frac{1}{8}\right)^k + \sum_{k=0}^{m-1} \frac{1}{4}\left(\frac{1}{8}\right)^k$$

$$= \frac{1}{16} \cdot \frac{1-\left(\frac{1}{8}\right)^{m-1}}{1-\frac{1}{8}} + \frac{1}{4} \cdot \frac{1-\left(\frac{1}{8}\right)^{m}}{1-\frac{1}{8}}$$

$$= \frac{5}{14} - \frac{6}{7}\left(\frac{1}{8}\right)^{m} \qquad\qquad \cdots\cdots(*)$$

である。

　一方，$m=1$ のとき，求める確率は，(2)の結果により，

$$\sum_{n=2}^{3} p_n = p_2 = \frac{1}{4}$$

であるが，これは(*)で $m=1$ とおいたときの値と一致する。

　以上から，求める確率は，

$$\boldsymbol{\frac{5}{14} - \frac{6}{7}\left(\frac{1}{8}\right)^{m}}$$

である。

解説

1°　大相撲などで見られる巴戦の優勝決定方式を野球チームの大会に設定した問題である。過去の他大学の問題にもよく似た問題があるし，2016 年度の慶應大学薬学部の問題とほぼ同じである。問題文に特に目新しさがあるわけでもなく，東大としてはこのような"ありふれた"出題は珍しい。それだけに文科といえどもこの問題はしっかり完答したいものであるが，受験生間で差がついたことであろう。

　ありふれているとはいえ，単なる確率の問題ではなく，等比数列の和の計算を要する点で数列との融合問題となっている。確率と数列が融合するのは東大の十八番であり，2015・2014 年度は漸化式との融合であったが，2016 年度は $\sum$ 計算との融合であった。しっかり対策しておきたいタイプの問題である。

2°　まずは，対戦チームと勝ちチームの推移の様子を実直に樹形状に描いてみるとよい。(1)は実験してみよ，という出題者からのメッセージであり，仮に(1)の設問が

なくても，自分で(1)に相当する考察を行ってみることが解決へのカギである。実際，描きだしてみると次図のようになる。

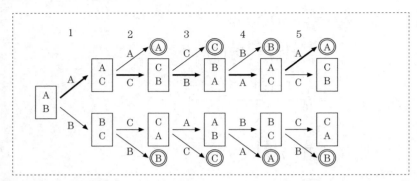

　図の番号は試合数を表し，枝（矢印）の部分に記入した英文字が勝ちチーム，◎の囲みは決定した優勝チームを表す。そうすると，ちょうど5試合目でAが優勝するのは，図の太線部をたどる場合に限られることがわかる。すなわち勝敗の推移が1通りに定まる。1通りに定まることは，試合が続く限り勝ちチームは直前の試合で待機していたチームである（そうでなければ2連勝で優勝が決まってしまう！）ことからも当然である。実験から，このような分析をすることが(1)のポイントである。

3°　上図をさらによく観察してみると，優勝チームは，第1試合の勝ちチームがAかBかによって，試合数に応じて1つに決まることがわかる。実際，（試合数，優勝チーム）のように表すと，

　　・1試合目にAが勝つ場合，$(2, A)$，$(3, C)$，$(4, B)$，$(5, A)$

　　・1試合目にBが勝つ場合，$(2, B)$，$(3, C)$，$(4, A)$，$(5, B)$

となっている。この考察に(2)の解決のポイントが凝縮されている。すなわち，ちょうどn試合目でAが優勝するのは，

　　ア）　第1試合の勝ちチームによって排反な2つの場合に分けられること

　　イ）　nが特定の値に限られること

であり，さらに**2°**で述べたように，試合が続く限り待機チームが勝ち続けるので，

　　ウ）　優勝決定前の試合までの勝ちチームは3つのチームが周期的に並ぶこと

　　　　（各試合の勝敗は1通りに定まること）

が掴める。ウ）により，イ）の"特定の値"とは，$n \not\equiv 0 \pmod 3$ をみたす n であることもわかる。[解] [答] はこのような考察をまとめたものである。本問のように，

優勝チームが決まって大会が終了する，という「終了」タイプの問題では，最初の結果で分類するとよいことを学んでおこう。

なお，答案を表現しにくい感じもするが，対戦チームと勝ちチームを両方書くと煩雑になるので，**解** **答** のように勝ちチームの文字列を書いて説明していくとよいであろう。文字列の左端と右端を除けば，左隣りの文字が対戦チームを表すので，この文字列によって対戦チームと勝ちチームを両方表現できるからである。（たとえば，勝ちチームが ACBAA の場合，左から見ていけば，1 試合目は左端の A が勝ち，2 試合目は AC が対戦して C が勝ち，3 試合目は CB が対戦して B が勝ち，4 試合目は BA が対戦して A が勝ち，5 試合目で右端の A が優勝［このとき対戦相手は C］と読める。）

4° (3)は，(2)をヒントにして“優勝が決まるまでの試合数で分類”することがポイントである。

事象 E, F_n を，

E：「総試合数が $3m$ 回以下で A が優勝する」

F_n：「ちょうど n 試合目で優勝」（$n=2, 3, \cdots\cdots, 3m$）

とすれば，

$$E=F_2\cup F_3\cup\cdots\cdots\cup F_{3m-1}\cup F_{3m}$$

であり，各 F_n（$n=2, 3, \cdots\cdots, 3m$）は互いに排反であるから，確率の加法定理

事象 A, B が互いに排反であるとき，$P(A\cup B)=P(A)+P(B)$

により，

$$P(E)=\sum_{n=2}^{3m}P(F_n)$$

と求められる。あとはこのシグマ計算をするだけで，(2)の結果の形を見れば，等比数列の和の計算にすぎない。

解 **答** では，(2)の(i), (ii)の場合に応じて，2 つのシグマに分けて計算した（$n\equiv 0\pmod 3$ のときは $p_n=0$ であるから，(i), (ii)の場合のみ和をとればよい）。このとき，和をとる添え字の範囲を誤らないように注意しよう。確率 p_n について，

$n=3k+1$ のときは，$k=1, 2, 3, \cdots\cdots, m-1$ について和をとる

（$n\geqq 2$ なので，k は 1 から）

$n=3k+2$ のときは，$k=0, 1, 2, \cdots\cdots, m-1$ について和をとる

のであり，前者が意味を持つのは $m\geqq 2$ のときであるから，$m=1$ を別扱いして計算したのである。

$\boxed{\text{解}}$ $\boxed{\text{答}}$ の計算とは別に，つぎのように計算することもできる。

[別計算1]　（p_{3k+1} と p_{3k+2} をまとめた後で和をとる）

$$p_{3k+1}+p_{3k+2}=\left(\frac{1}{2}\right)^{3k+1}+\left(\frac{1}{2}\right)^{3k+2}=\left(\frac{1}{2}\right)^{3k+1}\left(1+\frac{1}{2}\right)$$

$$=\frac{3}{4}\left(\frac{1}{8}\right)^{k}=\frac{3}{32}\left(\frac{1}{8}\right)^{k-1}$$

であるから，m を 2 以上の整数とするとき，

$$\sum_{n=2}^{3m}p_n=\sum_{k=1}^{m-1}(p_{3k+1}+p_{3k+2})+p_2$$

$$=\sum_{k=1}^{m-1}\frac{3}{32}\left(\frac{1}{8}\right)^{k-1}+\frac{1}{4}$$

$$=\frac{3}{32}\cdot\frac{1-\left(\frac{1}{8}\right)^{m-1}}{1-\frac{1}{8}}+\frac{1}{4}$$

$$=\frac{3}{28}\left\{1-\left(\frac{1}{8}\right)^{m-1}\right\}+\frac{1}{4}$$

$$=\frac{5}{14}-\frac{6}{7}\left(\frac{1}{8}\right)^{m}$$

となる。

[別計算2]　（いったん $p_n=\left(\frac{1}{2}\right)^{n}$ として和をとり，$n=1$, $3k$ の場合を除く）

m を正の整数とするとき，

$$\sum_{n=2}^{3m}p_n=\sum_{n=1}^{3m}\left(\frac{1}{2}\right)^{n}-\frac{1}{2}-\sum_{k=1}^{m}\left(\frac{1}{2}\right)^{3k}$$

$$=\frac{1}{2}\cdot\frac{1-\left(\frac{1}{2}\right)^{3m}}{1-\frac{1}{2}}-\frac{1}{2}-\frac{1}{8}\cdot\frac{1-\left(\frac{1}{8}\right)^{m}}{1-\frac{1}{8}}$$

$$=1-\left(\frac{1}{8}\right)^{m}-\frac{1}{2}-\frac{1}{7}\left\{1-\left(\frac{1}{8}\right)^{m}\right\}$$

$$=\frac{5}{14}-\frac{6}{7}\left(\frac{1}{8}\right)^{m}$$

となる。

第 3 問

解 答

(1) $f(x)=x^2$, $g(x)=-x^2+px+q$ とおくと，2つの放物線 A と B が点 $(-1, 1)$ で接する条件は，

$$f(-1)=g(-1) \text{ かつ } f'(-1)=g'(-1)$$

すなわち，

$$1=-1-p+q \text{ かつ } -2=2+p$$

が成り立つことであるから，求める値は

$$\boldsymbol{p=-4, \ q=-2}$$

である。

(2) 放物線 C は

$$C : y=g(x-2t)+t$$

と表され，A と C が領域を囲むときの2交点の x 座標を α, β $(\alpha<\beta)$ とすると，右図より，

$$S(t)=\int_\alpha^\beta [\{g(x-2t)+t\}-f(x)]dx$$

……①

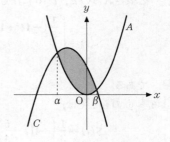

で与えられる。

　ここで，α, β は，x の2次方程式

$$\{g(x-2t)+t\}-f(x)=0$$

すなわち，

$$-\{2x^2-4(t-1)x+4t^2-9t+2\}=0 \tag{……②}$$

の2解であるから，

$$\{g(x-2t)+t\}-f(x)=2(x-\alpha)(\beta-x) \tag{……③}$$

$$\left.\begin{array}{c}\alpha\\\beta\end{array}\right\}=\frac{2(t-1)\pm\sqrt{\dfrac{D}{4}}}{2} \quad (\alpha<\beta) \tag{……④}$$

である。ただし，D は x の2次方程式②の判別式であり，

$$\frac{D}{4}=4(t-1)^2-2(4t^2-9t+2)$$

$$=-4t^2+10t \tag{……⑤}$$

である。

　A と C が領域を囲む条件は $D>0$ であり，⑤より，

$$4t^2-10t<0 \quad \therefore \quad 0<t<\frac{5}{2} \qquad\qquad \cdots\cdots ⑥$$

よって，⑥のもとでは，①，③より，④，⑤も用いて，

$$S(t)=2\int_\alpha^\beta (x-\alpha)(\beta-x)\,dx$$

$$=2\cdot\frac{1}{6}(\beta-\alpha)^3$$

$$=\frac{1}{3}\left(\sqrt{\frac{D}{4}}\right)^3$$

$$=\frac{1}{3}(-4t^2+10t)^{\frac{3}{2}}$$

と表されるので，$t>0$ に注意すると，

$$S(t)=\begin{cases}\dfrac{1}{3}(-4t^2+10t)^{\frac{3}{2}} & \left(0<t<\dfrac{5}{2}\text{ のとき}\right)\\[2mm] 0 & \left(t\geqq\dfrac{5}{2}\text{ のとき}\right)\end{cases}$$

である。

(3)　⑥のもとでは，

$$S(t)=\frac{1}{3}\left\{-4\left(t-\frac{5}{4}\right)^2+\frac{25}{4}\right\}^{\frac{3}{2}}$$

と変形できるので，(2)の結果を考慮すると，$S(t)$ は $t=\dfrac{5}{4}$ のときに，最大値

$$S\left(\frac{5}{4}\right)=\frac{1}{3}\left(\frac{25}{4}\right)^{\frac{3}{2}}=\frac{125}{24}$$

をとる。

解説

1°　数学Ⅱの微積分の問題で，この分野も東大文科では頻出である。問題文や問題設定が平易であり，内容的にも困難はないので，確実に完答したい問題である。適切な空欄を設ければこのままセンター試験として出題されてもおかしくない問題であり，計算ミスに注意するだけで答案も書きやすいはずである。文科で数学が不得手な受験生といえども，この程度は解けてもらいたい，ということではなかろうか。

2°　2つの放物線 A と B が接する条件から(1)が解決するが，問題文に接することの定義が書かれていない。数学Ⅱの検定教科書には"2曲線が接する"ことの定義が明記されておらず，少々不親切ともいえようが，受験生にとっては常識ともいえよ

う。高校数学においては，つぎを定義としておけばよい。

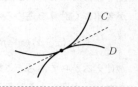

> 2曲線 C と D が接するとは，
> C と D が共有点をもち，かつ，共有点の
> うちの一つで C と D の接線が一致する
> ことである。

この定義において，微分可能な関数 $f(x)$，$g(x)$ を用いて $C：y＝f(x)$，$D：y＝g(x)$ と表されるとき，C と D が $x＝k$ なる点で接するとすると，その点を共有する条件が $f(k)＝g(k)$ であり，これを前提として接線が一致する条件が $f'(k)＝g'(k)$ である。すなわち，

> 2曲線 $y＝f(x)$ と $y＝g(x)$ が $x＝k$ なる点で接する
> $\Longleftrightarrow$　$f(k)＝g(k)$ かつ $f'(k)＝g'(k)$

である。 解 答 はこの同値関係に基づいたものである。

これとは別に，特に $f(x)$ と $g(x)$ が整式で表される関数の場合，

> 2曲線 $y＝f(x)$ と $y＝g(x)$ が $x＝k$ なる点で接する
> $\Longleftrightarrow$　整式 $f(x)-g(x)$ が $(x-k)^2$ で割り切れる
> $\Longleftrightarrow$　x の方程式 $f(x)-g(x)＝0$ が $x＝k$ を重解にもつ

という同値関係も成り立つ（この事実も，上の定義に基づいて微分法を利用して証明される）。これを用いると，(1)は次のように解決することもできる。

【(1)の 別解 】

$f(x)＝x^2$，$g(x)＝-x^2+px+q$ とおくと，2つの放物線 A と B が点 $(-1, 1)$ で接する条件は，

> x の方程式 $f(x)-g(x)＝0$ が $x＝-1$ を重解にもつこと

であるから，$f(x)-g(x)＝2x^2-px-q$ であることに注意すると，

$$2x^2-px-q＝2(x+1)^2$$

が成り立つ。この両辺の係数を比較することにより，

$$p＝-4, \quad q＝-2$$

を得る。

なお，この 別解 において，x の2次方程式 $2x^2-px-q＝0$ の重解が -1 であることを，解と係数の関係を利用して言い換えて結果を導いてもよい。

3° (2)では，まず2つの放物線 A と C が領域を囲むときの t の値の範囲，ついで領域を囲む場合2つの放物線の上下関係を明示しなければならないが，それは容易

い。領域を囲む場合，面積は 2 交点の x 座標と 2 曲線の式を用いて定積分で定式化される。その際，2 交点の x 座標をいったん α, β などと 1 文字で置いておくのが要領よく計算を進めるポイントである。そうすれば定積分の計算公式

$$\int_\alpha^\beta (x-\alpha)(x-\beta)\,dx = -\frac{1}{6}(\beta-\alpha)^3$$

が使えるからである。この公式は検定教科書にもあり，証明とともに身につけておきたい。本問のように面積問題に応用する際は，$\alpha<\beta$ でなければならないことと，被積分関数の x^2 の係数に注意することが肝心である。この点はセンター試験でも気を付けていることであろう。上の公式自体は α と β の大小に依らず成立する。また，この公式は，少し変形して

$$\int_\alpha^\beta (x-\alpha)(\beta-x)\,dx = \frac{1}{6}(\beta-\alpha)^3$$

として利用する方が使いやすい。 解 答 ではこれを用いた。

　さらに，$\beta-\alpha$ のような 2 次方程式の 2 解の差を計算するときには，解と係数の関係を利用して $\alpha+\beta$ と $\alpha\beta$ から計算するよりも，解の公式を利用して直接計算する方が手早いことを知っておくとよい。

4° 些細なことではあるが，(2)は領域を囲まない場合についても問題文で言及されているので，結果の表現にはそれを反映させることにも注意したい。(3)は(2)が解決できた人へのボーナスのようなものであり，解説は不要であろう。

第 4 問
解 答
(1) k を非負整数として，

$$a_n = \begin{cases} 3 & (n=4k+1 \text{ のとき}) \\ 9 & (n=4k+2 \text{ のとき}) \\ 7 & (n=4k+3 \text{ のとき}) \\ 1 & (n=4k+4 \text{ のとき}) \end{cases}$$

である。

(2) (2)では合同式の法を 4 とし，mod 4 は省略する。

$$3 \equiv -1$$

より，

$$3^n \equiv (-1)^n \equiv \begin{cases} 3 & (n \text{ が奇数のとき}) \\ 1 & (n \text{ が偶数のとき}) \end{cases}$$

である。

　　よって，

$$b_n = \begin{cases} 3 & (n \text{ が奇数のとき}) \\ 1 & (n \text{ が偶数のとき}) \end{cases}$$

である。

(3) 　　　　$x_1 = 1, \quad x_{n+1} = 3^{x_n} \quad (n = 1, 2, 3, \cdots)$

で定まる数列 $\{x_n\}$ は，初項が奇数で 3 も奇数であるから，漸化式の形により，正の奇数の列である。

　　よって，(2) より，

$$3^{x_n} \equiv 3 \pmod{4} \qquad \therefore \quad x_{n+1} \equiv 3 \pmod{4} \quad (n = 1, 2, 3, \cdots) \qquad \cdots\cdots ①$$

ここで，(1) より

　　　　数列 $\{a_n\}$ が周期 4 で 3，9，7，1 をこの順に繰り返しとる

ことに注意すると，① より，

$$x_{n+2} = 3^{x_{n+1}} \equiv 7 \pmod{10} \quad (n = 1, 2, 3, \cdots) \qquad \cdots\cdots ②$$

である。

　　② により，x_n を 10 で割った余りを c_n とすると，

　　　　$c_n = 7 \quad (n = 3, 4, 5, \cdots)$

であるから，x_{10} を 10 で割った余り c_{10} は，

7

である。

解説

1°　2012 年からの高校入学者に適用された学習指導要領改訂に伴い整数が検定教科書で正式に扱われるようになったが，東大はそれ以前から頻繁に整数問題を出題し続けてきている。整数問題はやや難しい問題が多いものの，本問の (1)，(2) は過去問にもある話題で，周期性・偶奇性に絡む点は東大の特徴でもある。もっとも (1) のような結果のみを書かせる問題は東大文科の 2 次試験問題としてはきわめて珍しく，ここ 30 年では初の形式である。漸化式と融合する (3) は試験場ではやや難の問題であり，(1) と (2) を利用して調べることがポイントになる。(2)，(3) では答案にどこまで記述すればよいかで少し戸惑うかもしれず，採点がどのようになされたのかが興味深い。

2°　(1) は 3^n の 1 の位を実際に書き出してみようとすればよい。その際，つぎの合同

式の性質

$$a \equiv b \pmod{m} \text{ かつ } c \equiv d \pmod{m} \Rightarrow ac \equiv bd \pmod{m}$$

を用いれば，$n \geqq 3$ では 3^n の値を実直に計算する必要はない。実際，法を 10 として合同式を用いると，

$$3 \equiv 3, \quad 3^2 \equiv 9, \quad 3^3 \equiv 3 \cdot 9 \equiv 7, \quad 3^4 \equiv 7 \cdot 3 \equiv 1$$

$$3^5 \equiv 1 \cdot 3 \equiv 3, \quad 3^6 \equiv 3^2 \equiv 9, \quad 3^7 \equiv 9 \cdot 3 \equiv 7, \quad 3^8 \equiv 7 \cdot 3 \equiv 1, \cdots$$

のように計算できるからである（$n=3$ のときは実直に計算していることと同じである）。この実験において，

$$3^4 \equiv 1 \pmod{10}$$

を得た段階で，a_n はこのあと $3,9,7,1$ の値をくり返しとる，すなわち周期 4 で $3,9,7,1$ を循環することが示されたことになる。

3°　(2) も (1) と同様に書き出してみれば結果はすぐに見えるが，(1) の問題文と対比して読めば，(2) では論証を要求していると判断するべきであり，その論証をどのように記述するかがモンダイである。合同式の法を 4 として

$$3^1 \equiv 3, \quad 3^2 \equiv 9 \equiv 1$$

であり，

$$3^2 \equiv 1$$

であることから，このあと b_n は $3,1$ の値をくり返しとり，周期 2 で $3,1$ を循環する。ここで「1」に合同となったことが循環する根拠であり，これで論証は為されたことになる。なぜなら，$3^2 \equiv 1$ ならば，

$$3^{n+2} \equiv 1 \cdot 3^n \equiv 3^n \quad (n=1,2,3,\cdots)$$

であるからである。 解 答 のように，

$$3 \equiv -1$$

に注目すると，このことはより直接的にわかる。

4°　(2) の論証は，たとえば，数学的帰納法を用いて記述したり，二項定理を利用して，

$$3^n = \{4+(-1)\}^n = \sum_{k=0}^{n} {}_n\mathrm{C}_k 4^{n-k}(-1)^k$$

$$= \sum_{k=0}^{n-1} {}_n\mathrm{C}_k 4^{n-k}(-1)^k + {}_n\mathrm{C}_n(-1)^n$$

$$= (4 \text{ の倍数}) + (-1)^n$$

などとしてもよい。

(1)，(2) で直接使えるわけではないが，n 乗数の余りが循環することについて，有名なフェルマーの小定理（掲載されている教科書もある）

「p を素数とし，a が p の倍数でない整数とするとき，

$$a^{p-1}\equiv 1 \quad (\mathrm{mod}\, p)$$

が成り立つ。」

がある。これは素数 p で割った余りについてであるが，a^n の p による剰余が周期 $p-1$ で循環することを主張している。この定理と類似の事実の証明問題として 2009 年度の第2問に出題がある。

5° (3)は(1)，(2)の利用がポイントになる。$x_1=1,\ x_{n+1}=3^{x_n}\ (n=1,2,3,\cdots)$ で定まる数列 $\{x_n\}$ は，具体的に書き出そうとするとアッという間に莫大な数になってしまい，x_{10} といえども実験では対処できない。そこで漸化式の形と(1)，(2)の事実に注目するのである。

x_{10} を 10 で割った余りを知るためには，3^{x_9} を 10 で割った余りを知ればよい。そのためには，(1)より 3^n を 10 で割った余りが周期 4 で循環することから，3^{x_9} の指数部分の x_9 を 4 で割った余り，すなわち 3^{x_8} を 4 で割った余りを知ればよい。すると，(2)で 3^n を 4 で割った余りが n の偶奇で決まることから，3^{x_8} の指数部分の x_8 の偶奇を掴めばよい。しかるに漸化式をよく見ると，数列 $\{x_n\}$ には正の奇数しか現れないことがわかる。それゆえ x_8 は奇数であり，(2)により $x_9=3^{x_8}$ を 4 で割った余りは 3，したがって(1)により $x_{10}=3^{x_9}$ を 10 で割った余りは 4 つの循環する数の 3 番目の 7 とわかるわけである。本問は x_{10} を 10 で割った余りだけを要求しているので，以上のことを答案にすればよい。 $\boxed{解}\ \boxed{答}$ から分かるように，x_n を 10 で割った余りは(1)，(2)のように周期をもつわけではないが，$n\geqq 3$ においてはずっと 7 が並び，$x_1=1,\ x_2=3$ から，一般の n についての余りがすべて求められる。x_{10} の余りだけを要求している点に戸惑った受験生もいたことであろう。

第 1 問

解 答

命題 A：偽である。反例は $n=17$ である。

[$n=17$ が反例であることの説明]

$n=17$ のとき，

$$\frac{n^3}{26}+100=\frac{17^3}{26}+100=\frac{4913}{26}+100=\frac{7513}{26}$$

$$n^2=17^2=289=\frac{7514}{26}$$

であるから，$\dfrac{n^3}{26}+100\geqq n^2$ は成り立たない。

命題 B：真である。

[証明]

$5n+5m+3l=1$ より，

$$3l=1-5(m+n) \qquad\qquad\qquad\qquad\cdots\cdots①$$

であるから，

$$\begin{aligned}
10nm+3ml+3nl&=10mn+3l(m+n)\\
&=10mn+\{1-5(m+n)\}(m+n)\\
&=-5m^2+m-5n^2+n \qquad\qquad\cdots\cdots②
\end{aligned}$$

となる。

ここで，2 次関数

$$y=-5x^2+x=-5x\left(x-\frac{1}{5}\right)$$

のグラフを考えると，

任意の整数 k に対して $-5k^2+k\leqq0$ が成り立ち，

等号成立は $k=0$ のときに限る

ことが分かる。

よって，

$$-5m^2+m-5n^2+n\leqq0$$

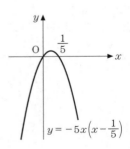

であり，等号成立は

$$m=0 \text{ かつ } n=0 \qquad \cdots\cdots ③$$

のときに限るが，③ のとき，① は $3l=1$ となり，l が整数であることに反するから，② より，

$$10nm+3ml+3nl<0$$

が成り立つ。

解説

1°　2015 年度の問題の中では解きやすい方であり，少なくとも，命題 A は完答したい。

2°　命題 A について：まず，x を正の実数として，関数

$$f(x)=\left(\frac{x^3}{26}+100\right)-x^2$$

を微分して増減を調べることが，解決の第 1 歩である。

$$f'(x)=\frac{3x^2}{26}-2x=\frac{3x}{26}\left(x-\frac{52}{3}\right)$$

であるから，$f(x)$ は $x=\dfrac{52}{3}$ において最小となる。

x	(0)		$\dfrac{52}{3}$	
$f'(x)$		$-$	0	$+$
$f(x)$		↘		↗

$$17<\frac{52}{3}<18$$

に注意して，$f(17)$ を計算してみると，

$$f(17)=\left(\frac{17^3}{26}+100\right)-17^2=-\frac{1}{26}<0$$

となるから，$n=17$ のとき $\dfrac{n^3}{26}+100\geqq n^2$ が成り立たないことが分かる（ちなみに，命題 A の反例は $n=17$ のみである）。答案としては，$n=17$ が反例であることの説明さえ書いておけばよい。

3°　命題 B について：まずは，

$$5n+5m+3l=1 \qquad \cdots\cdots Ⓐ$$

を用いて，

$$10nm+3ml+3nl \qquad \cdots\cdots Ⓑ$$

から 1 文字を消去することが，解決の第 1 歩である。その際，どの文字を消去するかが問題であるが，Ⓐ，Ⓑ の形をよく見れば，Ⓐ，Ⓑ ともに $3l$ を含んでいることから，l を消去するのがよいと判断できるだろう。

$3l$ を消去すると，Ⓑ は，

$$-5m^2-5n^2+m+n$$

と，m，n がともに同じ形で含まれている式になる。よって，整数 k に対して，

$$-5k^2+k=-k(5k-1)$$

がどのような値をとるかを考えればよいことになる。

$\boxed{解}$ $\boxed{答}$ では，関数 $y=-5x^2+x$ のグラフをもとにして考察したが，

・$k \leqq -1$ のとき，$-k>0$，$5k-1<0$　∴　$-k(5k-1)<0$

・$k=0$ のとき，$-k(5k-1)=0$

・$k \geqq 1$ のとき，$-k<0$，$5k-1>0$　∴　$-k(5k-1)<0$

のように考えて，答案を完成させるのもよいだろう。

どのような方法を用いるにせよ，

整数 k に対して，$-5k^2+k \leqq 0$（等号成立は，$k=0$ のときのみ）

が成り立つことを示すことが肝要である。

第 2 問

$\boxed{解}$ $\boxed{答}$

まず，条件(i)を考える。

2 次関数 $y=ax^2+bx+c$ $(a \neq 0)$ のグラフ C が 2 点 A$(-1,\ 1)$，B$(1,\ -1)$ を通るとき，

$$\begin{cases} a-b+c=1 \\ a+b+c=-1 \end{cases} \quad \therefore \quad \begin{cases} b=-1 \\ c=-a \end{cases}$$

であり，このとき，

$$C:y=ax^2-x-a \qquad \qquad \cdots\cdots①$$

$$=a\left(x-\frac{1}{2a}\right)^2-a-\frac{1}{4a}$$

の頂点の x 座標の絶対値が 1 以上である条件は，

$$\left|\frac{1}{2a}\right| \geqq 1$$

$$\therefore \quad |a| \leqq \frac{1}{2} \ \ かつ \ \ a \neq 0 \qquad \qquad \cdots\cdots②$$

である。

よって，条件(i)をみたす点 P は，②の範囲の a に対する①の

$$|x| \leqq 1 \qquad \qquad \cdots\cdots③$$

の部分にある。

次に，条件(ii)をみたす点Ｐは，2点 A(-1, 1)，B(1, -1) を通る直線
$$y = -x \qquad\qquad \cdots\cdots ④$$
の ③ の部分にある。

① で $a = 0$ とすると ④ になることに注意すると，

「a が
$$-\frac{1}{2} \leqq a \leqq \frac{1}{2} \qquad\qquad \cdots\cdots ⑤$$
の範囲を動くときの，曲線 ① の ③ の部分の通過範囲」

が求めるものであり，それは，x を ③ の範囲で固定して，a を ⑤ の範囲で動かしたときの ① の y の値域を求めることにより得られる。

① で x を固定して，y を a の関数とみたものを $y = f(a)$ とすると，
$$f(a) = (x^2 - 1)a - x$$
であり，③ のとき $x^2 - 1 \leqq 0$ であるから，⑤ における $y = f(a)$ の値域は，
$$f\left(\frac{1}{2}\right) \leqq y \leqq f\left(-\frac{1}{2}\right)$$

$$\therefore \quad \frac{1}{2}(x^2 - 1) - x \leqq y \leqq -\frac{1}{2}(x^2 - 1) - x \qquad\qquad \cdots\cdots ⑥$$

$$\therefore \quad \frac{1}{2}(x-1)^2 - 1 \leqq y \leqq -\frac{1}{2}(x+1)^2 + 1 \qquad\qquad \cdots\cdots ⑦$$

となる。

以上から，点Ｐの存在範囲は ⑦ かつ ③ であり，図示すると，**右図の網目部分**のようになる（ただし，**境界を含む**）。また，その面積は，⑥ の右辺を $g(x)$，左辺を $h(x)$ とおくと，

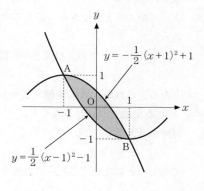

$$\int_{-1}^{1} \{g(x) - h(x)\} dx$$

$$= -\int_{-1}^{1} (x^2 - 1) dx$$

$$= -2\int_{0}^{1} (x^2 - 1) dx$$

$$= -2\left[\frac{1}{3}x^3 - x\right]_{0}^{1}$$

$$= \boldsymbol{\frac{4}{3}}$$

である。

解説

1°　まずは，問題文の意味を的確に把握することが重要である。

条件 (i)，(ii) とも，「点 A，P，B がある曲線（直線を含む）上にある」と表現されているが，これを，「点 A，B を通るある曲線（直線を含む）上に点 P がある」と解釈することにより，この問題が，曲線群の通過範囲を求めるという，大学入試で頻出の問題であることが分かるのである。

2°　結局のところ，a が

$$-\frac{1}{2} \leqq a \leqq \frac{1}{2} \qquad\qquad \cdots\cdots Ⓐ$$

の範囲を動くとき，曲線

$$y = ax^2 - x - a \qquad\qquad \cdots\cdots Ⓑ$$

の

$$|x| \leqq 1 \qquad\qquad \cdots\cdots Ⓒ$$

の部分が通過する範囲を求める問題である。

　　解 **答** では，x を固定して，y を a の関数とみたときの値域を求める方法（いわゆる "ファクシミリの原理"）を用いて解いたが，次のように，x，y を定数とみなし，Ⓑ を a についての方程式とみて，Ⓐ の範囲に解をもつ条件を求めることによって解くこともできる（こちらの方法の方が，文系の受験生には馴染みがあるだろう）。

　　Ⓑ を a についての方程式とみて整理すると，

$$(x^2 - 1)a - x - y = 0 \qquad\qquad \cdots\cdots Ⓓ$$

となる。これが，Ⓐ の範囲に解をもつ条件を求めればよい。

　　Ⓓ の左辺を $k(a)$ とおくと，そのグラフは直線であり，Ⓒ より，

$$x^2 - 1 \leqq 0$$

であることに注意すると，求める条件は，

$$k\left(-\frac{1}{2}\right) \geqq 0 \geqq k\left(\frac{1}{2}\right)$$

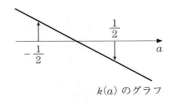

$k(a)$ のグラフ

$$\therefore \quad \frac{1}{2}(x^2 - 1) - x \leqq y \leqq -\frac{1}{2}(x^2 - 1) - x$$

となる。これは，**解** **答** の ⑥ と同じ結果である。

3° なお，条件(ⅰ)において，頂点の x 座標の絶対値がちょうど1であるときの2次関数のグラフを考えれば，領域の結果が予想できるだろう。

4° 面積は，領域が求められた人に対するボーナス問題である。

第 3 問

[解] [答]

2円 C_1，C_2 の中心をそれぞれ A，B とし，接点を右図のように S，T，U とする。

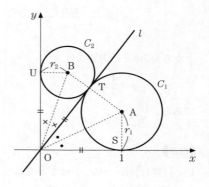

OS＝OT＝OU より，U の y 座標は1となる。また，OA，OB がそれぞれ ∠SOT，∠TOU の二等分線であることから，

$$\angle \text{SOA}=\theta \quad \left(0<\theta<\frac{\pi}{4}\right)$$

とおくと，$\angle \text{UOB}=\dfrac{\pi}{4}-\theta$ となる。

よって，△OAS，△OBU に着目することにより，

$$r_1=\tan \theta$$

$$r_2=\tan \left(\frac{\pi}{4}-\theta\right)=\frac{1-\tan \theta}{1+\tan \theta}$$

となるから，

$$\tan \theta=t \quad (0<t<1)$$

とおくと，

$$8r_1+9r_2=8t+9\cdot \frac{1-t}{1+t}=8t+9\left(-1+\frac{2}{t+1}\right)$$

$$=8t+\frac{18}{t+1}-9=8(t+1)+\frac{18}{t+1}-17$$

となる。

ここで，相加平均・相乗平均の不等式より

$$8(t+1)+\frac{18}{t+1}\geqq 2\sqrt{8(t+1)\cdot \frac{18}{t+1}}=24$$

であり，不等式の等号は，

$$8(t+1)=\frac{18}{t+1} \text{ かつ } 0<t<1, \text{ すなわち}, \ t+1=\frac{3}{2}, \text{ すなわち}, \ t=\frac{1}{2}$$

のときに成り立つから，$8r_1+9r_2$ の最小値は，

$$24-17=\mathbf{7}$$

である。

このとき，l の傾きは，

$$\tan 2\theta=\frac{2\tan\theta}{1-\tan^2\theta}=\frac{2t}{1-t^2}=\frac{2\cdot\dfrac{1}{2}}{1-\left(\dfrac{1}{2}\right)^2}=\frac{4}{3}$$

となるから，l の方程式は，

$$\boldsymbol{y=\frac{4}{3}x}$$

である。

解説

1°　目標は，$8r_1+9r_2$ が最小となるような直線 l の方程式を求めることであるが，l の傾きを変数にとると，半径 r_1，r_2 が無理式を用いて表されることになり，数学 Ⅲの範囲になってしまう。それに対して，x 軸の正の向きから l の向きまでの角を 2θ とおくと，r_1，r_2，l の傾きがいずれも $\tan\theta$ を用いて表されることになり，見通しよく解決することができる。

2°　どのような解法をとるにせよ，まず，円 C_2 と y 軸の接点の y 座標が 1 であることを見抜くことが，解決の第 1 歩であろう。

3°　r_1 と r_2 の関係は，変数 θ を介在させなくても，例えば，次のようにして求めることもできる。

円 C_1 が x 軸と x 座標が 1 の点で接することから，その中心は $\mathrm{A}(1,\ r_1)$ であり，同様にして，円 C_2 の中心は $\mathrm{B}(r_2,\ 1)$ である。2 円 C_1，C_2 が外接することから，

$$\mathrm{AB}=r_1+r_2 \quad \therefore \quad \sqrt{(1-r_2)^2+(r_1-1)^2}=r_1+r_2$$

$$\therefore \quad (1-r_2)^2+(r_1-1)^2=(r_1+r_2)^2$$

$$\therefore \quad 2-2r_1-2r_2=2r_1r_2 \quad \therefore \quad r_2=\frac{1-r_1}{1+r_1}$$

となる。

4°　$8r_1+9r_2$ の最小値を求める部分は，東大で頻出の，相加平均・相乗平均の不等式の応用である。分数式の分子を分母で割ったときの商と余りを利用して，分数式を変形することがポイントである。分母の $t+1$ を 1 文字でおきかえるのもよいだろう。

第 4 問

解 答

文字列 AA を書くとき，左側の A を A_1，右側の A を A_2 と書くことにし，n 回コインを投げて文字列を作るとき，文字列の左から n 番目の文字が A_1 となる確率を p_n とおく。

文字列の左から 1 番目の文字が A_1 となるのは，最初にコインの表が出るときであるから，

$$p_1 = \frac{1}{2}$$

である。また，左から $n+1$ 番目の文字が A_1 となるのは，n 番目の文字が A_1 以外（すなわち，A_2 または B）であり，次にコインの表が出るときであるから，

$$p_{n+1} = (1 - p_n) \cdot \frac{1}{2} \qquad \cdots\cdots ①$$

である。

① は，

$$p_{n+1} - \frac{1}{3} = -\frac{1}{2}\left(p_n - \frac{1}{3}\right)$$

と変形できるから，数列 $\left\{p_n - \dfrac{1}{3}\right\}$ は公比 $-\dfrac{1}{2}$ の等比数列であり，

$$p_n - \frac{1}{3} = \left(p_1 - \frac{1}{3}\right)\left(-\frac{1}{2}\right)^{n-1} = \frac{1}{6}\left(-\frac{1}{2}\right)^{n-1}$$

$$\therefore \quad p_n = \frac{1}{3} - \frac{1}{3}\left(-\frac{1}{2}\right)^n \qquad \cdots\cdots ②$$

となる。

(1) 求める確率は，「左から n 番目の文字が A_1 または A_2」，すなわち，「左から n 番目の文字が A_1 または $n-1$ 番目の文字が A_1」の確率であるから，

$$p_n + p_{n-1} = \left\{\frac{1}{3} - \frac{1}{3}\left(-\frac{1}{2}\right)^n\right\} + \left\{\frac{1}{3} - \frac{1}{3}\left(-\frac{1}{2}\right)^{n-1}\right\}$$

$$= \frac{2}{3} + \frac{1}{3}\left(-\frac{1}{2}\right)^n$$

となる（② は $p_0 = 0$ をみたすから，$n = 1$ のときもこれでよい）。

(2) 求める確率は，「左から $n-1$ 番目の文字が A_2 で，かつ n 番目の文字が B」，すなわち，「左から $n-2$ 番目の文字が A_1 で，かつ n 番目の文字が B」の確率であるから，

$$p_{n-2} \cdot \frac{1}{2} = \left\{ \frac{1}{3} - \frac{1}{3} \left(-\frac{1}{2} \right)^{n-2} \right\} \cdot \frac{1}{2} = \frac{1}{6} - \frac{1}{6} \left(-\frac{1}{2} \right)^{n-2}$$

となる（②は $p_0 = 0$ をみたすから，$n=2$ のときもこれでよい）。

解説

1° 2015 年度の問題の中で，最も手強い問題であったであろう。

2° 本問が難しく感じられるのは，コインの表が出たときに文字列 AA を書くこと，すなわち，同じ文字 A を 2 つ書くことにある。

　設定を変えて，

　　コインの表が出たときには文字列アイを書き，裏が出たときには文字ウを書く

とすると，左から n 番目の文字はア，イ，ウのいずれかであり，

　　(1)では，左から n 番目の文字がアまたはイとなる確率

　　(2)では，左から $n-1$ 番目の文字がイで，かつ n 番目の文字がウとなる確率

を求めることになる。

　このように捉え直せば，左から n 番目の文字がア，イ，ウである確率をそれぞれ p_n，q_n，r_n とするとき，漸化式

$$\begin{cases} p_{n+1} = p_n \cdot 0 + q_n \cdot \frac{1}{2} + r_n \cdot \frac{1}{2} \\ \quad\;\; = \frac{1}{2}(q_n + r_n) \\ q_{n+1} = p_n \cdot 1 + q_n \cdot 0 + r_n \cdot 0 \\ \quad\;\; = p_n \\ r_{n+1} = p_n \cdot 0 + q_n \cdot \frac{1}{2} + r_n \cdot \frac{1}{2} \\ \quad\;\; = \frac{1}{2}(q_n + r_n) \end{cases}$$

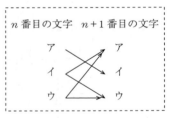

n 番目の文字　$n+1$ 番目の文字

を作ることは，そう難しくないだろう。ここで，

$$p_n + q_n + r_n = 1$$

に注意すると，p_{n+1} は p_n のみを用いて

$$p_{n+1} = \frac{1}{2}(1 - p_n)$$

と表されることになり，初期条件

$$p_1 = \frac{1}{2}$$

の下で解けば，一般項が求められる。

そして，(1)では $p_n + q_n = p_n + p_{n-1}$ を，(2)では $q_{n-1} \cdot \dfrac{1}{2} = p_{n-2} \cdot \dfrac{1}{2}$ を答えればよいのである。

この解法の場合，文字列 AA の2つの A を区別することがポイントである。

3°　1回目にコインの表が出るか裏が出るかで場合分けして，次のように解くこともできる。詳細は読者の研究に任せることにして，概略を示すのみにしよう。

【(1)の 別解 】

求める確率を s_n とおく。

$n+2$ 回コインを投げ，文字列を作るとき，文字列の左から $n+2$ 番目の文字が A となるのは，

- ・1回目にコインの表が出て AA を書き，続いて n 回コインを投げるとき，AA の右隣を1番目として n 番目の文字が A のとき
- ・1回目にコインの裏が出て B を書き，続いて $n+1$ 回コインを投げるとき，B の右隣を1番目として $n+1$ 番目の文字が A のとき

のいずれかの場合であるから，

$$s_{n+2} = \frac{1}{2} s_n + \frac{1}{2} s_{n+1}$$

が成り立つ。また，

$$s_1 = \frac{1}{2}, \quad s_2 = \frac{1}{2} + \frac{1}{2} \cdot \frac{1}{2} = \frac{3}{4}$$

である。[以下略]

【(2)の 別解 】

求める確率を t_n とおくと，(1)と同様にして，

$$t_{n+2} = \frac{1}{2} t_n + \frac{1}{2} t_{n+1}$$

が成り立つ。また，

$$t_2 = 0, \quad t_3 = \frac{1}{2} \cdot \frac{1}{2} = \frac{1}{4}$$

である。[以下略]

この解法のポイントは，

「左から $n+2$ 番目の文字は，
- ・左から3番目の文字を1番目として数えると n 番目であり，
- ・左から2番目の文字を1番目として数えると $n+1$ 番目である」

ということである。

第 1 問

解 答

(1)
$$f(x) = -2x^2 + 8tx - 12x + t^3 - 17t^2 + 39t - 18$$
$$= -2x^2 + 4(2t-3)x + t^3 - 17t^2 + 39t - 18$$
$$= -2\{x - (2t-3)\}^2 + 2(2t-3)^2 + t^3 - 17t^2 + 39t - 18$$
$$= -2\{x - (2t-3)\}^2 + t^3 - 9t^2 + 15t$$

より，求める最大値は，

$$f(2t-3) = \boldsymbol{t^3 - 9t^2 + 15t}$$

である。

(2) $g(t) = t^3 - 9t^2 + 15t$ より
$$g'(t) = 3t^2 - 18t + 15$$
$$= 3(t-1)(t-5)$$

であるから，$t \geqq -\dfrac{1}{\sqrt{2}}$ における $g(t)$ の

増減は右のようになる。さらに，

t	$-\dfrac{1}{\sqrt{2}}$		1		5	
$g'(t)$		+	0	−	0	+
$g(t)$		↗		↘		↗

$$g\left(-\frac{1}{\sqrt{2}}\right) - g(5) = \left(-\frac{9}{2} - \frac{31}{2\sqrt{2}}\right) - (-25)$$
$$= \frac{41\sqrt{2} - 31}{2\sqrt{2}} > 0$$

より

$$g\left(-\frac{1}{\sqrt{2}}\right) > g(5)$$

であるから，求める最小値は，

$$g(5) = \boldsymbol{-25}$$

である。

解説

1° 易しい基本問題であり，この問題を落とすわけにはいかない。

2° (1)は，実数全体を定義域とする x^2 の係数が負の 2 次関数 $f(x)$ の最大値を求め

るのであるから，平方完成するだけである。

3° (2)は，$t \geqq -\dfrac{1}{\sqrt{2}}$ を定義域とする t^3 の係数が正の 3 次関数 $g(t)$ の最小値を求める問題である。$g(t)$ の増減を調べれば，求める最小値が，定義域の端点における値 $g\left(-\dfrac{1}{\sqrt{2}}\right)$ と極小値 $g(5)$ のうちの小さい方（正確には，大きくない方）であることがすぐに分かる。あとは，$g\left(-\dfrac{1}{\sqrt{2}}\right)$ と $g(5)$ の大小を調べるだけである。

　　[解] [答] では，$g\left(-\dfrac{1}{\sqrt{2}}\right)$ と $g(5)$ の差と 0 の大小から $g\left(-\dfrac{1}{\sqrt{2}}\right) > g(5)$ であることを結論したが，次のような方法もある。

$$g(t) = g(5) \qquad\qquad\qquad \cdots\cdots ①$$

となる 5 以外の t の値を α とおくと，曲線 $y = g(t)$ と直線 $y = g(5)$ が $t = 5$ で接し $t = \alpha$ で交わることから，①，すなわち，

$$t^3 - 9t^2 + 15t - g(5) = 0$$

の解は，

$$t = 5 \ (\text{重解}), \ \alpha$$

であり，解と係数の関係から，

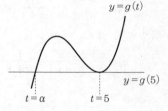

$$5 + 5 + \alpha = 9 \qquad \therefore \quad \alpha = -1$$

となる。

　$-1 < -\dfrac{1}{\sqrt{2}} < 5$ であるから，$g\left(-\dfrac{1}{\sqrt{2}}\right) > g(5)$ となる。

第 2 問
[解] [答]

　袋 U の中身が白球 x 個，赤球 y 個であることを $(x, \ y)$ と表し，白球を取り出すことを ──○─→，赤球を取り出すことを ──●─→ と表すと，袋 U の中身は次のように推移する。

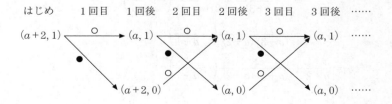

(1) 上の遷移図より，求める確率は，

$$p_1 = \frac{1}{a+3}$$

$$p_2 = \frac{a+2}{a+3} \cdot \frac{1}{a+1} = \frac{a+2}{(a+3)(a+1)}$$

となる。

(2) $n \geq 2$ のとき，操作を n 回繰り返し行った後の袋 U の中身は $(a, 1)$ または $(a, 0)$ である。$(a, 1)$ である確率を $q_n (n \geq 2)$ とおくと，$n \geq 3$ のとき，

$$p_n = q_{n-1} \cdot \frac{1}{a+1} \qquad \therefore \quad p_n = \frac{1}{a+1} q_{n-1}$$

である。

　さて，(1)の解答の前の遷移図より，$n \geq 2$ のとき，

$$q_{n+1} = q_n \cdot \frac{a}{a+1} + (1-q_n) \cdot 1 = -\frac{1}{a+1} q_n + 1$$

$$\therefore \quad q_{n+1} - \frac{a+1}{a+2} = -\frac{1}{a+1}\left(q_n - \frac{a+1}{a+2}\right)$$

が成り立ち，また，

$$q_2 = \frac{a+2}{a+3} \cdot \frac{a}{a+1} + \frac{1}{a+3} \cdot 1 = \frac{a^2+3a+1}{(a+3)(a+1)}$$

より

$$q_2 - \frac{a+1}{a+2} = \frac{a^2+3a+1}{(a+3)(a+1)} - \frac{a+1}{a+2}$$

$$= \frac{(a^2+3a+1)(a+2) - (a+3)(a+1)^2}{(a+3)(a+2)(a+1)}$$

$$= -\frac{1}{(a+3)(a+2)(a+1)}$$

であるから，$n \geq 2$ のとき，

$$q_n - \frac{a+1}{a+2} = \left(q_2 - \frac{a+1}{a+2}\right)\left(-\frac{1}{a+1}\right)^{n-2}$$

$$= -\frac{1}{(a+3)(a+2)(a+1)}\left(-\frac{1}{a+1}\right)^{n-2}$$

$$= \frac{1}{(a+3)(a+2)}\left(-\frac{1}{a+1}\right)^{n-1}$$

$$\therefore \quad q_n = \frac{a+1}{a+2} + \frac{1}{(a+3)(a+2)}\left(-\frac{1}{a+1}\right)^{n-1}$$

となる。

　以上から，$n \geqq 3$ のとき，

$$p_n = \frac{1}{a+1} q_{n-1}$$

$$= \frac{1}{a+1} \left\{ \frac{a+1}{a+2} + \frac{1}{(a+3)(a+2)} \left(-\frac{1}{a+1} \right)^{n-2} \right\}$$

$$= \boldsymbol{\frac{1}{a+2} - \frac{1}{(a+3)(a+2)} \left(-\frac{1}{a+1} \right)^{n-1}}$$

となる。

解説

1° 　(1)は問題ないだろう。

2° 　操作(＊)を繰り返し行うとき，袋 U の中身がどのように変化するかを書き出せば，**解** **答** の冒頭のようになる。それを見れば，$n \geqq 2$ のとき，操作を n 回繰り返し行った後の袋 U の中身は $(a, 1)$ または $(a, 0)$ であることに気付くだろう。$(a, 1)$ である確率を q_n $(n \geqq 2)$ とおくと，$n \geqq 3$ のとき，p_n は，

$$p_n = q_{n-1} \cdot \frac{1}{a+1}$$

として求められるから，あとは，q_n $(n \geqq 2)$ を求めればよいことになるが，数列 $\{q_n\}$ についての漸化式を作る部分は，常套手段通りである。

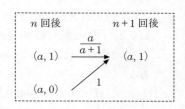

3° 　直接 $\{p_n\}$ についての漸化式を作るには，例えば，次のようにすればよい。

　解 **答** の冒頭の遷移図を見ると，赤球を取り出す回の直前の回は白球を取り出し（すなわち，赤球を取り出さず）袋の中身が $(a, 1)$ となっているから，$n \geqq 1$ に対して，

$$p_{n+1} = (1 - p_n) \cdot \frac{1}{a+1}$$

が成り立つことが分かる。この漸化式を，初期値

$$p_1 = \frac{1}{a+3}$$

の下で解けばよい。

漸化式は，

$$p_{n+1}-\frac{1}{a+2}=-\frac{1}{a+1}\left(p_n-\frac{1}{a+2}\right)$$

と変形されるから，数列 $\left\{p_n-\dfrac{1}{a+2}\right\}$ は公比 $-\dfrac{1}{a+1}$ の等比数列であり，

$$\begin{aligned}
p_n-\frac{1}{a+2}&=\left(p_1-\frac{1}{a+2}\right)\left(-\frac{1}{a+1}\right)^{n-1}\\
&=\left(\frac{1}{a+3}-\frac{1}{a+2}\right)\left(-\frac{1}{a+1}\right)^{n-1}\\
&=-\frac{1}{(a+3)(a+2)}\left(-\frac{1}{a+1}\right)^{n-1}
\end{aligned}$$

$$\therefore\quad p_n=\frac{1}{a+2}-\frac{1}{(a+3)(a+2)}\left(-\frac{1}{a+1}\right)^{n-1}\quad(n\geqq1)$$

となる。

第 3 問

解 答

(1) 2点 P，Q の座標を

$$\mathrm{P}(p,\ \sqrt{3}\,p)\ (0\leqq p\leqq2\ \cdots\cdots①),\ \mathrm{Q}(q,\ -\sqrt{3}\,q)\ (-3\leqq q\leqq0\ \cdots\cdots②)$$

とおくと，$\mathrm{OP}=2p$，$\mathrm{OQ}=-2q$ であるから，$\mathrm{OP}+\mathrm{OQ}=6$ より，

$$2p-2q=6\quad\therefore\quad q=p-3\qquad\qquad\qquad\cdots\cdots③$$

である。

③より，①のとき②が成り立つから，p の変域は①である。

また，③を用いると，線分 PQ の方程式は，

$$y=\frac{\sqrt{3}\,p-\{-\sqrt{3}\,(p-3)\}}{p-(p-3)}(x-p)+\sqrt{3}\,p\ \ かつ\ \ p-3\leqq x\leqq p$$

$$\therefore\quad y=\frac{\sqrt{3}\,(2p-3)}{3}x-\frac{2\sqrt{3}\,(p^2-3p)}{3}\ \ かつ\ \ p-3\leqq x\leqq p$$

となるから，点 $(s,\ t)$ が線分 PQ 上にある条件は，

$$t=\frac{\sqrt{3}\,(2p-3)}{3}s-\frac{2\sqrt{3}\,(p^2-3p)}{3}\ \ かつ\ \ p-3\leqq s\leqq p$$

$$\therefore\quad t=-\frac{2\sqrt{3}}{3}p^2+\frac{2\sqrt{3}\,(s+3)}{3}p-\sqrt{3}\,s\ \ \cdots\cdots④\ \ かつ\ \ s\leqq p\leqq s+3\ \ \cdots\cdots⑤$$

である。

以上から，s を固定するとき，点 $(s,\ t)$ が線分 PQ の通過範囲 D に属するよう

な t の範囲は，p が ① かつ ⑤ を満たして変化するときに ④ のとり得る値の範囲である。

④ の右辺を $f(p)$ とおくと，

$$f(p) = -\frac{2\sqrt{3}}{3} p^2 + \frac{2\sqrt{3}\,(s+3)}{3} p - \sqrt{3}\,s$$

$$= -\frac{2\sqrt{3}}{3} \left(p - \frac{s+3}{2} \right)^2 + \frac{2\sqrt{3}}{3} \left(\frac{s+3}{2} \right)^2 - \sqrt{3}\,s$$

$$= -\frac{2\sqrt{3}}{3} \left(p - \frac{s+3}{2} \right)^2 + \frac{\sqrt{3}}{6} s^2 + \frac{3\sqrt{3}}{2}$$

となるから，$f(p)$ のグラフは上に凸の放物線であり，その対称軸は，

$$p = \frac{s+3}{2} \qquad \cdots\cdots ⑥$$

である。

sp 平面に領域 ① かつ ⑤ および直線 ⑥ を図示すると右図のようになることに注意して，$t = f(p)$ の範囲を求めると，

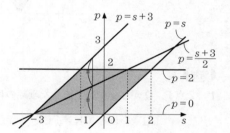

(i) $-3 \le s \le 0$ のとき

$$f(0) \le t \le f\left(\frac{s+3}{2} \right)$$

$$\therefore \quad -\sqrt{3}\,s \le t \le \frac{\sqrt{3}}{6} s^2 + \frac{3\sqrt{3}}{2}$$

(ii) $0 \le s \le 1$ のとき

$$f(s) \le t \le f\left(\frac{s+3}{2} \right)$$

$$\therefore \quad \sqrt{3}\,s \le t \le \frac{\sqrt{3}}{6} s^2 + \frac{3\sqrt{3}}{2}$$

(iii) $1 \le s \le 2$ のとき

$$f(s) \le t \le f(2)$$

$$\therefore \quad \sqrt{3}\,s \le t \le \frac{\sqrt{3}}{3} s + \frac{4\sqrt{3}}{3}$$

となる。

(2)　(1) より，**次図の網目部分**のようになる（ただし，**境界線を含む**）。

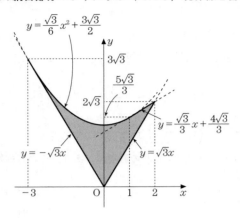

解説

1°　2 点 P，Q から x 軸に下ろした垂線の足をそれぞれ H，K とすると，

$$\text{OH}=\frac{1}{2}\text{OP},\ \ \text{OK}=\frac{1}{2}\text{OQ}$$

であるから，P，Q が OP＋OQ＝6 を満たして動くということは，OH＋OK＝3，すなわち，HK＝3，すなわち，

$$(\text{P の } x \text{ 座標})-(\text{Q の } x \text{ 座標})=3 \qquad\qquad \cdots\cdots ⑦$$

を満たして動くということに他ならない。よって，P の x 座標を p とおけば（あるいは Q の x 座標を q とおけば），線分 PQ の方程式は p（あるいは q）を用いて表すことができ，点 $(s,\ t)$ が線分 PQ 上にある条件を式で表すことができる。

2°　ここで，問題文から，

$$0\leqq p\leqq 2\ \ \cdots\cdots①,\ \ -3\leqq q\leqq 0\ \ \cdots\cdots②$$

であるが，p，q の間に関係⑦，すなわち，③があるので，p，q の変域が①，②とは限らないことに注意しなければならない。実際，①のとき，$-3\leqq p-3\leqq -1$ となり②が成り立つから，p の変域は①であるが，②のとき，$0\leqq q+3\leqq 3$ となり①が成り立たないから，q の変域は②より狭く，② かつ $0\leqq q+3\leqq 2$ より，

$$-3\leqq q\leqq -1$$

となる。

3°　(1) では，s を固定して，t のとる値の範囲を求めることになる。s を固定するとき，p の変域は，①ではなく，①かつ⑤であることに注意しよう。また，t は p

の2次関数であるから，p の変域と2次関数のグラフの対称軸 ⑥ の位置関係に注意して，t のとる値の範囲を求めればよい。しかし，その実行は少々面倒で，文系の受験生には荷が重かったであろう。 **解** **答** で行ったように，sp 平面に領域 ① かつ ⑤ および直線 ⑥ を図示すると見通しよく解決することができる。

4°　なお，線分 PQ は直線 PQ のうち $y \geqq \sqrt{3}\,|x|$ を満たす部分であるから，まず直線 PQ の通過する領域を求め，そのうち $y \geqq \sqrt{3}\,|x|$ を満たす部分が線分 PQ の通過する領域である，とする解法も考えられる。この方針による解答作成は，諸君に任せることにしよう。

第　4　問

解 **答**

(1)　a_n を p で割った商を q_n とすると，$a_n = pq_n + b_n$ であるから，

$$a_{n+2} = a_{n+1}(a_n + 1)$$
$$= (pq_{n+1} + b_{n+1})(pq_n + b_n + 1)$$
$$= p\{pq_{n+1}q_n + b_{n+1}q_n + q_{n+1}(b_n + 1)\} + b_{n+1}(b_n + 1)$$
$$= (p \text{ の倍数}) + b_{n+1}(b_n + 1)$$

となる。

　　よって，a_{n+2} を p で割った余り b_{n+2} は，$b_{n+1}(b_n + 1)$ を p で割った余りと一致する。

(2)　まず，$a_1 = 2$，$a_2 = 3$ より，$b_1 = 2$，$b_2 = 3$ となる。

　　次に，(1)より，

　　　　b_3 は，$b_2(b_1 + 1) = 9$ を 17 で割った余りと一致し，$b_3 = 9$

となり，同様にして，

　　　　b_4 は，$b_3(b_2 + 1) = 36$ を 17 で割った余りと一致し，$b_4 = 2$

　　　　b_5 は，$b_4(b_3 + 1) = 20$ を 17 で割った余りと一致し，$b_5 = 3$

となる。

　　b_{n+2} は b_n，b_{n+1} から決まり，$(b_4,\ b_5) = (b_1,\ b_2)$ となったから，

　　　　数列 $\{b_n\}$ は，$b_1 = 2$，$b_2 = 3$，$b_3 = 9$ を繰り返す。

　　よって，

　　　　$b_1 = 2$，　$b_2 = 3$，　$b_3 = 9$，　$b_4 = 2$，　$b_5 = 3$，　$b_6 = 9$，

　　　　$b_7 = 2$，　$b_8 = 3$，　$b_9 = 9$，　$b_{10} = 2$

となる。

(3)　$b_{n+2}=b_{m+2}$ および (1) より，$b_{n+1}(b_n+1)$，$b_{m+1}(b_m+1)$ を p で割った余りは一致するから，

$$b_{n+1}(b_n+1)-b_{m+1}(b_m+1) \text{ は素数 } p \text{ で割り切れる。} \qquad \cdots\cdots①$$

ここで，$b_{n+1}=b_{m+1}$ より，

$$b_{n+1}(b_n+1)-b_{m+1}(b_m+1)=b_{n+1}(b_n+1)-b_{n+1}(b_m+1)$$
$$=b_{n+1}(b_n-b_m)$$

であり，$0<b_{n+1}<p$ より，b_{n+1} は p で割り切れないから，① より，

$$b_n-b_m \text{ が } p \text{ で割り切れる。} \qquad \cdots\cdots②$$

　さらに，$0\leqq b_n<p$，$0\leqq b_m<p$ より，$-p<b_n-b_m<p$ であるから，② より，

$$b_n-b_m=0, \text{ すなわち，} b_n=b_m$$

が成り立つ。

解説

1°　(1) では，『整数 a，b，正の整数 m に対して，

$$a=(m \text{ の倍数})+b$$

のとき，a，b を m で割った余りは一致する』ことがポイントである。(1) では，p が素数であることは関係ない。

2°　(2) では，(1) を利用して，b_1，b_2 から順次 b_3，b_4，$\cdots\cdots$ を求めていけばよい。その際，$b_4=b_1$，$b_5=b_2$ となった段階で，b_4 以降が b_1，b_2，b_3 の繰り返しであることが分かる。

3°　(3) では，素数の性質：『整数 a，b の積 ab が素数 p で割り切れるならば，a または b が p で割り切れる』が最大のポイントである。さらに，『$0<a<p$ を満たす a は p で割り切れない』こと，および『$-p<a<p$ を満たす a のうち p で割り切れるものは $a=0$ のみである』ことにも注意して，解答を作る必要がある。全体を通して，丁寧な論証を心掛けたい。

第 1 問

解 答

曲線 $C:y=x(x-1)(x-3)$ と直線 $l:y=tx$ の共有点の x 座標は，3次方程式

$$x(x-1)(x-3)=tx$$

の実数解であるから，C と l が原点 O 以外に共有点をもつのは，2次方程式

$$(x-1)(x-3)=t \qquad \cdots\cdots①$$

が 0 以外の実数解をもつときである。

① の実数解は，放物線 $y=(x-1)(x-3)$ と直線 $y=t$ の共有点の x 座標であるから，① が 0 以外の実数解をもつような t の値の範囲は

$$t\geqq-1$$

であり，このとき，①，すなわち，

$$x^2-4x+3-t=0 \qquad \cdots\cdots②$$

の実数解が P，Q の x 座標である。それらを p，q とおくと，P$(p,\ tp)$，Q$(q,\ tq)$ より

$$\text{OP}=\sqrt{1+t^2}\,|p|, \quad \text{OQ}=\sqrt{1+t^2}\,|q|$$

であるから，解と係数の関係も用いると，

$$g(t)=\text{OP}\cdot\text{OQ}=(1+t^2)\,|pq|=(1+t^2)\,|3-t|$$

となる。

さて，

$$h(t)=(1+t^2)(3-t)$$
$$=-t^3+3t^2-t+3$$

とおくと，

$$h'(t)=-3t^2+6t-1$$

となるから，$h(t)$ の増減は右上のようになる。また，$h(t)$ を $h'(t)$ で割ると

$$h(t)=h'(t)\left(\frac{1}{3}t-\frac{1}{3}\right)+\frac{4}{3}t+\frac{8}{3}$$

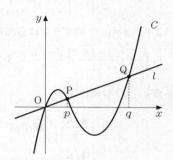

t		$\dfrac{3-\sqrt{6}}{3}$		$\dfrac{3+\sqrt{6}}{3}$	
$h'(t)$	$-$	0	$+$	0	$-$
$h(t)$	↘		↗		↘

となるから，$h(t)$ の極値は

$$h\left(\frac{3\pm\sqrt{6}}{3}\right)=\frac{4}{3}\cdot\frac{3\pm\sqrt{6}}{3}+\frac{8}{3}=4\pm\frac{4\sqrt{6}}{9}\quad(\text{複号同順})$$

となる。

$$g(t)=\begin{cases}h(t) & (-1\leqq t\leqq 3)\\ -h(t) & (t\geqq 3)\end{cases}$$

より，$u=g(t)$ のグラフは右図のようになるか

ら $\left(-1<\dfrac{3-\sqrt{6}}{3}<\dfrac{3+\sqrt{6}}{3}<3\right.$ であることに注

意$\Big)$，$g(t)$ の極値は

$4-\dfrac{4\sqrt{6}}{9}$ （極小値）

$4+\dfrac{4\sqrt{6}}{9}$ （極大値）

0 （極小値）

である。

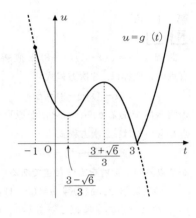

解説

1° 点 P，Q の x 座標が 2 次方程式①（すなわち，②）の実数解であることが分からないと解答が始まらない。

2° ①（すなわち，②）が 0 以外の実数解をもつ条件から，直線 l の傾き t の変域が求まることになる。

　解　**答**　では，①の両辺のグラフの共有点を考えることにより t の変域を求めたが，②が 0 を重解にもたないことに注意して，

$$\frac{②\text{の判別式}}{4}=(-2)^2-(3-t)\geqq 0$$

から求めてもよい。

3° 本問のポイントの 1 つは，傾き t の直線 l 上の 2 点 O，P 間の距離が，

$$\sqrt{1+t^2}\,|(\text{P の }x\text{ 座標})-(\text{O の }x\text{ 座標})|$$

で与えられることである。

　これを利用すれば，②の解と係数の関係も用い

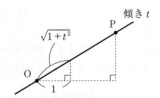

て，関数 $g(t)$ を t で表すことができ，

$$g(t) = (1+t^2)|3-t|$$

となる。

4° $g(t)$ は絶対値記号を含むから，まず，関数

$$h(t) = (1+t^2)(3-t)$$

の増減を調べることになる。

$h(t)$ の極値を与える t の値は根号を含む無理数になるので，極値を求めるのに計算を工夫するのがよい。

その代表的なものは，$h(t)$ を $h'(t)$ で割ったときの商を $Q(t)$，余りを $R(t)$ とすると，

$$h(t) = h'(t)Q(t) + R(t)$$

であることから，$h'(t) = 0$ の解 α に対して，

$$h(\alpha) = h'(\alpha)Q(\alpha) + R(\alpha) = 0 \cdot Q(\alpha) + R(\alpha) = R(\alpha)$$

が成り立つことを利用するものである（この手法を"次数下げ"という）。

他には，

$$\begin{aligned} h(t) &= -t^3 + 3t^2 - t + 3 \\ &= -(t-1)^3 + 2t + 2 \\ &= -(t-1)^3 + 2(t-1) + 4 \end{aligned}$$

と変形してから，

$$t = \frac{3 \pm \sqrt{6}}{3} = 1 \pm \frac{\sqrt{6}}{3}$$

を代入する方法もある（この手法を"立方完成"という）。

5° 最後に $g(t) = |h(t)|$ の極値を答える際，$u = g(t)$ のグラフの"折れ目"の u 座標である $g(3) = 0$ も極小値であることに注意しよう。

第　2　問

解 答

(1)　　　　P$(0, -\sqrt{2})$, Q$(0, \sqrt{2})$, A$(a, \sqrt{a^2+1})$ $(0 \leq a \leq 1)$

より

$$\begin{aligned} \text{PA}^2 &= a^2 + (\sqrt{a^2+1} + \sqrt{2})^2 \\ &= 2a^2 + 3 + 2\sqrt{2a^2+2} \\ &= (\sqrt{2a^2+2} + 1)^2 \\ \text{AQ}^2 &= a^2 + (\sqrt{a^2+1} - \sqrt{2})^2 \end{aligned}$$

$$=2a^2+3-2\sqrt{2a^2+2}$$
$$=(\sqrt{2a^2+2}-1)^2$$

であるから，$\sqrt{2a^2+2}>1$ に注意すると，

$$PA=\sqrt{2a^2+2}+1$$
$$AQ=\sqrt{2a^2+2}-1 \qquad\qquad \cdots\cdots①$$

となる。

よって，

$$PA-AQ=\mathbf{2} \qquad\qquad \cdots\cdots②$$

であり，これは a によらない定数である。

(2)　点Bの座標を $B(b,\ c)$ とおくと，

$c=\dfrac{\sqrt{2}}{8}b^2$ より $b^2=4\sqrt{2}\,c$ であるから，

$$BQ^2=b^2+(c-\sqrt{2})^2$$
$$=4\sqrt{2}\,c+(c-\sqrt{2})^2$$
$$=(c+\sqrt{2})^2$$
$$\therefore\quad BQ=c+\sqrt{2} \qquad\qquad \cdots\cdots③$$

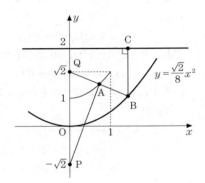

となる。

①，③ より

$$AQ\leqq\sqrt{2\cdot1^2+2}-1=1,\ \ BQ\geqq\sqrt{2}$$

であるから，$AQ<BQ$ であり，

$$AB=BQ-AQ \qquad\qquad \cdots\cdots④$$

となる。

また，

$$(Q\ の\ y\ 座標\ \sqrt{2})\geqq(A\ の\ y\ 座標\ \sqrt{a^2+1})$$

より，点Bは直線 $y=2$ の下側にあるから，

$$BC=2-c \qquad\qquad \cdots\cdots⑤$$

となる。

②，③，④，⑤ より，

$$PA+AB+BC=PA+(BQ-AQ)+BC$$
$$=(PA-AQ)+BQ+BC$$
$$=2+(c+\sqrt{2})+(2-c)$$
$$=\mathbf{4+\sqrt{2}}$$

であり，これは a によらない定数である。

解説

1° (1) では，
$$PA=\sqrt{a^2+(\sqrt{a^2+1}+\sqrt{2})^2}$$
$$=\sqrt{2a^2+3+2\sqrt{2a^2+2}} \quad\quad\quad\quad\cdots\cdots\text{Ⓐ}$$
$$AQ=\sqrt{a^2+(\sqrt{a^2+1}-\sqrt{2})^2}$$
$$=\sqrt{2a^2+3-2\sqrt{2a^2+2}} \quad\quad\quad\quad\cdots\cdots\text{Ⓑ}$$

までは問題ないだろう。このあと，"2 重根号"が外せるかどうかが問題である。

一般に，$A>B>0$ に対して，
$$A+B\pm2\sqrt{AB}=(\sqrt{A}\pm\sqrt{B})^2$$
$$\therefore\quad \sqrt{A+B\pm2\sqrt{AB}}=\sqrt{A}\pm\sqrt{B}\quad(\text{以上，複号同順})$$

であるから，Ⓐ，Ⓑ に対しては，
$$A+B=2a^2+3,\quad AB=2a^2+2\ (A>B>0)\quad\quad\cdots\cdots\text{Ⓒ}$$

となる A，B を用いれば，2 重根号が外せることになるが，
$$A=2a^2+2,\quad B=1$$

とすれば Ⓒ が満たされるから，
$$PA=\sqrt{2a^2+2}+\sqrt{1},\quad AQ=\sqrt{2a^2+2}-\sqrt{1}$$

となり，(1) が解決する。

2 重根号が外せなかったとしても，
$$(PA-AQ)^2=PA^2+AQ^2-2PA\cdot AQ$$
$$=(2a^2+3+2\sqrt{2a^2+2})+(2a^2+3-2\sqrt{2a^2+2})$$
$$-2\sqrt{2a^2+3+2\sqrt{2a^2+2}}\sqrt{2a^2+3-2\sqrt{2a^2+2}}$$
$$=2(2a^2+3)-2\sqrt{(2a^2+3)^2-4(2a^2+2)}$$
$$=2(2a^2+3)-2\sqrt{4a^4+4a^2+1}$$
$$=2(2a^2+3)-2\sqrt{(2a^2+1)^2}$$
$$=2(2a^2+3)-2(2a^2+1)$$
$$=4$$

とした後，$PA>AQ$ に注意すれば，
$$PA-AQ=2$$

が得られ，解決する。

2° (2)では，直線 QA の方程式を a を用いて表し，放物線 $y=\dfrac{\sqrt{2}}{8}x^2$ との交点 B の

座標を a で表して解決しようと思うと，面倒な計算を強いられる。ここは，(1)の

利用を考えるべきである。

　Q，A，B が一直線上にあるから，AB の長さを AQ の長さと結びつけようと考

えて，まず，BQ の長さを求めてみることがポイントである。点 B の座標を

$$B(b,\ c)\quad\left(\text{ただし，}\ c=\frac{\sqrt{2}}{8}b^2\right)$$

とおいて，BQ の長さを計算してみると，直ちに

$$BQ=c+\sqrt{2}\ \left(=\frac{\sqrt{2}}{8}b^2+\sqrt{2}\right)$$

が得られる。あとは，

　　　B が線分 QA 上にない　　　　　　　　　　　　　　　　……Ⓓ

ことが分かれば，

　　　AB＝BQ－AQ

となり，解決に大きく近づくことになる。

　Ⓓ を示すのに，解 答 では

　　　$AQ \leqq 1 < \sqrt{2} \leqq BQ$

であることを用いたが，他にも，$0 \leqq x \leqq 1$ にお

いて，

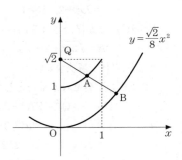

　（Q の y 座標 $\sqrt{2}$）$\geqq$（A の y 座標 $\sqrt{a^2+1}$）

$$\geqq 1 > \frac{\sqrt{2}}{8}x^2$$

が成り立つことから示すこともできる。

　このあとは，解 答 の通りである。

3° 　数学 C で学ぶ 2 次曲線の知識があれば，PA，AQ，BQ の長さが "きれいな形"

で求まった理由が分かる（点 A は 2 点 P，Q を焦点とする双曲線 $y^2-x^2=1$ 上に

あり，点 B は点 Q を焦点とする放物線 $x^2=4\sqrt{2}y$ 上にあるからである）。

第 3 問

解 答

$x^2+y^2=25$ と $2x+y=5$ を連立して y を消去すると,

$$x^2+(-2x+5)^2=25$$
$$\therefore \quad 5x^2-20x=0$$
$$\therefore \quad x=0, \ 4$$

となるから, 円 $C:x^2+y^2=25$ と直線 $l:2x+y=5$ の交点は $(0, 5)$, $(4, -3)$ であり, 実数 x, y が

$$x^2+y^2 \leqq 25 \ \text{かつ} \ 2x+y \leqq 5$$

を満たして変化するとき, 点 $P(x, y)$ の存在範囲は, 右図の網目部分である (境界を含む)。

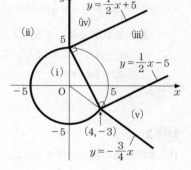

さて,

$$z=x^2+y^2-2ax-2by \qquad \cdots\cdots \text{①}$$
$$=(x-a)^2+(y-b)^2-a^2-b^2$$

であるから, $A(a, b)$ とすると,

$$z=\text{AP}^2-a^2-b^2$$

となる。したがって, z が最小になるのは, AP の長さが最小になるときである。

座標平面を, 右図のように5つの部分に分ける。

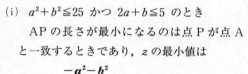

(i)　$a^2+b^2 \leqq 25$ かつ $2a+b \leqq 5$ のとき

AP の長さが最小になるのは点 P が点 A と一致するときであり, z の最小値は

$$-\boldsymbol{a^2-b^2}$$

である。

(ii)　$a^2+b^2 \geqq 25$ かつ "$a \leqq 0$ または $b \leqq -\dfrac{3}{4}a$" のとき

AP の長さが最小になるのは点 P が線分 OA と円 C の共有点と一致するときであり, そのとき

$$\text{AP}=\text{OA}-5=\sqrt{a^2+b^2}-5$$

であるから, z の最小値は

$$(\sqrt{a^2+b^2}-5)^2-a^2-b^2=\boldsymbol{25-10\sqrt{a^2+b^2}}$$

である。

(iii)　$2a+b\geqq5$　かつ　$b\leqq\dfrac{1}{2}a+5$　かつ　$b\geqq\dfrac{1}{2}a-5$　のとき

　　APの長さが最小になるのは点Pが点Aから直線 l に下ろした垂線の足と一致するときであり，そのとき

$$\mathrm{AP}=\dfrac{|2a+b-5|}{\sqrt{2^2+1^2}}=\dfrac{2a+b-5}{\sqrt5}$$

であるから，z の最小値は

$$\left(\dfrac{2a+b-5}{\sqrt5}\right)^2-a^2-b^2=\dfrac{-a^2-4b^2+4ab-20a-10b+25}{5}$$

である。

(iv)　$a\geqq0$　かつ　$b\geqq\dfrac{1}{2}a+5$　のとき

　　APの長さが最小になるのは点Pが点 $(0,\ 5)$ と一致するときであるから，①に $(x,\ y)=(0,\ 5)$ を代入して，z の最小値は

$$25-10b$$

である。

(v)　$b\geqq-\dfrac{3}{4}a$　かつ　$b\leqq\dfrac{1}{2}a-5$　のとき

　　APの長さが最小になるのは点Pが点 $(4,\ -3)$ と一致するときであるから，①に $(x,\ y)=(4,\ -3)$ を代入して，z の最小値は

$$25-8a+6b$$

である。

（解説）

1°　本問解決の最大のポイントは，

$$z=x^2+y^2-2ax-2by=(x-a)^2+(y-b)^2-a^2-b^2$$

が最小になるのが，

$$(x-a)^2+(y-b)^2 \qquad\qquad\cdots\cdots ⓐ$$

が最小になるときであり，ⓐ が

　　　定点 $\mathrm{A}(a,\ b)$ と動点 $\mathrm{P}(x,\ y)$ の間の距離の 2 乗

であることから，

　　　APの長さの最小値を求めればよい

ということを掴むことである。

2° 動点 P は，円 $C:x^2+y^2=25$ と直線 $l:2x+y=5$ で囲まれた領域 D 内を動く。定点 A がどこにあるかによって，AP の長さが最小になるときの P の位置が変わるので，座標平面をいくつかの部分に分けて考察することになる。

　まず，定点 A が領域 D に含まれるときには，AP の長さが最小になるのは動点 P が点 A と一致するときである。

　以下，定点 A が領域 D に含まれないときを考える。

　領域 D は，円 C の中心 O を含み，その境界は，円 C の一部である円弧 C' と直線 l の一部である線分 l' からなる。

　線分 OA が円弧 C' と共有点をもつときは，AP の長さが最小になるのは動点 P がその共有点と一致するときで，AP の長さの最小値は OA-5 である。

　そうでないときは，点 A から直線 l に下ろした垂線の足 H が線分 l' 上にあるかどうかでさらに場合が分かれることになる。点 H が線分 l' 上にあれば，AP の長さが最小になるのは動点 P が点 H に一致するときであり，AP の長さの最小値は点 A と直線 l の距離である。点 H が線分 l' 上になければ，AP の長さが最小になるのは，動点 P が線分 l' の端点のいずれかに一致するときである。

　以上の考察をもとにすれば，座標平面を **解 答** のように 5 つの部分に分けて，z の最小値を求めればよいことが分かるだろう。

第 4 問

解 答

　初めて表が出る回までは，A が奇数回目にコインを投げ，B が偶数回目にコインを投げる。その後，次に表が出る回までは，A が偶数回目にコインを投げ，B が奇数回目にコインを投げる。以下同様にして，表が出ると，その次の回から，A，B が何回目にコインを投げるかの偶奇が入れ替わる。

　A の勝利となるのは，点を獲得する順が AA，ABA，BAA のいずれかのときであるから，

(ⅰ) n が偶数で，$n-1$ 回目以前の奇数回目のうち 1 回だけ表が出て，偶数回目であ

る n 回目に表が出る（それら以外の回は裏が出る）

(ii) n が 5 以上の奇数で,

(a) $n-1$ 回目以前の奇数回目のうち 2 回だけ表が出て, 奇数回目である n 回目に表が出る（それら以外の回は裏が出る）

(b) $n-1$ 回目以前の偶数回目のうち 2 回だけ表が出て, 奇数回目である n 回目に表が出る（それら以外の回は裏が出る）

のいずれかの場合である。

(i) n が偶数のとき

1, 2, ……, $n-1$ に含まれる奇数は $\dfrac{n}{2}$ 個であるから, A の勝利となる確率は,

$$p(n)=\frac{{}_{\frac{n}{2}}C_1}{2^n}=\frac{\dfrac{n}{2}}{2^n}=\frac{n}{2^{n+1}}$$

となる。

(ii) n が 5 以上の奇数のとき

1, 2, ……, $n-1$ に含まれる奇数, 偶数はともに $\dfrac{n-1}{2}$ 個であるから, A の勝利となる確率は,

$$p(n)=\frac{{}_{\frac{n-1}{2}}C_2\cdot 2}{2^n}=\frac{\dfrac{\dfrac{n-1}{2}\cdot\left(\dfrac{n-1}{2}-1\right)}{2\cdot 1}\cdot 2}{2^n}$$

$$=\frac{(n-1)(n-3)}{2^{n+2}} \qquad\qquad\cdots\cdots①$$

となる。

$n=1$, 3 のとき, $p(n)=0$ であるが, この場合も ① でよい。

以上をまとめると,

$$p(n)=\begin{cases}\dfrac{n}{2^{n+1}} & (n\text{が偶数のとき})\\[2mm]\dfrac{(n-1)(n-3)}{2^{n+2}} & (n\text{が奇数のとき})\end{cases}$$

となる。

解説

1° まず，どのようなときに A の勝利となるのかを把握することが解決の第1歩である。

(ア) B が1点も獲得せず，A が2点を獲得して A の勝利となるのは，

のようになるときである。

また，B が1点を獲得し，A が2点を獲得して A の勝利となるのは，

(イ) ABA の順に点を獲得するとき，

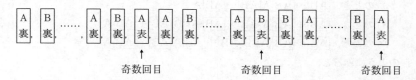

(ウ) BAA の順に点を獲得するとき，

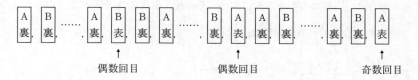

のようになるときである。

よって，n が偶数のときは(ア)のタイプしかなく，n が奇数のときには(イ)，(ウ)のタイプがある。

2° 以上，3つのタイプについて，誰がコインを投げたかを並べると，

(ア)のとき，AB…ABAAB…ABA

(イ)のとき，AB…ABAAB…ABBAB…BA

(ウ)のとき，AB…ABBAB…BAABA…BA

となり，コインの表，裏を並べると，

(ア)のとき，$\underbrace{裏裏\cdots裏裏}_{偶数}$ 表 $\underbrace{裏裏\cdots裏裏}_{偶数}$ 表

(イ)のとき，$\underbrace{裏裏\cdots裏裏}_{偶数}$ 表 $\underbrace{裏裏\cdots裏}_{奇数}$ 表 $\underbrace{裏裏\cdots裏}_{奇数}$ 表

(ウ)のとき，$\underbrace{裏裏\cdots裏}_{奇数}$ 表 $\underbrace{裏裏\cdots裏}_{奇数}$ 表 $\underbrace{裏裏\cdots裏裏}_{偶数}$ 表

となる。

3° 解 答 では，コインの表，裏に着目して解いた。その方針は，問題文の『たとえば，コインが表，裏，表，表と出た場合，この時点で A は 1 点，B は 2 点を獲得しているので B の勝利となる』の部分で示唆されている。

4° 誰がコインを投げたかに着目して，例えば，次のように解くこともできる。

誰がコインを投げたかを並べたものを，

(ア)のとき，$\boxed{AB}\cdots\boxed{AB}A\boxed{AB}\cdots\boxed{AB}$A 　　……㋐

(イ)のとき，$\boxed{AB}\cdots\boxed{AB}A\boxed{AB}\cdots\boxed{AB}\boxed{(ABB)}\boxed{AB}\cdots\boxed{AB}$A 　　……㋑

(ウ)のとき，$\boxed{AB}\cdots\boxed{AB}\boxed{(ABB)}\boxed{AB}\cdots\boxed{AB}A\boxed{AB}\cdots\boxed{AB}$A 　　……㋒

のようにみると，

・㋐のとき，n は偶数であり，㋐のような並びは，1 個の A と $\dfrac{n-2}{2}$ 個の $\boxed{AB}$

の合計 $\dfrac{n}{2}$ 個のものを 1 列に並べ，その後，最後に A を並べると得られるから，

㋐のような並べ方の総数は，

$$\frac{\left(\dfrac{n}{2}\right)!}{1!\left(\dfrac{n-2}{2}\right)!}=\frac{n}{2}\ （通り）$$

である。

・㋑，㋒のとき，n は 5 以上の奇数であり，㋑ または ㋒ のような並びは，1 個の A と 1 個の $\boxed{(ABB)}$ と $\dfrac{n-5}{2}$ 個の $\boxed{AB}$ の合計 $\dfrac{n-1}{2}$ 個のものを 1 列に並べ，その後，最後に A を並べると得られるから，㋑ または ㋒ のような並べ方の総数は，

$$\frac{\left(\dfrac{n-1}{2}\right)!}{1!1!\left(\dfrac{n-5}{2}\right)!}=\frac{n-1}{2}\cdot\frac{n-3}{2}\ （通り）$$

である。

よって，求める確率 $p(n)$ は，

n が偶数のとき，$p(n) = \dfrac{\dfrac{n}{2}}{2^n} = \dfrac{n}{2^{n+1}}$

n が 5 以上の奇数のとき，$p(n) = \dfrac{\dfrac{n-1}{2} \cdot \dfrac{n-3}{2}}{2^n} = \dfrac{(n-1)(n-3)}{2^{n+2}}$

である。

第 1 問

解 答

実数 x, y が

$$2x^2+4xy+3y^2+4x+5y-4=0 \qquad \cdots\cdots①$$

を満たすとき，x のとりうる値の範囲は，① を満たす実数 y が存在するような実数 x の値の範囲である。

① を y についての方程式とみて整理すると，2 次方程式

$$3y^2+(4x+5)y+2x^2+4x-4=0$$

となり，その判別式を D とおくと

$$D=(4x+5)^2-4\cdot3(2x^2+4x-4)=-8x^2-8x+73$$

となるから，① を満たす実数 y が存在するような実数 x の値の範囲は，$D\geqq0$ より

$$8x^2+8x-73\leqq0$$

$$\therefore\quad \frac{-2-5\sqrt{6}}{4}\leqq x\leqq\frac{-2+5\sqrt{6}}{4}$$

となる。

以上から，x のとりうる最大の値は

$$\frac{5\sqrt{6}-2}{4}$$

である。

解説

1° 変域を求めたい変数以外の変数の存在条件から変域を求めるという，東大が好んで出題するタイプの問題である。

2° 何となく 1 文字について整理して判別式を考えれば答は出るが，きちんと解法の原理が分かった上で解けた受験生はそう多くはないだろう。

ここで，この手の問題の考え方を確認しておこう。

実数 x, y が ① を満たして変化するとき，例えば，$x=1$ となりうるかどうかを考えてみよう。① で $x=1$ とおくと，

$$2+4y+3y^2+4+5y-4=0, \quad すなわち, \quad 3y^2+9y+2=0$$

となり，この 2 次方程式は実数解 $y=\dfrac{-9\pm\sqrt{57}}{6}$ をもつから，

$$(x, \ y)=\left(1, \ \frac{-9\pm\sqrt{57}}{6}\right)$$

は ① を満たす。よって，$x=1$ となりうる。

　次に，$x=3$ となりうるかどうかを考えてみよう。① で $x=3$ とおくと，

$$18+12y+3y^2+12+5y-4=0, \quad すなわち, \quad 3y^2+17y+26=0$$

となり，この 2 次方程式は実数解をもたない（判別式を考えよ）から，$x=3$ である
ような組

$$(x, \ y)=(3, \ y) \quad (yは実数)$$

で ① を満たすものは存在しない。よって，$x=3$ となることはない。

　以上から分かるように，実数 k に対して，$x=k$ となりうるかどうかは，① に
$x=k$ を代入して得られる y についての 2 次方程式

$$3y^2+(4k+5)y+2k^2+4k-4=0$$

が実数解をもつかどうかで判定される。すなわち，

　　　　x が k という実数値をとる

　$\iff$　$3y^2+(4k+5)y+2k^2+4k-4=0$ を満たす実数 y が存在する

となるのである。

　x を k と書き直さないで x のままで解答を作れば，$\boxed{解}\ \boxed{答}$ のようになる。

$3°$　結局のところ，本問は，

　　　『a を実数とする。x についての 2 次方程式

　　　　$2a^2+4ax+3x^2+4a+5x-4=0$

　　　が実数解をもつような a の最大値を求めよ。』

という，ありきたりの問題と同じものなのである。

$4°$　因みに，数学ⅠⅡＡＢの範囲外であるが，xy 平面において ① は楕円を表してい
る。

第 2 問

解答

$\angle$ACO$=\angle$BCD より，直線 CD は直線 AC と x 軸
に関して対称であり，その方程式は

$$y=\frac{1}{t}x-1$$

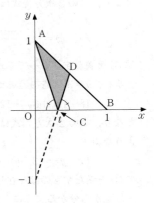

となる。これと直線 AB の方程式

$$y=1-x$$

を連立することにより，点 D の x 座標 x_{D} は，

$$\frac{1}{t}x_{\mathrm{D}}-1=1-x_{\mathrm{D}}$$

よって，

$$x_{\mathrm{D}}=\frac{2t}{t+1}$$

であり，点 D の y 座標 y_{D} は，

$$y_{\mathrm{D}}=1-x_{\mathrm{D}}$$

である。

よって，三角形 ACD の面積 S は，t を用いて

$$S=\triangle\mathrm{ABC}-\triangle\mathrm{BCD}=\frac{1}{2}\cdot(1-t)\cdot1-\frac{1}{2}\cdot(1-t)\cdot y_{\mathrm{D}}$$

$$=\frac{1}{2}(1-t)(1-y_{\mathrm{D}})=\frac{1}{2}(1-t)x_{\mathrm{D}}=\frac{t(1-t)}{t+1}$$

と表されるが，$u=t+1$ とおくと，$t=u-1$ であるから，

$$S=\frac{(u-1)(2-u)}{u}=\frac{-u^2+3u-2}{u}=3-\left(u+\frac{2}{u}\right)$$

となり，u の変域は

$$1<u<2 \qquad\qquad\qquad\qquad\cdots\cdots①$$

となる。

ここで，相加平均・相乗平均の不等式より，

$$u+\frac{2}{u}\geqq2\sqrt{u\cdot\frac{2}{u}}=2\sqrt{2}$$

であり，等号は，$u=\dfrac{2}{u}$ かつ ①，すなわち，$u=\sqrt{2}$ のときに成り立つから，

$u+\dfrac{2}{u}$ の最小値は $2\sqrt{2}$ である。

以上から，求める最大値は

$$3-2\sqrt{2}$$

である。

解説

1°　三角形 ACD の面積 S の求め方は，**解** **答** の方法以外にもいろいろある。**解** **答** の方法以外のものを 1 つ紹介しておこう。

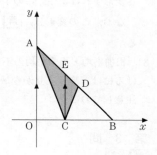

　三角形 ACD を C を通り y 軸に平行な線分 CE によって 2 つの三角形 ACE，CDE に分け，CE を底辺とみて 2 つの三角形の面積の和を求めると，

$$S=\triangle \text{ACE}+\triangle \text{CDE}$$

$$=\frac{1}{2}\text{CE}\cdot(\text{C}の x座標)+\frac{1}{2}\text{CE}\cdot\{(\text{D}の x座標)-(\text{C}の x座標)\}$$

$$=\frac{1}{2}\text{CE}\cdot(\text{D}の x座標)$$

となり，

$$\text{CE}=1-t,\ \ \text{D}の x座標\ x_{\text{D}}=\frac{2t}{t+1}\quad (上の\ \boxed{解}\ \boxed{答}\ を見よ)$$

であるから，

$$S=\frac{t(1-t)}{t+1}$$

となる。

2°　問題は，面積 S を t で表した後の処理である。商の微分法（数学Ⅲの範囲）を知っていれば，S を t で微分して増減を調べることにより，機械的に解決するが，数学ⅠⅡ A B の範囲で解決するには，工夫が必要である。

　S の表式の分子 $-t^2+t$ を分母 $t+1$ で割ったときの商と余りを求めることにより，

$$S=-t+2+\frac{-2}{t+1}=2-\left(t+\frac{2}{t+1}\right)$$

とした後，相加平均・相乗平均の不等式が利用できるように，積が一定になるような形を作ることを考えて，

$$\begin{array}{r}
-t+2 \\
t+1\ \overline{)\ -t^2+t} \\
\underline{-t^2-t} \\
2t \\
\underline{2t+2} \\
-2
\end{array}$$

$$S=2-\left(t+1+\frac{2}{t+1}-1\right)$$
$$=3-\left(t+1+\frac{2}{t+1}\right)$$

と変形すればよい。この手の変形は，文系受験生にとって必須の手法である。

　なお，この変形は，$\boxed{解}$ $\boxed{答}$ で行ったように，$u=t+1$ とおくと，自然にできる。

3° 相加平均・相乗平均の不等式を用いた後，S の最大値が $3-2\sqrt{2}$ であると結論付けるには，等号成立が変域内で実現することの確認が必要である。老婆心ながら，注意しておこう。

第 3 問

$\boxed{解}$ $\boxed{答}$

　右図のように，部屋 A，B，C，D，E，F，R を定める。

　球は，P，Q，R のいずれかの部屋にある 1 秒後にはP，Q，R 以外のいずれかの部屋にあり，P，Q，R 以外のいずれかの部屋にある 1 秒後には P，Q，R のいずれかの部屋にあるから，部屋 P から出発するとき，偶数秒後には P，Q，R のいずれかの部屋にあり，奇数秒後には P，Q，R 以外のいずれかの部屋にある。

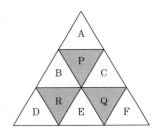

　さて，n を 0 以上の整数として，n 秒後に部屋 P，Q，R にある確率をそれぞれ p_n，q_n，r_n とおく。

　上に述べたことから，

$$q_0=0 \qquad\qquad\qquad\qquad \cdots\cdots①$$
$$\begin{cases} n \text{ が偶数のとき，} p_n+q_n+r_n=1 & \cdots\cdots② \\ n \text{ が奇数のとき，} q_n=0 & \cdots\cdots③ \end{cases}$$

である。

　m を 0 以上の整数として，$2(m+1)$ 秒後に部屋 Q にあるのは，

(i) $2m$ 秒後に部屋 P にあり，P→C→Q と移動する

(ii) $2m$ 秒後に部屋 Q にあり，

$$\text{Q→C→Q または Q→E→Q または Q→F→Q}$$

と移動する

(iii)　$2m$ 秒後に部屋 R にあり，R→E→Q と移動する

のいずれかの場合であるから，

$$q_{2(m+1)} = p_{2m} \cdot \frac{1}{3} \cdot \frac{1}{2} + q_{2m} \cdot \left(\frac{1}{3} \cdot \frac{1}{2} + \frac{1}{3} \cdot \frac{1}{2} + \frac{1}{3} \cdot 1 \right) + r_{2m} \cdot \frac{1}{3} \cdot \frac{1}{2}$$

$$= \frac{2}{3} q_{2m} + \frac{1}{6} (p_{2m} + r_{2m})$$

であり，②に注意すると，

$$q_{2(m+1)} = \frac{2}{3} q_{2m} + \frac{1}{6} (1 - q_{2m}) = \frac{1}{2} q_{2m} + \frac{1}{6}$$

$$\therefore \quad q_{2(m+1)} - \frac{1}{3} = \frac{1}{2} \left(q_{2m} - \frac{1}{3} \right) \qquad\qquad \cdots\cdots ④$$

となる。

　①，④ より，数列 $\left\{ q_{2m} - \dfrac{1}{3} \right\}$ $(m = 0, 1, 2, \cdots\cdots)$ は，初項 $q_0 - \dfrac{1}{3} = -\dfrac{1}{3}$, 公比 $\dfrac{1}{2}$

の等比数列であるから，

$$q_{2m} - \frac{1}{3} = -\frac{1}{3} \left(\frac{1}{2} \right)^m$$

$$\therefore \quad q_{2m} = \frac{1}{3} \left\{ 1 - \left(\frac{1}{2} \right)^m \right\} \qquad\qquad \cdots\cdots ⑤$$

を得る。

　③，⑤ より，求める確率は

$$\begin{cases} \dfrac{1}{3} \left\{ 1 - \left(\dfrac{1}{2} \right)^{\frac{n}{2}} \right\} & (\boldsymbol{n}\text{が偶数のとき}) \\[2mm] \boldsymbol{0} & (\boldsymbol{n}\text{が奇数のとき}) \end{cases}$$

である。

（解説）

1°　漸化式を利用して確率を求めるという，東大が好んで出題するタイプの問題である。

2°　まず，偶数秒後に球が存在しうる部屋は，[解][答]の記号で，P, Q, R の 3 部屋のみであり，奇数秒後に球が存在しうる部屋は，それら 3 部屋以外の部屋であることに気付くことが解決の第 1 歩である。このことにより，偶数秒後のみを考えればよいことになる。

3°　n 秒後に球が部屋 P, Q, R にある確率をそれぞれ p_n, q_n, r_n とする。

　　球が部屋 P，Q，R にある状態から 2 秒後に部屋
Q にある確率をそれぞれ p，q，r とすると，漸化式

$$q_{2(m+1)}=p_{2m}\cdot p+q_{2m}\cdot q+r_{2m}\cdot r$$

が成り立つが，対称性から

$$p=r$$

であるから，

$$q_{2(m+1)}=q\cdot q_{2m}+p\cdot(p_{2m}+r_{2m})$$

となる。ここで，$p_{2m}+q_{2m}+r_{2m}=1$ を用いれば，

$$q_{2(m+1)}=aq_{2m}+b \quad (a,\ b \text{は定数})$$

の形の漸化式が得られ，この漸化式を初期条件

$$q_0=0$$

の下で解けばよいのである。

4° 2004 年度第 4 問も参照せよ。解法がよく似ていることが分かるだろう。

第　4　問

解答

(1)　$y=x^2+1$ のとき $y'=2x$ であるから，放物線 C 上の点 $(u,\ u^2+1)$ における接
　　線 l の方程式は

$$y=2u(x-u)+u^2+1$$

$$\therefore\quad y=2ux-u^2+1 \qquad\qquad\cdots\cdots①$$

　　であり，l が点 $(s,\ t)$ を通る条件は

$$t=2us-u^2+1$$

$$\therefore\quad u^2-2su+t-1=0 \qquad\qquad\cdots\cdots②$$

　　となる。

$$t<0 \qquad\qquad\cdots\cdots③$$

　　に注意すると，u についての 2 次方程式 ② は相異なる 2 実数解

$$u=s\pm\sqrt{s^2-t+1} \qquad\qquad\cdots\cdots④$$

　　をもつ。

　　　④ を ① に代入して，l_1，l_2 の方程式は，

$$y=2(s\pm\sqrt{s^2-t+1})x-(s\pm\sqrt{s^2-t+1})^2+1$$

$$\therefore\quad \boldsymbol{y=2(s\pm\sqrt{s^2-t+1})x-2s^2+t\mp2s\sqrt{s^2-t+1}} \quad \textbf{(複号同順)}$$

　　である。

(2)　④のうち，小さい方を

$u_1 = s - \sqrt{s^2 - t + 1}$，大きい方を

$u_2 = s + \sqrt{s^2 - t + 1}$　とおくと，放物線 C と

直線 l_1，l_2 で囲まれる領域の面積は，

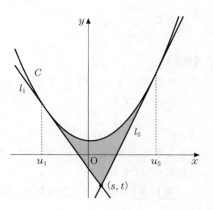

$$\int_{u_1}^{s} \{x^2 + 1 - (2u_1 x - u_1{}^2 + 1)\}\, dx$$

$$+ \int_{s}^{u_2} \{x^2 + 1 - (2u_2 x - u_2{}^2 + 1)\}\, dx$$

$$= \int_{u_1}^{s} (x - u_1)^2\, dx + \int_{s}^{u_2} (x - u_2)^2\, dx$$

$$= \left[\frac{1}{3}\, (x - u_1)^3 \right]_{u_1}^{s} + \left[\frac{1}{3}\, (x - u_2)^3 \right]_{s}^{u_2}$$

$$= \frac{1}{3}\, (s - u_1)^3 - \frac{1}{3}\, (s - u_2)^3$$

$$= \frac{1}{3}\, (\sqrt{s^2 - t + 1})^3 - \frac{1}{3}\, (-\sqrt{s^2 - t + 1})^3$$

$$= \frac{2}{3}\, (s^2 - t + 1)^{\frac{3}{2}}$$

となる。

　　これが a となる条件は

$$\frac{2}{3}\, (s^2 - t + 1)^{\frac{3}{2}} = a \qquad \therefore\quad t = s^2 + 1 - \left(\frac{3}{2}a\right)^{\frac{2}{3}}$$

であり，③より

$$s^2 + 1 - \left(\frac{3}{2}a\right)^{\frac{2}{3}} < 0 \qquad \therefore\quad s^2 < \left(\frac{3}{2}a\right)^{\frac{2}{3}} - 1 \qquad\qquad \cdots\cdots⑤$$

である。

　　⑤を満たす実数 s が存在するのは，$\left(\dfrac{3}{2}a\right)^{\frac{2}{3}} - 1 > 0$，すなわち，$a > \dfrac{2}{3}$ のときで

あることに注意して，求める $(s,\ t)$ は，

$0 < a \leqq \dfrac{2}{3}$ のとき，存在しない

$a > \dfrac{2}{3}$ のとき，

$$t = s^2 + 1 - \left(\frac{3}{2}a\right)^{\frac{2}{3}}\ \text{かつ}\ -\sqrt{\left(\frac{3}{2}a\right)^{\frac{2}{3}} - 1} < s < \sqrt{\left(\frac{3}{2}a\right)^{\frac{2}{3}} - 1}$$

を満たすものすべて

である。

解説

1° 放物線 $C:y=x^2+1$ と 2 接線 l_1, l_2 との接点の x 座標を u_1, u_2（ただし，$u_1<u_2$）とすると，C, l_1, l_2 で囲まれる領域の面積 S が

$$S=\frac{1}{12}(u_2-u_1)^3$$

となることは有名であり，覚えている受験生も多いだろう。念のため，このことの証明を与えておこう。

[解][答] の式 ① を参照すれば，接線 l_1, l_2 の方程式は

$$y=2u_1x-u_1{}^2+1,\quad y=2u_2x-u_2{}^2+1$$

であり，これらを連立することにより，l_1, l_2 の交点の座標は

$$\left(\frac{u_1+u_2}{2},\ u_1u_2+1\right)$$

となる（これが問題文の $(s,\ t)$ である）。よって，

$$
\begin{aligned}
S&=\int_{u_1}^{\frac{u_1+u_2}{2}}\{(x^2+1)-(2u_1x-u_1{}^2+1)\}\,dx\\
&\quad+\int_{\frac{u_1+u_2}{2}}^{u_2}\{(x^2+1)-(2u_2x-u_2{}^2+1)\}\,dx\\
&=\int_{u_1}^{\frac{u_1+u_2}{2}}(x-u_1)^2\,dx+\int_{\frac{u_1+u_2}{2}}^{u_2}(x-u_2)^2\,dx\\
&=\left[\frac{1}{3}(x-u_1)^3\right]_{u_1}^{\frac{u_1+u_2}{2}}+\left[\frac{1}{3}(x-u_2)^3\right]_{\frac{u_1+u_2}{2}}^{u_2}\\
&=\frac{1}{3}\left(\frac{u_2-u_1}{2}\right)^3-\frac{1}{3}\left(\frac{u_1-u_2}{2}\right)^3\\
&=\frac{1}{12}(u_2-u_1)^3
\end{aligned}
$$

となる。

これを s, t で表すには，

$$\frac{u_1+u_2}{2}=s,\quad u_1u_2+1=t$$

より，

$$
\begin{aligned}
(u_2-u_1)^2&=(u_1+u_2)^2-4u_1u_2\\
&=(2s)^2-4(t-1)\\
&=4(s^2-t+1)
\end{aligned}
$$

$$\therefore \quad (u_2 - u_1)^3 = \{4(s^2 - t + 1)\}^{\frac{3}{2}}$$
$$= 8(s^2 - t + 1)^{\frac{3}{2}}$$

であることを用いればよい。

　　以上のことから分かるように，　面積 S を s, t で表すには，接点の x 座標 u_1, u_2 を s, t で表す必要はない。すなわち，設問 (1) の結果は不要である。

2°　設問 (2) において，面積が a となる条件は

$$\frac{2}{3}(s^2 - t + 1)^{\frac{3}{2}} = a$$

$$\therefore \quad t = s^2 + 1 - \left(\frac{3}{2}a\right)^{\frac{2}{3}} \qquad\qquad \cdots\cdots(*)$$

であるが，t に課せられた条件

$$t < 0$$

のため，そのような (s, t) が存在しないことがあることに注意しなければならない。

　　図形的には，点 (s, t) の存在範囲が，st 平面上の放物線 $(*)$ のうち s 軸の下側の部分であるということであるが，放物線 $(*)$ の頂点 $\left(0,\ 1 - \left(\frac{3}{2}a\right)^{\frac{2}{3}}\right)$ が $t \geqq 0$ の範囲にあると，面積が a であるような点 (s, t) は存在しないことになる。

2011年

第 1 問

解 答

$f(x) = ax^3 + bx^2 + cx + d$ のとき,

$$f(1) = a + b + c + d, \quad f(-1) = -a + b - c + d$$

であり, また,

$$\int_{-1}^{1}(bx^2 + cx + d)\,dx = 2\int_{0}^{1}(bx^2 + d)\,dx = 2\left[\frac{1}{3}bx^3 + dx\right]_{0}^{1} = 2\left(\frac{1}{3}b + d\right)$$

であるから, 与えられた3つの条件より,

$$\begin{cases} a + b + c + d = 1 & \cdots\cdots① \\ -a + b - c + d = -1 & \cdots\cdots② \\ \dfrac{1}{3}b + d = \dfrac{1}{2} & \cdots\cdots③ \end{cases}$$

が成り立つ.

①, ② を辺々引いて,

$$2a + 2c = 2 \quad \therefore \quad c = -a + 1$$

①, ② を辺々足して,

$$2b + 2d = 0 \quad \therefore \quad d = -b \qquad\qquad \cdots\cdots④$$

③, ④ より, $b = -\dfrac{3}{4}$, $d = \dfrac{3}{4}$

であるから,

$$f(x) = ax^3 - \frac{3}{4}x^2 + (-a + 1)x + \frac{3}{4} \qquad\qquad \cdots\cdots⑤$$

となり,

$$f'(x) = 3ax^2 - \frac{3}{2}x + (-a + 1), \quad f''(x) = 6ax - \frac{3}{2}$$

となる.

よって,

$$\{f''(x)\}^2 = \left(6ax - \frac{3}{2}\right)^2 = 36a^2x^2 - 18ax + \frac{9}{4}$$

となるから,

$$I=\int_{-1}^{\frac{1}{2}}\{f''(x)\}^2 dx=\left[12a^2x^3-9ax^2+\frac{9}{4}x\right]_{-1}^{\frac{1}{2}}$$

$$=\frac{27}{2}a^2+\frac{27}{4}a+\frac{27}{8}=\frac{27}{2}\left(a+\frac{1}{4}\right)^2+\frac{81}{32}$$

となる。

これより，I が最小になるのは，$a=-\dfrac{1}{4}$（これは，$a\neq0$ を満たす）のときであり，それは，⑤ より，

$$f(x)=-\frac{1}{4}x^3-\frac{3}{4}x^2+\frac{5}{4}x+\frac{3}{4}$$

のときである。また，そのときの I の値は

$$\frac{81}{32}$$

である。

2011

解説

1°　2011 年度の問題の中では最も易しい。確実に得点すべき問題である。

2°　3 次関数 $f(x)$ は係数に未知数を 4 個含むが，それらに対して，条件が 3 個あるため，1 個の未知数を用いて $f(x)$ を表すことができる。本問では，

$$a+c=1,\quad b=-\frac{3}{4},\quad d=\frac{3}{4}$$

と，b, d が定数になるので，一層簡単である。

3°　$f(x)$ を a のみで表すと，

$$\{f''(x)\}^2=\left(6ax-\frac{3}{2}\right)^2=36a^2x^2-18ax+\frac{9}{4}$$

の $x=-1$ から $x=\dfrac{1}{2}$ までの定積分 I は a の 2 次関数になるので，平方完成によって最小値を求めることができる。

第 2 問

解 **答**

(1)　$1<2<4$ より $1<\sqrt{2}<2$ であることに注意すると，

$$a_1=\langle\sqrt{2}\rangle=\sqrt{2}-1\ (\neq0)$$

$$a_2=\left\langle\frac{1}{a_1}\right\rangle=\left\langle\frac{1}{\sqrt{2}-1}\right\rangle=\langle\sqrt{2}+1\rangle=(\sqrt{2}+1)-2=\sqrt{2}-1$$

となり，$a_2 = a_1$ が成り立つ。

したがって，

$$a_3 = \left\langle \frac{1}{a_2} \right\rangle = \left\langle \frac{1}{a_1} \right\rangle = a_2 = a_1$$

$$a_4 = \left\langle \frac{1}{a_3} \right\rangle = \left\langle \frac{1}{a_1} \right\rangle = a_2 = a_1$$

………………………………

のようになり，

$$\boldsymbol{a_n = \sqrt{2} - 1 \quad (n = 1,\ 2,\ 3,\ \cdots\cdots)}$$

となる。

(2) 任意の自然数 n に対して $a_n = a$ となるためには，

$$a_1 = a \ \text{かつ} \ a_2 = a \qquad\qquad\qquad \cdots\cdots\text{①}$$

でなければならないが，逆にこのとき，(1)の解答と同様にして，任意の自然数 n に対して $a_n = a$ となる。

よって，①が成り立つような $\dfrac{1}{3}$ 以上の実数 a をすべて求めればよい。

$a_1 = \langle a \rangle$ であるから，$a_1 = a$ となる条件は $0 \leqq a < 1$ であり，$a \geqq \dfrac{1}{3}$ であることと合わせて，

$$\frac{1}{3} \leqq a < 1 \qquad\qquad\qquad\qquad \cdots\cdots\text{②}$$

となる。

②のとき，$1 < \dfrac{1}{a} \leqq 3$ であるから，$\dfrac{1}{a_1}\left(= \dfrac{1}{a} \right)$ 以下の最大の整数を m とおくと，m は 1，2，3 のいずれかであり，$a_2 = a$ となる条件は，

$$\frac{1}{a} - m = a \qquad\qquad\qquad\qquad \cdots\cdots\text{③}$$

となる。

したがって，②かつ③を満たす実数 a をすべて求めればよい。

③より，

$$1 - ma = a^2 \quad \therefore \quad a^2 + ma - 1 = 0 \qquad\qquad \cdots\cdots\text{④}$$

であるが，④の左辺を $f(a)$ とおくと，

$$f(0) = -1 < 0, \quad f(1) = m > 0$$

であるから，$f(a)$ のグラフを考えることにより，④は負の実数解と 1 未満の正の

実数解をもち，④ が ② の範囲に実数解をもつ条件は，

$$f\left(\frac{1}{3}\right) \leqq 0 \quad \therefore \quad \frac{1}{3}m - \frac{8}{9} \leqq 0 \quad \therefore \quad m \leqq \frac{8}{3}$$

となる。

　以上から，求める a の値は，$m=1$，2 に対する ④ の大きい方の実数解，すなわち，$a = \dfrac{-m+\sqrt{m^2+4}}{2}$ に $m=1$，2 を代入したものであり，

$$a = \frac{\sqrt{5}-1}{2}, \quad \sqrt{2}-1$$

となる。

解説

1°　数列の値が繰り返すという，東大でしばしば取り上げられてきた話題に関する問題である。

2°　(1)では，a_1，a_2 を具体的に求めると，それらがともに $\sqrt{2}-1$ になることから，すべての自然数 n に対して $a_n = \sqrt{2}-1$ となることが分かる。厳密には，数学的帰納法によればよい。数学的帰納法を用いて答案をまとめることは，諸君の課題としておこう。

3°　(2)では，任意の自然数 n に対して $a_n = a$ となる条件が ① であることを捉えることが解決の第1歩である（ここで，(1)の経験が役に立つ！）。次に，$a_1 = a$ となる条件が ② であることが分かれば，解決まであと1歩である。 解 答 では，$a_2 = a$ となる条件を，$\dfrac{1}{a}$ の整数部分を文字でおいて ③ のように表現したが，次のように，素朴に処理しても解決できる。

　② より $1 < \dfrac{1}{a} \leqq 3$ であるから，$a_2 = a$ となる条件は，

（i）$1 < \dfrac{1}{a} < 2$，すなわち，$\dfrac{1}{2} < a < 1$ のとき

$$\frac{1}{a}-1 = a \quad \therefore \quad a^2+a-1 = 0 \quad \therefore \quad a = \frac{-1\pm\sqrt{5}}{2}$$

となるが，このうち $\dfrac{1}{2} < a < 1$ を満たすものは，$a = \dfrac{-1+\sqrt{5}}{2}$ である。

（ii）$2 \leqq \dfrac{1}{a} < 3$，すなわち，$\dfrac{1}{3} < a \leqq \dfrac{1}{2}$ のとき

$$\frac{1}{a}-2=a \quad \therefore \quad a^2+2a-1=0 \quad \therefore \quad a=-1\pm\sqrt{2}$$

となるが，このうち $\frac{1}{3}<a\leqq\frac{1}{2}$ を満たすものは，$a=-1+\sqrt{2}$ である。

(iii) $\frac{1}{a}=3$，すなわち，$a=\frac{1}{3}$ のとき

$$\frac{1}{a}-3=a$$

となるが，この左辺は 0，右辺は $\frac{1}{3}$ であるから，このようなことはない。

　文系の受験生には，このような解答の方が分かりやすいだろう。

第 3 問

解 答

(1) $w([a,\ b\ ;\ c])=-q$ となるのは，$p-q-(a+b)=-q$，すなわち，

$$a+b=p \qquad\qquad\qquad\qquad\qquad\qquad\text{……①}$$

のときであるが，

$$0\leqq a\leqq p,\quad -q\leqq b\leqq 0 \qquad\qquad\qquad\text{……②}$$

より，

$$a+b\leqq p+0=p \quad (\text{等号成立は，}a=p\ \text{かつ}\ b=0\ \text{のときに限る})$$

であるから，① となるのは，$a=p$ かつ $b=0$ のときである。

　よって，$(p,\ q)$ パターンで $w([a,\ b\ ;\ c])=-q$ となるものの個数は，

$$0\leqq c\leqq p$$

を満たす c の個数に等しく，

$$\boldsymbol{p+1}$$

となる。

　また，$w([a,\ b\ ;\ c])=p$ となるのは，$p-q-(a+b)=p$，すなわち，

$$a+b=-q \qquad\qquad\qquad\qquad\qquad\qquad\text{……③}$$

のときであるが，② より，

$$a+b\geqq 0+(-q)=-q$$
$$(\text{等号成立は，}a=0\ \text{かつ}\ b=-q\ \text{のときに限る})$$

であるから，③ となるのは，$a=0$ かつ $b=-q$ のときである。

　よって，$(p,\ q)$ パターンで $w([a,\ b\ ;\ c])=p$ となるものの個数は，

$$-q\leqq c\leqq 0$$

を満たす c の個数に等しく，

　　　　$q+1$

となる。

(2)　(p, p) パターンで $w([a, b ; c]) = -p+s$ となるのは，

$$\begin{cases} 0 \leqq a \leqq p & \cdots\cdots ④ \\ -p \leqq b \leqq 0 & \cdots\cdots ⑤ \\ b \leqq c \leqq a & \cdots\cdots ⑥ \end{cases}$$

かつ

　　　　$p-p-(a+b) = -p+s$, すなわち，$a+b = p-s$　　　$\cdots\cdots ⑦$

のときである。

　④，⑤ より，$-p \leqq a+b \leqq p$ であるから，$s < 0$ のとき，⑦ は成り立たない。

　以下，$0 \leqq s \leqq p$ のときを考える。

　⑦ の右辺が 0 以上 p 以下であること，および，$-s$ が $-p$ 以上であることに注意すると，④，⑤，⑦ を満たす a, b の組は

　　　　$(a, b) = (p-s, 0), (p-s+1, -1), (p-s+2, -2), \cdots, (p, -s)$

の $s+1$ 組であり，それぞれの組に対して，⑥ を満たす c の個数は

　　　　$p-s+1, p-s+3, p-s+5, \cdots, p+s+1$　　（公差 2 の等差数列）

であるから，求める個数は，

$$(p-s+1)+(p-s+3)+(p-s+5)+\cdots\cdots+(p+s+1)$$
$$= \frac{(p-s+1)+(p+s+1)}{2}(s+1)$$
$$= (p+1)(s+1)$$

となる。

　以上から，(p, p) パターンで $w([a, b ; c]) = -p+s$ となるものの個数は，

$$\begin{cases} s < 0 \text{ のとき，} & 0 \\ 0 \leqq s \leqq p \text{ のとき，} & (p+1)(s+1) \end{cases}$$

である。

【解説】

1°　問題文の意味が理解しづらかったかもしれないが，(p, q) パターンとは，

　　　　『p, q を与えられた 2 つの正の整数とするとき，

　　　　$0 \leqq a \leqq p$ かつ $-q \leqq b \leqq 0$ かつ $b \leqq c \leqq a$　　　$\cdots\cdots Ⓐ$

を満たす整数 a, b, c の組』

のことである。

2°　(p, q) パターンのうち，$w([a, b; c]) = p - q - (a + b)$ が一定であるものは，$a + b$ が一定のものである。そのような (p, q) パターンの個数を求めるためには，$a + b$ が一定で Ⓐ のはじめの 2 つの不等式を満たす整数 a, b の組を列挙するのが，はじめの仕事である。[解][答]では式のみで処理したが，ab 平面で

領域：$0 \le a \le p$ かつ $-q \le b \le 0$

と

直線：$a + b = $ 一定

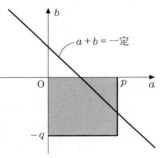

の共有点を考えるのも分かりやすい。そのような a, b の組 1 つに対して，Ⓐ の最後の不等式を満たす整数 c は $a - b + 1$ 個ある（$a - b$ と誤るな！）。したがって，$a + b$ が一定であるような (p, q) パターンの個数は，Ⓐ のはじめの 2 つの不等式を満たす a, b の組に対する $a - b + 1$ の和である。

練習のために，(2) の補充として，s を p 以上 $2p$ 以下の整数として，(p, p) パターンで $w([a, b; c]) = -p + s$ となるものの個数を求めてみよ（結果は $(p+1)(2p-s+1)$ となる）。

第 4 問

[解][答]

放物線上の相異なる 3 点は三角形をなすから，放物線 $y = x^2$ 上の 3 点 $\mathrm{P}\left(\dfrac{1}{2}, \dfrac{1}{4}\right)$，$\mathrm{Q}(\alpha, \alpha^2)$，$\mathrm{R}(\beta, \beta^2)$ が QR を底辺とする二等辺三角形をなす条件は，

3 点 P，Q，R が相異なり，PQ = PR

であるが，

2 点 Q，R が相異なり，PQ = PR

であれば，点 P は 2 点 Q，R のいずれとも一致しないから，3 点 P，Q，R が QR を底辺とする二等辺三角形をなす条件は，

$$\begin{cases} \alpha \ne \beta & \cdots\cdots ① \\ \left(\alpha - \dfrac{1}{2}\right)^2 + \left(\alpha^2 - \dfrac{1}{4}\right)^2 = \left(\beta - \dfrac{1}{2}\right)^2 + \left(\beta^2 - \dfrac{1}{4}\right)^2 & \cdots\cdots ② \end{cases}$$

である。

また，△PQR の重心 G(X, Y) は，

$$\begin{cases} X = \dfrac{1}{3}\left(\dfrac{1}{2}+\alpha+\beta\right) = \dfrac{1}{3}(\alpha+\beta) + \dfrac{1}{6} & \cdots\cdots③ \\[3mm] Y = \dfrac{1}{3}\left(\dfrac{1}{4}+\alpha^2+\beta^2\right) = \dfrac{1}{3}(\alpha^2+\beta^2) + \dfrac{1}{12} & \cdots\cdots④ \end{cases}$$

で与えられる。

②を変形すると，

$$\left(\alpha-\dfrac{1}{2}\right)^2 - \left(\beta-\dfrac{1}{2}\right)^2 + \left(\alpha^2-\dfrac{1}{4}\right)^2 - \left(\beta^2-\dfrac{1}{4}\right)^2 = 0$$

$$\therefore \quad (\alpha-\beta)(\alpha+\beta-1) + (\alpha^2-\beta^2)\left(\alpha^2+\beta^2-\dfrac{1}{2}\right) = 0$$

となり，さらに，①に注意して変形すると，

$$\alpha+\beta-1 + (\alpha+\beta)\left(\alpha^2+\beta^2-\dfrac{1}{2}\right) = 0$$

$$\therefore \quad (\alpha+\beta)\left(\alpha^2+\beta^2+\dfrac{1}{2}\right) = 1 \qquad\qquad \cdots\cdots⑤$$

となる。

以上から，実数 α, β が①かつ⑤を満たして変化するとき，③，④で定まる点 G(X, Y) の軌跡を求めればよい。

ここで，

$$u = \alpha+\beta, \quad v = \alpha^2+\beta^2 \qquad\qquad \cdots\cdots⑥$$

とおくと，③，④より，

$$u = 3\left(X-\dfrac{1}{6}\right), \quad v = 3\left(Y-\dfrac{1}{12}\right) \qquad\qquad \cdots\cdots⑦$$

であり，⑤は，

$$u\left(v+\dfrac{1}{2}\right) = 1 \quad \therefore \quad v = \dfrac{1}{u} - \dfrac{1}{2} \qquad\qquad \cdots\cdots⑧$$

となる。

さて，⑥より，

$$\alpha\beta = \dfrac{1}{2}\{(\alpha+\beta)^2 - (\alpha^2+\beta^2)\} = \dfrac{1}{2}(u^2-v)$$

であるから，α, β は t についての 2 次方程式

$$t^2 - ut + \dfrac{1}{2}(u^2-v) = 0$$

の 2 解である。これが ① を満たす実数解をもつ条件は，

$$（判別式）= u^2 - 4 \cdot \frac{1}{2}（u^2 - v）> 0 \qquad \therefore \quad u^2 - 2v < 0 \qquad \cdots\cdots ⑨$$

であるが，⑧ を用いると，

$$u^2 - 2v = u^2 - \frac{2}{u} + 1 = \frac{u^3 + u - 2}{u} = \frac{（u-1）（u^2 + u + 2）}{u}$$

となるから，

$$u^2 + u + 2 = \left（u + \frac{1}{2}\right）^2 + \frac{7}{4} > 0$$

に注意すると，

$$⑨ \iff u（u-1）< 0 \iff 0 < u < 1 \qquad \cdots\cdots ⑩$$

となる。

　よって，u, v が満たす条件は，⑧ かつ ⑩ であるから，X, Y が満たす条件は，⑦ を ⑧，⑩ に代入して，

$$3\left（Y - \frac{1}{12}\right）= \frac{1}{3\left（X - \frac{1}{6}\right）} - \frac{1}{2} \quad かつ \quad 0 < 3\left（X - \frac{1}{6}\right）< 1$$

$$\therefore \quad Y = \frac{1}{9\left（X - \frac{1}{6}\right）} - \frac{1}{12} \quad かつ \quad \frac{1}{6} < X < \frac{1}{2}$$

となる。

　したがって，△PQR の重心 G の軌跡は，

曲線 $y = \dfrac{1}{9\left（x - \frac{1}{6}\right）} - \dfrac{1}{12}$ の $\dfrac{1}{6} < x < \dfrac{1}{2}$ の部分

である。

（解説）

1°　放物線上の 3 点 P, Q, R が QR を底辺とする二等辺三角形をなす条件を，解 答 では，Q $\neq$ R かつ PQ=PR，すなわち，① かつ ② と定式化して，① かつ ⑤ を導いたが，

$$Q \neq R \quad かつ \quad \overrightarrow{QR} \perp \overrightarrow{PM} \quad （M は QR の中点）$$

と定式化することもできる。

$$\overrightarrow{QR} = （\beta - \alpha,\ \beta^2 - \alpha^2）= （\beta - \alpha）（1,\ \alpha + \beta）$$

$$\overrightarrow{\mathrm{PM}}=\left(\frac{\alpha+\beta}{2}-\frac{1}{2}, \ \frac{\alpha^2+\beta^2}{2}-\frac{1}{4}\right)=\frac{1}{2}\left(\alpha+\beta-1, \ \alpha^2+\beta^2-\frac{1}{2}\right)$$

であるから，ベクトルの内積を考えると，

$$\alpha \neq \beta \ \text{かつ} \ 1\cdot(\alpha+\beta-1)+(\alpha+\beta)\left(\alpha^2+\beta^2-\frac{1}{2}\right)=0$$

$$\therefore \ \ \alpha \neq \beta \ \text{かつ} \ (\alpha+\beta)\left(\alpha^2+\beta^2+\frac{1}{2}\right)=1$$

となり，① かつ ⑤ が導かれる。

2°　△PQR の重心 G$(X, \ Y)$ が ③，④ で与えられることは説明の必要はないだろう。

3°　③，④，⑤ を見れば，$X, \ Y$ が

$$\left(3X-\frac{1}{2}\right)\left(3Y+\frac{1}{4}\right)=1 \qquad\qquad \cdots\cdots \text{Ⓐ}$$

を満たすことは直ちに分かる。

　ここで重要なことは，点 G の軌跡が，曲線 Ⓐ 全体ではないことである。$\alpha, \ \beta$ が相異なる実数であることから，点 G の軌跡は，Ⓐ の一部になるのである！

　$\alpha, \ \beta$ は t についての 2 次方程式

$$t^2-(\alpha+\beta)t+\alpha\beta=0$$

の 2 解であるから，$\alpha, \ \beta$ が相異なる実数である条件は，

$$(\text{判別式})=(\alpha+\beta)^2-4\alpha\beta>0 \qquad\qquad \cdots\cdots \text{Ⓑ}$$

である。⑤ より，$\alpha^2+\beta^2$ が $\alpha+\beta$ を用いて表せ，したがって，$\alpha\beta$ が $\alpha+\beta$ を用いて表せるから，Ⓑ は $\alpha+\beta$ についての不等式になり，$\alpha+\beta$ の範囲が限定されることになる。

　実際，$u=\alpha+\beta$ とおくと，⑤ より，

$$\alpha^2+\beta^2=\frac{1}{u}-\frac{1}{2}$$

であり，

$$\alpha\beta=\frac{1}{2}\{(\alpha+\beta)^2-(\alpha^2+\beta^2)\}=\frac{1}{2}\left(u^2-\frac{1}{u}+\frac{1}{2}\right)$$

$$\therefore \ \ (\alpha+\beta)^2-4\alpha\beta=u^2-4\cdot\frac{1}{2}\left(u^2-\frac{1}{u}+\frac{1}{2}\right)=-\left(u^2-\frac{2}{u}+1\right)$$

$$=-\frac{u^3+u-2}{u}=-\frac{(u-1)(u^2+u+2)}{u}$$

となるから，$u^2+u+2>0$ に注意すると，Ⓑ は，u についての分数不等式

$$-\frac{u-1}{u}>0 \qquad\qquad \cdots\cdots ⓒ$$

となる。

4° ⓒのタイプの分数不等式を解く際の基本は,

　　『実数 A, B に対して,

$$\frac{B}{A}>0 \iff AB>0 \qquad\qquad \cdots\cdots ⓓ$$

　　が成り立つ』

ということである。

　念のため, ⓓの証明を確認しておこう。

$\dfrac{B}{A}>0$ とすると, $A\neq 0$ であるから, $A^2>0$ である。よって, $\dfrac{B}{A}>0$ の両辺に

A^2 を掛けて, $AB>0$ が成り立つ。

　逆に, $AB>0$ とすると, $A\neq 0$ であるから, $A^2>0$ である。よって, $AB>0$

の両辺を A^2 で割って, $\dfrac{B}{A}>0$ が成り立つ。

　(不等式の両辺に負の実数を掛けたり, 不等式の両辺を負の実数で割ったりすると, 不等号の向きが変わってしまうことに注意しよう。)

5° ⓓを用いると,

$$ⓒ \iff -u(u-1)>0 \iff u(u-1)<0 \iff 0<u<1$$

すなわち,

$$0<\alpha+\beta<1$$

が得られるから, ③とから, X の値の範囲が

$$\frac{1}{6}<X<\frac{1}{2} \qquad\qquad \cdots\cdots ⓔ$$

に限定されることになるのである!

　結局, 点 $G(X,\ Y)$ の軌跡は, 曲線Ⓐのⓔの部分ということになるのである (因みに, 現行の数学ⅠⅡAB の範囲外であるが, 曲線Ⓐは, 直角双曲線

$XY=\dfrac{1}{9}$ を, X 軸の方向に $\dfrac{1}{6}$, Y 軸の方向に $-\dfrac{1}{12}$ だけ平行移動して得られる曲

線である)。

2010年

第 1 問

解 答

(1) 条件 (i), (ii) より,

$$\angle AOB = 180° - \theta$$
$$\angle AOC = 360° - \{(180° - \theta) + 120°\}$$
$$= 60° + \theta$$

であるから, △OAB, △OAC において OA を底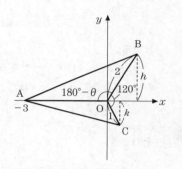
辺とみたときの高さをそれぞれ h, k とすると,

$$h = OB \cdot \sin \angle AOB = 2 \cdot \sin(180° - \theta)$$
$$= 2 \sin \theta$$
$$k = OC \cdot \sin \angle AOC = 1 \cdot \sin(60° + \theta)$$
$$= \frac{\sqrt{3}}{2} \cos \theta + \frac{1}{2} \sin \theta$$

となる。

△OAB と △OAC の面積が等しい条件は, $h = k$, すなわち,

$$2 \sin \theta = \frac{\sqrt{3}}{2} \cos \theta + \frac{1}{2} \sin \theta$$

$$\therefore \quad \sqrt{3} \sin \theta = \cos \theta$$

であるが, この式で $\cos \theta = 0$ とすると $\sin \theta = 0$ となり矛盾するから $\cos \theta \neq 0$
であり,

$$\tan \theta = \frac{1}{\sqrt{3}}$$

となる。

よって, $0° < \theta < 120°$ に注意すると, 求める θ の値は,

$$\theta = \mathbf{30°}$$

である。

(2) △OAB と △OAC の面積の和を S とおくと,

$$S = \frac{1}{2} \cdot OA \cdot h + \frac{1}{2} \cdot OA \cdot k = \frac{1}{2} \cdot OA \cdot (h + k)$$

$$=\frac{1}{2}\cdot3\cdot\left(\frac{\sqrt{3}}{2}\cos\theta+\frac{5}{2}\sin\theta\right)=\frac{3}{4}\,(\sqrt{3}\,\cos\theta+5\sin\theta)$$

である。ここで，$\sqrt{(\sqrt{3})^2+5^2}=2\sqrt{7}$ であることに注意して，

$$\cos\alpha=\frac{\sqrt{3}}{2\sqrt{7}},\ \ \sin\alpha=\frac{5}{2\sqrt{7}},\ \ 0°<\alpha<90°$$

を満たす α をとると，

$$S=\frac{3}{4}\cdot2\sqrt{7}\,(\cos\alpha\cos\theta+\sin\alpha\sin\theta)=\frac{3\sqrt{7}}{2}\cos(\theta-\alpha)$$

となる。

$-\alpha<\theta-\alpha<120°-\alpha$ であるから，S が最大になるのは，$\theta-\alpha=0°$，すなわち，$\theta=\alpha$ のときであり，S の最大値は，

$$\boldsymbol{\frac{3\sqrt{7}}{2}}$$

そのとき，

$$\sin\theta=\sin\alpha=\frac{5}{2\sqrt{7}}=\boldsymbol{\frac{5\sqrt{7}}{14}}$$

となる。

解説

1°　2010 年度の問題の中では最も易しい。三角比を用いた三角形の面積の公式，三角関数の加法定理，三角関数の合成が身についていればよい。確実に得点しておくべき問題である。

2°　念のため，三角関数の合成について確認しておこう。

a, b を定数として，

$$a\cos\theta+b\sin\theta \qquad\qquad\cdots\cdots Ⓐ$$

を考える。

xy 平面上に点 P$(a,\ b)$ をとり，OP の長さを r，動径 OP の表す角（の 1 つ）を α とすると，

$$a=r\cos\alpha,\ \ b=r\sin\alpha$$

であるから，Ⓐ は，加法定理により，

$$r(\cos\alpha\cos\theta+\sin\alpha\sin\theta)=r\cos(\theta-\alpha)$$

と変形できることになる。これが cos による三角関数の合成である。

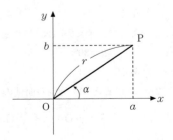

一方，xy 平面上に点 $Q(b, a)$ をとり，OQ の長さを r，動径 OQ の表す角（の1つ）を β とすると，

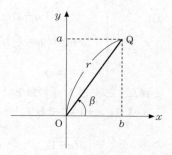

$$b = r\cos\beta, \quad a = r\sin\beta$$

であるから，Ⓐ は，加法定理により，

$$r(\sin\beta\cos\theta + \cos\beta\sin\theta) = r\sin(\theta + \beta)$$

と変形できることになる。これが sin による三角関数の合成である。

(2)の 解 答 では cos による合成を利用したが，もちろん，sin による合成を利用しても解決できる。各自，試みてみよ。

$3°$　なお，(1)の 解 答 では，$\sqrt{3}\sin\theta = \cos\theta$ を得た後，$\tan\theta = \dfrac{1}{\sqrt{3}}$ として処理したが，三角関数の合成を用いて，

$$\sqrt{3}\sin\theta - \cos\theta = 0$$

$$\therefore \quad 2\sin(\theta - 30°) = 0$$

と変形することにより，θ の値を求めることもできる。

第 2 問

解 答

$f(x) = x^2 + ax + b$ のとき，

$$f(x+1) = (x+1)^2 + a(x+1) + b = x^2 + (a+2)x + a + b + 1$$

$$c\int_0^1 (3x^2 + 4xt)f'(t)\,dt = c\left\{3x^2\int_0^1 f'(t)\,dt + 4x\int_0^1 tf'(t)\,dt\right\}$$

$$= c\left\{3x^2\int_0^1 (2t+a)\,dt + 4x\int_0^1 (2t^2 + at)\,dt\right\}$$

$$= c\left\{3x^2\Big[t^2 + at\Big]_0^1 + 4x\Big[\frac{2}{3}t^3 + \frac{1}{2}at^2\Big]_0^1\right\}$$

$$= c\left\{3x^2(1+a) + 4x\left(\frac{2}{3} + \frac{1}{2}a\right)\right\}$$

$$= 3(a+1)cx^2 + \left(2a + \frac{8}{3}\right)cx$$

であるから，

$$\begin{cases} 1=3(a+1)c & \cdots\cdots① \\ a+2=\left(2a+\dfrac{8}{3}\right)c & \cdots\cdots② \\ a+b+1=0 & \cdots\cdots③ \end{cases}$$

を満たす定数 a, b, c の組をすべて求めればよい。

①より，$a+1\neq0$ であり，

$$c=\frac{1}{3(a+1)} \qquad\qquad\cdots\cdots④$$

となる。これを②に代入して整理すると，

$$a+2=\left(2a+\frac{8}{3}\right)\cdot\frac{1}{3(a+1)} \qquad \therefore \quad 3(a+1)(a+2)=2a+\frac{8}{3}$$

$$\therefore \quad 9a^2+21a+10=0 \quad \therefore \quad (3a+2)(3a+5)=0$$

となるから，a の値は，

$$a=-\frac{2}{3}, \ -\frac{5}{3}$$

となる。これを③，④に代入して，b, c の値を求めることにより，

$$(\boldsymbol{a}, \ \boldsymbol{b}, \ \boldsymbol{c})=\left(-\frac{2}{3}, \ -\frac{1}{3}, \ 1\right), \ \left(-\frac{5}{3}, \ \frac{2}{3}, \ -\frac{1}{2}\right)$$

を得る。

解説

1° これも易しい計算問題である。第1問と同様，しっかり得点したい。

2° 与えられた等式の右辺 $c\displaystyle\int_0^1(3x^2+4xt)f'(t)dt$ を計算する際には，積分変数が t であることから，x は積分計算の間は定数扱いであり，"積分記号の外に出せる" ことに注意しよう。

3° a, b, c についての連立方程式①，②，③が得られた後は，①，②が a, c についての連立方程式であることに着目して，連立方程式を解く際の原則である "文字消去" を考えればよい。

第 3 問

解 答

(1) (i) $0 \leqq x \leqq 15$ のとき

　　箱 L のボールの個数が x である状態からコインを 1 回投げるとき，$K(x)=x$ であるから，

　　(a) 表が出れば，箱 L のボールの個数は　$x+K(x)=2x$

　　(b) 裏が出れば，箱 L のボールの個数は　$x-K(x)=0$

　になる。

　　箱 L のボールの個数が 0 のとき，$K(0)=0$ であるから，コインの表が出ても裏が出ても，箱 L のボールの個数は 0 のままである。

　　よって，箱 L のボールの個数が x の状態から始めて m 回の操作の後に箱 L のボールの個数が 30 になるのは，1 回目の操作でコインの表が出て箱 L のボールの個数が $2x$ になり，それから $m-1$ 回の操作の後に箱 L のボールの個数が 30 になる場合であり，

$$P_m(x) = \frac{1}{2} P_{m-1}(2x)$$

　が成り立つ。

(ii) $16 \leqq x \leqq 30$ のとき

　　箱 L のボールの個数が x である状態からコインを 1 回投げるとき，$K(x)=30-x$ であるから，

　　(c) 表が出れば，箱 L のボールの個数は　$x+K(x)=30$

　　(d) 裏が出れば，箱 L のボールの個数は　$x-K(x)=2x-30$

　になる。

　　箱 L のボールの個数が 30 のとき，$K(30)=0$ であるから，コインの表が出ても裏が出ても，箱 L のボールの個数は 30 のままである。

　　よって，箱 L のボールの個数が x の状態から始めて m 回の操作の後に箱 L のボールの個数が 30 になるのは，1 回目の操作でコインの表が出る場合か，1 回目の操作でコインの裏が出て箱 L のボールの個数が $2x-30$ になり，それから $m-1$ 回の操作の後に箱 L のボールの個数が 30 になる場合であり，

$$P_m(x) = \frac{1}{2} + \frac{1}{2} P_{m-1}(2x-30) \qquad \qquad \cdots\cdots① $$

　が成り立つ。

以上から，

$$P_m(x) = \begin{cases} \dfrac{1}{2}P_{m-1}(2x) & （0 \leqq x \leqq 15 \text{ のとき}） \\[3mm] \dfrac{1}{2}P_{m-1}(2x-30) + \dfrac{1}{2} & （16 \leqq x \leqq 30 \text{ のとき}） \end{cases}$$

である。

(2)　(1)の結果を用いると，$n \geqq 2$ のとき

$$P_{2n}(10) = \frac{1}{2}P_{2n-1}(20) = \frac{1}{2}\left\{\frac{1}{2}P_{2n-2}(10) + \frac{1}{2}\right\}$$

$$\therefore \quad P_{2n}(10) = \frac{1}{4}P_{2(n-1)}(10) + \frac{1}{4} \qquad\qquad \cdots\cdots ②$$

となる。

　ここで，(1)(ii)より $P_1(20) = \dfrac{1}{2}$ であるから，

$$P_0(10) = 0 \qquad\qquad\qquad\qquad\qquad\qquad\qquad \cdots\cdots ③$$

と定めると，$m=1$，$x=20$ のときも ① が成り立ち，したがって，$n=1$ のときも
② が成り立つ。

　さて，② は

$$P_{2n}(10) - \frac{1}{3} = \frac{1}{4}\left\{P_{2(n-1)}(10) - \frac{1}{3}\right\}$$

と変形できるから，数列 $\left\{P_{2n}(10) - \dfrac{1}{3}\right\}$（$n \geqq 0$）は公比 $\dfrac{1}{4}$ の等比数列であり，

$$P_{2n}(10) - \frac{1}{3} = \left\{P_0(10) - \frac{1}{3}\right\}\left(\frac{1}{4}\right)^n$$

となる。

　③ を代入して整理すると，

$$P_{2n}(10) = \frac{1}{3}\left\{1 - \left(\frac{1}{4}\right)^n\right\}$$

を得る。

【解説】

1°　問題文が長く，さらに，(1)の問題の意味がとりにくいこともあり，文系の受験
生にとっては難しく感じられたであろう。

2°　(1)では，

　　　操作(#)の内容から，x の値の範囲によって場合分けが起こること

　　　"最初から m 回後"は，"1回後からさらに $m-1$ 回後"であること

がポイントである。さらに,

　　箱Lのボールの個数が0または30になると,それ以降状態が変化しない

ということもポイントになる。

　　 解 　 答 　の内容を図解すれば,次のようになる。

　　箱Lのボールの個数が a であることを $\boxed{a}$ で表すと,

（ⅰ）　$0 \leqq x \leqq 15$ のとき

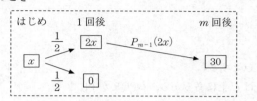

（ⅱ）　$16 \leqq x \leqq 30$ のとき

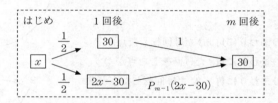

　　これらを見れば, 解 　 答 　の内容がよく納得できるであろう。

3°　⑵では,⑴を利用することを考えればよい。上と同様,箱Lのボールの個数の変化を図解すると,次のようになる。

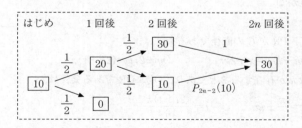

　　このことからも,$P_{2n}(10)$ が $P_{2n-2}(10)$ を用いて,

$$P_{2n}(10) = \frac{1}{2} \cdot \frac{1}{2} + \frac{1}{2} \cdot \frac{1}{2} \cdot P_{2n-2}(10)$$

のように表せることが分かる。

漸化式ができてしまえば，それを解くこと自体はルーティーンである。

\boxed{解}\boxed{答} では，$P_0(10)=0$ と定めることにより少しだけ省力化しているが，素直に

$$P_2(10)=\frac{1}{2}\cdot\frac{1}{2}=\frac{1}{4}$$

を求め，これを初項にしてもよい。

第 4 問

\boxed{解}\boxed{答}

円 C の中心を O とする。

3 点 P，Q，R は C 上にあるから，△PQR が PR を斜辺とする直角二等辺三角形となる条件は，

　　　PR が C の直径　かつ　OQ⊥OR

である。

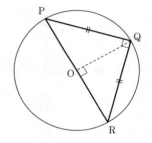

時刻 t において，

　　　A を O のまわりに角 mt だけ回転した点が P

　　　A を O のまわりに角 t だけ回転した点が Q

　　　A を O のまわりに角 $-2t$ だけ回転した点が R

であるから，

　　　R を O のまわりに角 $mt-(-2t)=(m+2)t$ だけ回転した点が P

　　　R を O のまわりに角 $t-(-2t)=3t$ だけ回転した点が Q

となる。

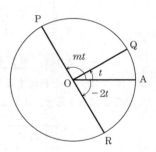

したがって，PR が C の直径である条件は，

$$(m+2)t=\pi+2k\pi \quad \therefore \quad (m+2)t=(2k+1)\pi \qquad \cdots\cdots①$$

を満たす整数 k が存在することであり，OQ⊥OR である条件は，

$$3t=\frac{\pi}{2}+l\pi \quad \therefore \quad t=\frac{(2l+1)\pi}{6} \qquad \cdots\cdots②$$

を満たす整数 l が存在することである。

② を ① に代入して整理すると，

$$(m+2)(2l+1)=6(2k+1) \qquad \cdots\cdots③$$

となる。

よって，②，③を満たす整数 k, l が存在するような

$$1 \leqq m \leqq 10 \qquad \cdots\cdots ④$$

を満たす整数 m と

$$0 \leqq t \leqq 2\pi \qquad \cdots\cdots ⑤$$

を満たす実数 t の組をすべて求めればよい。

③において，$2k+1$, $2l+1$ はともに奇数，6 は 4 の倍数でない偶数であるから，$m+2$ は 4 の倍数でない偶数であり，④に注意すると，

$$m+2=6, \ 10$$

でなければならない。また，⑤より，②の l は

$$l=0, \ 1, \ 2, \ 3, \ 4, \ 5 \qquad \cdots\cdots ⑥$$

以外にはあり得ない。

(i)　$m+2=6$ のとき，③は

$$6(2l+1)=6(2k+1) \qquad \therefore \quad k=l$$

となるから，l は⑥のいずれでもよく，②より，

$$t=\frac{\pi}{6}, \ \frac{\pi}{2}, \ \frac{5}{6}\pi, \ \frac{7}{6}\pi, \ \frac{3}{2}\pi, \ \frac{11}{6}\pi$$

となる。

(ii)　$m+2=10$ のとき，③は

$$10(2l+1)=6(2k+1) \qquad \therefore \quad 3(2k+1)=5(2l+1) \qquad \cdots\cdots ⑦$$

となるから，3 と 5 が互いに素であることより，$2l+1$ は 3 の倍数であり，そのとき，⑦の右辺は 3 の倍数である奇数となるから，⑦を満たす k は整数となる。よって，⑥のうち $l=1$, 4 が適し，②より，

$$t=\frac{\pi}{2}, \ \frac{3}{2}\pi$$

となる。

以上から，求める組は，

$$(m, \ t)=\left(4, \ \frac{\pi}{6}\right), \ \left(4, \ \frac{\pi}{2}\right), \ \left(4, \ \frac{5}{6}\pi\right), \ \left(4, \ \frac{7}{6}\pi\right), \ \left(4, \ \frac{3}{2}\pi\right), \ \left(4, \ \frac{11}{6}\pi\right),$$

$$\left(8, \ \frac{\pi}{2}\right), \ \left(8, \ \frac{3}{2}\pi\right)$$

である。

解説

1° まず，円 C に内接する三角形 PQR が PR を斜辺とする直角二等辺三角形であるのは，（円周角の定理（の逆）により，）P，R が円の直径の両端であり，Q が円弧 PR の中点のときであることに気付くことが，解決の第一歩である。そのことに気付かずに，△PQR の辺の長さを三角関数で表して処理しようとすると，かなり煩雑な計算に巻き込まれ，試験時間内に解決することはできなくなるだろう。

2° 解 答 中の式①，②を得た後，解 答 では，t を消去して③を導き，まず，それを満たす整数 k，l が存在するような整数 m の値を求める方針で解いたが，式①，②を得た後は，⑤より，t の値が

$$t = \frac{\pi}{6}, \ \frac{\pi}{2}, \ \frac{5}{6}\pi, \ \frac{7}{6}\pi, \ \frac{3}{2}\pi, \ \frac{11}{6}\pi$$

に限られることに着目して，その各々の値に対して①，④を満たす整数 m，k を求めるという方針でも解決する。解 答 の方法に比べれば手間がかかることになるが，文系の受験生には，その方法の方が堅実で確実かもしれない。各自，試みよ。

第 1 問

解 答

(1) まず，半径 t の円 C_3 が半径 2 の円 C_1 の内部に
あることから，

$$0 < t < 2 \qquad \cdots\cdots ①$$

である。このもとで，C_3 が C_1 に内接する条件
は，

$$\sqrt{a^2 + b^2} = 2 - t$$

$$\therefore \quad a^2 + b^2 = (2-t)^2 \qquad \cdots\cdots ②$$

であり，また，C_3 が C_2 に外接する条件は，

$$\sqrt{(a-1)^2 + b^2} = 1 + t$$

$$\therefore \quad (a-1)^2 + b^2 = (1+t)^2 \qquad \cdots\cdots ③$$

である。

②，③ を辺々引いて整理すると，

$$2a - 1 = 3 - 6t \qquad \therefore \quad \boldsymbol{a = 2 - 3t}$$

となり，これを ② に代入して整理すると，

$$b^2 = 8t - 8t^2$$

となる。これを満たす正の実数 b が存在する条件は，

$$8t - 8t^2 > 0 \qquad \therefore \quad 0 < t < 1 \qquad \cdots\cdots ④$$

であり，このとき，

$$\boldsymbol{b = \sqrt{8t - 8t^2}} \qquad \cdots\cdots ⑤$$

となる。

t がとり得る値の範囲は，① かつ ④ より，

$$\boldsymbol{0 < t < 1} \qquad \cdots\cdots ⑥$$

である。

(2) ⑤ より

$$b = \sqrt{-8\left(t - \frac{1}{2}\right)^2 + 2}$$

であるから，⑥ における b の最大値は，

$$\sqrt{2}$$

である $\left(t=\dfrac{1}{2} \text{ のとき}\right)$。

解説

1°　2009 年度の問題の中では最も易しい。確実に得点しておくべき問題である。

2°　念のため，異なる 2 つの円の位置関係について確認しておこう。

点 A を中心とする半径 r の円 C と，点 B を中心とする半径 R の円 D の位置関係は，中心 A，B 間の距離 d と，半径の和 $r+R$，差 $|r-R|$ の大小によって，

(a) 互いに他の外部にある　$\Longleftrightarrow$　$d>r+R$

(b) 外接する　$\Longleftrightarrow$　$d=r+R$

(c) 2 点で交わる　$\Longleftrightarrow$　$|r-R|<d<r+R$

(d) 内接する　$\Longleftrightarrow$　$d=|r-R|$

(e) 一方が他方の内部にある　$\Longleftrightarrow$　$d<|r-R|$

のようになる。各自，図を描いて，納得しておくこと。(d) において，

D が C に内接する　$\Longleftrightarrow$　$r>R$ かつ $d=r-R$

であることに注意しよう。

3°　一般に，2 つの実数 A，B に対して，

$$A=B \implies A^2=B^2$$

は成り立つが，

$$A^2=B^2 \implies A=B$$

は成り立たない。しかし，

"A，B がともに 0 以上" または "A，B がともに 0 以下"

であるならば，

$$A=B \iff A^2=B^2$$

が成り立つ。 **解** **答** で，②，③ を導く際に，このことを用いている。2008 年度第 3 問の **解説** も参考にせよ。

4°　(1)で t がとり得る値の範囲は，図を描いてみれば直ちに納得がいくであろう。

第 2 問

解答

(1)　m が素数ならば，

$$_mC_1 = m$$

の正の約数は 1 と m だけである。さらに，$n = 1, 2, \cdots\cdots, m-1$ のとき，

$$_mC_n = \frac{m(m-1)(m-2)\cdots\cdots(m-n+1)}{n(n-1)(n-2)\cdots\cdots 1}$$

$$= \frac{m}{n} \cdot \frac{(m-1)(m-2)\cdots\cdots(m-n+1)}{(n-1)(n-2)\cdots\cdots 1}$$

$$= \frac{m}{n} \cdot {}_{m-1}C_{n-1}$$

より

$$n\,{}_mC_n = m\,{}_{m-1}C_{n-1}$$

が成り立つから，$n\,{}_mC_n$ は素数 m で割り切れるが，n は m で割り切れないから，$_mC_n$ は m で割り切れる。

　　以上から，$_mC_n$ $(n=1, 2, \cdots\cdots, m-1)$ の最大公約数を d_m とすると，$d_m = m$ である。

(2)　(i)　$k=1$ のとき

　　　$k^m - k = 0$ であるから，$k^m - k$ は d_m で割り切れる。

(ii)　自然数 k に対して $k^m - k$ が d_m で割り切れるとすると，

$$(k+1)^m - (k+1) = (k^m + {}_mC_1 k^{m-1} + {}_mC_2 k^{m-2} + \cdots\cdots + {}_mC_{m-1}k + 1) - (k+1)$$

$$= (k^m - k) + {}_mC_1 k^{m-1} + {}_mC_2 k^{m-2} + \cdots\cdots + {}_mC_{m-1}k$$

において，$k^m - k$ は d_m で割り切れ，d_m の定め方から $_mC_n$ $(n=1, 2, \cdots\cdots, m-1)$ は d_m で割り切れるから，$(k+1)^m - (k+1)$ も d_m で割り切れる。

　　以上から，数学的帰納法により，すべての自然数 k に対して，$k^m - k$ は d_m で割り切れる。

解説

1°　2009 年度の問題の中では最も難しい。「フェルマーの小定理」を，数学的帰納法を用いて証明した経験がないとつらいだろう。

2°　(1)では，よく知られた事実：

　　『m が素数のとき，$_mC_1$，$_mC_2$，$\cdots\cdots$，$_mC_{m-1}$ はすべて m で割り切れる』$\cdots\cdots$Ⓐ

　　がポイントである。このことを，**解答**では，

　素数の性質：2つの整数 a, b の積 ab が素数 p で割り切れるならば，

$$a, b \text{ の少なくとも一方は } p \text{ で割り切れる}$$

を利用して証明した。この素数の性質は重要である。

　この性質を一般化すると，

『3つの整数 a, b, c に対して，a と c が互いに素（すなわち，最大公約数が 1）

で，ab が c で割り切れるならば，b が c で割り切れる』

となる。このことも重要である。また，このことを用いて，次のようにして Ⓐ を
示すこともできる：

$$m \text{ が素数で，} n=1, 2, \cdots\cdots, m-1 \qquad\qquad \cdots\cdots Ⓑ$$

のとき，

$$_m\mathrm{C}_n = \frac{m(m-1)(m-2)\cdots\cdots(m-n+1)}{n(n-1)\cdots\cdots 1}$$

より，$m(m-1)(m-2)\cdots\cdots(m-n+1)$ は $n(n-1)\cdots\cdots 1$ で割り切れるが，Ⓑ よ
り m と $n(n-1)\cdots\cdots 1$ は互いに素であるから，$(m-1)(m-2)\cdots\cdots(m-n+1)$ が
$n(n-1)\cdots\cdots 1$ で割り切れる。よって，

$$_m\mathrm{C}_n = m \cdot \frac{(m-1)(m-2)\cdots\cdots(m-n+1)}{n(n-1)\cdots\cdots 1}$$

は m で割り切れる。

3° 　(2) では，『k に関する数学的帰納法によって示せ』とあるから，それに従えばよ
　い。数学的帰納法の第 2 段において，二項定理を用いることになる。

　　(2) の結論において，特に m が素数であるときを考えると，(1) の結果と合わせ
　て，

　　『m が素数のとき，すべての自然数 k に対して k^m と k をそれぞれ m で割った余
　　りは等しい』

　が導かれる。これを，「フェルマーの小定理」という。

第 3 問

解答

(1) 操作(**A**)を 5 回おこなうとき，L に 4 色すべての玉が入るのは，すべての色の玉
　が 1 回以上出る場合，すなわち，ある色の玉が 2 回出て，他の 3 色の玉が 1 回ずつ
　出る場合であるから，その確率は，

$$_4\mathrm{C}_1 \cdot \frac{5!}{2!\,1!\,1!\,1!}\left(\frac{1}{4}\right)^5 = 4 \cdot (5 \cdot 4 \cdot 3)\left(\frac{1}{4}\right)^5 = \frac{3 \cdot 5}{4^3} \qquad\qquad \cdots\cdots ①$$

となる。操作 (**B**) を 5 回おこなうとき，R に 4 色すべての玉が入る確率も ① と同じであるから，求める確率は，

$$P_1 = \left(\frac{3\cdot5}{4^3}\right)^2 = \frac{225}{4096}$$

となる。

(2) 操作 (**C**) を 5 回おこなうとき，L に 4 色すべての玉が入るのは，すべての色の玉が 1 回以上出る場合であるから，求める確率は ① と同じで，

$$P_2 = \frac{3\cdot5}{4^3} = \frac{15}{64}$$

となる。

(3) 操作 (**C**) を 10 回おこなうとき，L にも R にも 4 色すべての玉が入るのは，すべての色の玉が 2 回以上出る場合，すなわち，

（i） ある色の玉が 4 回出て，他の 3 色の玉が 2 回ずつ出る

または

（ii） ある 2 色の玉が 3 回ずつ出て，他の 2 色の玉が 2 回ずつ出る

場合であるから，

$$P_3 = \left({}_4C_1 \cdot \frac{10!}{4!\,2!\,2!\,2!} + {}_4C_2 \cdot \frac{10!}{3!\,3!\,2!\,2!}\right)\left(\frac{1}{4}\right)^{10}$$

$$= \frac{10!}{3!\,2!\,2!\,2!}\left(\frac{{}_4C_1}{4} + \frac{{}_4C_2}{3}\right)\left(\frac{1}{4}\right)^{10}$$

$$= \frac{10\cdot9\cdot8\cdot7\cdot6\cdot5\cdot4}{2^3}\cdot(1+2)\left(\frac{1}{4}\right)^{10}$$

$$= \frac{3^4\cdot5^2\cdot7}{4^8}$$

となる。

以上から，

$$\frac{P_3}{P_1} = \frac{\dfrac{3^4\cdot5^2\cdot7}{4^8}}{\left(\dfrac{3\cdot5}{4^3}\right)^2} = \frac{3^2\cdot7}{4^2} = \frac{63}{16}$$

となる。

解説

1° 問題文の意味がきちんと把握できれば，確率の計算の立式は易しい。しかし，実際の計算は少々面倒なので，計算ミスに注意すること。 解 答 のように，要領

よく計算を進めるとよい。

2° 念のため，(1)の ① の立式について補足しておこう。

操作(**A**)を5回おこなうとき，ある色の玉が2回出て，他の3色の玉が1回ずつ出る確率は，まず2回出る玉の色の選び方が $_4C_1$ 通りあり，次に玉の色の出る順序が，同じものを含む順列を考えて，$\dfrac{5!}{2!\,1!\,1!\,1!}$ 通りあるから，

$$_4C_1 \cdot \frac{5!}{2!\,1!\,1!\,1!}\left(\frac{1}{4}\right)^5$$

となる。

(3)の P_3 の立式についても同様である。

第 4 問

解 答

(1) $f(0)=0$, $f(2)=2$ より，

$$c=0,\quad 4a+2b+c=2 \qquad \therefore\quad b=-(2a-1),\quad c=0$$

であるから，

$$f(x)=ax^2-(2a-1)x$$

であり，このとき，

$$f'(x)=2ax-(2a-1)=2a(x-1)+1$$

となる。

$y=f'(x)$ のグラフが点 $(1,\ 1)$ を通る傾き $2a$ の直線であること，および，$a \neq 0$ のとき $f'(x)=0$ の解を α とおくと $\alpha=\dfrac{2a-1}{2a}$ であることに注意する。

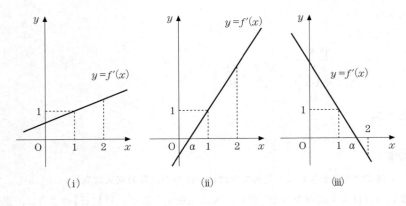

(ⅰ)　$-1 \leqq 2a \leqq 1$, すなわち, $-\dfrac{1}{2} \leqq a \leqq \dfrac{1}{2}$ のとき

$0 \leqq x \leqq 2$ において $f'(x) \geqq 0$ であるから,

$$S = \int_0^2 |f'(x)|\,dx = \int_0^2 f'(x)\,dx = f(2) - f(0) = 2 - 0 = 2$$

(ⅱ)　$2a \geqq 1$, すなわち, $a \geqq \dfrac{1}{2}$ のとき

$0 \leqq x \leqq \alpha$ において $f'(x) \leqq 0$, $\alpha \leqq x \leqq 2$ において $f'(x) \geqq 0$ であるから,

$$S = \int_0^2 |f'(x)|\,dx = -\int_0^\alpha f'(x)\,dx + \int_\alpha^2 f'(x)\,dx$$

$$= -\{f(\alpha) - f(0)\} + \{f(2) - f(\alpha)\} = f(0) + f(2) - 2f(\alpha)$$

$$= 0 + 2 - 2f(\alpha) = 2 - 2f(\alpha)$$

ここで,

$$f(\alpha) = a\left(\frac{2a-1}{2a}\right)^2 - (2a-1)\frac{2a-1}{2a} = -\frac{(2a-1)^2}{4a} = -a + 1 - \frac{1}{4a}$$

であるから,

$$S = 2a + \frac{1}{2a}$$

(ⅲ)　$2a \leqq -1$, すなわち, $a \leqq -\dfrac{1}{2}$ のとき

$0 \leqq x \leqq \alpha$ において $f'(x) \geqq 0$, $\alpha \leqq x \leqq 2$ において $f'(x) \leqq 0$ であるから, この場合の S は, (ⅱ)の場合の結果の (-1) 倍に等しく,

$$S = -2a - \frac{1}{2a}$$

以上から,

$$S = \begin{cases} -2a - \dfrac{1}{2a} & \left(a \leqq -\dfrac{1}{2}\right) \\[2mm] 2 & \left(-\dfrac{1}{2} \leqq a \leqq \dfrac{1}{2}\right) \\[2mm] 2a + \dfrac{1}{2a} & \left(\dfrac{1}{2} \leqq a\right) \end{cases}$$

となる。

(2)　$a \geqq \dfrac{1}{2}$ のとき, 相加平均・相乗平均の不等式より,

$$S = 2a + \frac{1}{2a} \geqq 2\sqrt{2a \cdot \frac{1}{2a}} = 2$$

であり，$a \leqq -\dfrac{1}{2}$ のとき，同様にして，

$$S = -2a - \dfrac{1}{2a} \geqq 2\sqrt{(-2a)\cdot\left(-\dfrac{1}{2a}\right)} = 2$$

である。さらに，$-\dfrac{1}{2} \leqq a \leqq \dfrac{1}{2}$ のとき $S=2$ であるから，S の最小値は

2

である。

（解説）

1°　まず，$f(0)=0$，$f(2)=2$ から，$f(x)$，$f'(x)$ を b，c を用いずに a で表すことはたやすい。その後，

$$S = \int_0^2 |f'(x)|\,dx$$

を a の関数として表すには，積分区間における $f'(x)$ の符号に着目すればよいが，その際，$y=f'(x)$ のグラフが定点 $(1,\ 1)$ を通る傾き $2a$ の直線であることに着目すると，見通しよく処理することができる。

　積分の計算においては，

$$\int_a^b f'(x)\,dx = f(b) - f(a)$$

を利用するとよい。この手法は，2005 年度第 1 問でも利用されている。

2°　S は，$0 \leqq x \leqq 2$ において，$y=|f'(x)|$ のグラフと x 軸で挟まれた部分の面積である。そのことに着目して S を求めるのもよい。

　例えば，$2a \geqq 1$，すなわち，$a \geqq \dfrac{1}{2}$ のとき，

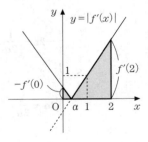

$$\begin{aligned}
S &= \frac{1}{2}\alpha \cdot \{-f'(0)\} + \frac{1}{2}(2-\alpha)\cdot f'(2) \\
&= \frac{1}{2}\cdot \frac{2a-1}{2a}\cdot(2a-1) + \frac{1}{2}\cdot \frac{2a+1}{2a}\cdot(2a+1) \\
&= \frac{(2a-1)^2 + (2a+1)^2}{4a} \\
&= \frac{4a^2+1}{2a}
\end{aligned}$$

となる。他のときも同様である（各自でやってみよ）。

3° (2)で S の最小値を求める際には，関数 $\pm\left(2a+\dfrac{1}{2a}\right)$ の増減を微分法を用いて調べることは数学Ⅱの範囲外であるため，相加平均・相乗平均の不等式を用いて処理することになる。

　念のため，関数の最小値の定義を確認しておこう。

　一般に，区間 I で定義された関数 $f(x)$ の最小値が m であるとは，

　(i)　区間 I に属するすべての x に対して，$f(x) \geqq m$

　(ii)　区間 I に属するある x_0 に対して，$f(x_0) = m$

がともに成り立つことである。(i)だけでは，$f(x)$ の最小値が m であるとはいえないことに注意すること。

第 1 問

解 答

$$\int_{-1}^{1} f(x)\,dx = \int_{-1}^{1} \{x^2 - (\alpha+\beta)x + \alpha\beta\}\,dx = 2\int_{0}^{1}(x^2 + \alpha\beta)\,dx$$

$$= 2\left[\frac{1}{3}x^3 + \alpha\beta x\right]_{0}^{1} = 2\left(\frac{1}{3} + \alpha\beta\right)$$

であるから，$\displaystyle\int_{-1}^{1} f(x)\,dx = 1$ より，

$$2\left(\frac{1}{3} + \alpha\beta\right) = 1 \qquad \therefore \quad \alpha\beta = \frac{1}{6} \qquad\qquad \cdots\cdots①$$

である。

① より，$\alpha \neq 0$，$\beta = \dfrac{1}{6\alpha}$ であるから，$0 \leqq \alpha \leqq \beta$ と合わせて，α の変域は，

$$0 < \alpha \leqq \frac{1}{6\alpha} \qquad \therefore \quad 0 < \alpha \ \text{かつ} \ \alpha^2 \leqq \frac{1}{6}$$

$$\therefore \quad 0 < \alpha \leqq \frac{1}{\sqrt{6}} \qquad\qquad\qquad\qquad \cdots\cdots②$$

となる。

① を用いると，S は

$$S = \int_{0}^{\alpha} f(x)\,dx = \int_{0}^{\alpha} \{x^2 - (\alpha+\beta)x + \alpha\beta\}\,dx$$

$$= \left[\frac{1}{3}x^3 - \frac{1}{2}(\alpha+\beta)x^2 + \alpha\beta x\right]_{0}^{\alpha}$$

$$= \frac{1}{3}\alpha^3 - \frac{1}{2}(\alpha+\beta)\alpha^2 + \alpha\beta\cdot\alpha$$

$$= -\frac{1}{6}\alpha^3 + \frac{1}{2}\alpha\beta\cdot\alpha = -\frac{1}{6}\alpha^3 + \frac{1}{12}\alpha$$

と表され，これを $g(\alpha)$ とおくと，

$$g'(\alpha) = -\frac{1}{2}\alpha^2 + \frac{1}{12} = -\frac{1}{2}\left(\alpha + \frac{1}{\sqrt{6}}\right)\left(\alpha - \frac{1}{\sqrt{6}}\right)$$

となるから，② の範囲において $g'(\alpha) \geqq 0$ であり，$S = g(\alpha)$ は増加する。

よって，S がとりうる値の最大値は，

$$g\left(\frac{1}{\sqrt{6}}\right) = -\frac{1}{6}\left(\frac{1}{\sqrt{6}}\right)^3 + \frac{1}{12}\cdot\frac{1}{\sqrt{6}} = (-1+3)\frac{1}{36\sqrt{6}} = \boldsymbol{\frac{1}{18\sqrt{6}}}$$

である。

解説

平易な問題で，$\boxed{解}$ $\boxed{答}$ 以上の解説を要しない。

$$0\leqq\alpha\leqq\beta \quad かつ \quad \alpha\beta=\frac{1}{6}$$

から，α の変域を正しく求めることが要点である。

なお，上の $\boxed{解}$ $\boxed{答}$ では，

$$\int_{-1}^{1}f(x)\,dx = \int_{-1}^{1}\{x^2-(\alpha+\beta)x+\alpha\beta\}\,dx$$

を計算する際，一般に

$$\int_{-a}^{a}x^2\,dx = 2\int_0^a x^2\,dx, \quad \int_{-a}^{a}x\,dx = 0, \quad \int_{-a}^{a}dx = 2\int_0^a dx$$

が成り立つことを利用したが，もちろん実直に

$$\int_{-1}^{1}\{x^2-(\alpha+\beta)x+\alpha\beta\}\,dx = \left[\frac{1}{3}x^3 - \frac{1}{2}(\alpha+\beta)x^2 + \alpha\beta x\right]_{-1}^{1}$$

として計算しても直ちに結果が得られる。また，S を α の式で表す際も，あらかじめ $f(x)$ を α で表しておいて，

$$S = \int_0^{\alpha}f(x)\,dx = \int_0^{\alpha}\left\{x^2-\left(\alpha+\frac{1}{6\alpha}\right)x+\frac{1}{6}\right\}dx$$

$$= \left[\frac{1}{3}x^3 - \frac{1}{2}\left(\alpha+\frac{1}{6\alpha}\right)x^2 + \frac{1}{6}x\right]_0^{\alpha} = -\frac{1}{6}\alpha^3 + \frac{1}{12}\alpha$$

と計算してもよい。

第 2 問

$\boxed{解}$ $\boxed{答}$

事象 E, F, G を，それぞれ

　　　E：4枚のうち，2枚が白，2枚が黒のカード

　　　F：4枚のうち，3枚が同じ色，残りの1枚が違う色のカード

　　　G：4枚とも同じ色のカード

と定める。

操作(**A**)を1回行うと，

（ⅰ）E は，必ず F に移り，

（ⅱ）F は，確率 $\dfrac{3}{4}$ で E に移り，確率 $\dfrac{1}{4}$ で G に移る。

(1)　操作(**A**)を4回繰り返した後に初めて4枚とも同じ色のカードになるのは，

　　　はじめ　1回後　2回後　3回後　4回後

　　　$E \longrightarrow F \longrightarrow E \longrightarrow F \longrightarrow G$

となるときであるから，求める確率は，

$$1 \cdot \frac{3}{4} \cdot 1 \cdot \frac{1}{4} = \frac{3}{16}$$

である。

(2)　1回の操作における白黒のカードの枚数の変化は ± 1 であるから，4枚とも同じ色のカードになるのは n が偶数のときに限られる。

　　よって，**n が奇数のとき**，求める確率は **0** である。

　　n が偶数のとき，(1)と同様にして，操作(**A**)を n 回繰り返した後に初めて4枚とも同じ色のカードになるのは，

　　　　　はじめ　　　　　　　　　　　　　　　n 回後

　　　　$E{\to}F{\to}E{\to}F{\to}E{\to}\cdots\cdots{\to}E{\to}F{\to}E{\to}F{\to}G$

　　　　（奇数回後は F，n 回後以外の偶数回後は E）

となるときであるから，求める確率は，

$$1 \cdot \frac{3}{4} \cdot 1 \cdot \frac{3}{4} \cdots\cdots 1 \cdot \frac{3}{4} \cdot 1 \cdot \frac{1}{4} = \left(1 \cdot \frac{3}{4}\right)^{\frac{n-2}{2}} \cdot 1 \cdot \frac{1}{4}$$

$$= \frac{1}{4}\left(\frac{3}{4}\right)^{\frac{n-2}{2}}$$

である（$n=2$ のときも，これでよい）。

> **解説**

1°　少し手を動かして白黒のカードの枚数の変化を書き出してみれば状況がつかめるだろう。白色のカードが a 枚，黒色のカードが b 枚であることを (a, b) と表すと，次のようになる。

　　　　はじめ　1回後　2回後　3回後　4回後　5回後　6回後

$$
(2,2)
\begin{matrix}
\nearrow (3,1) \\
\searrow (1,3)
\end{matrix}
\begin{matrix}
(4,0) \\
(2,2) \\
(0,4)
\end{matrix}
\begin{matrix}
\nearrow (3,1) \\
\searrow (1,3)
\end{matrix}
\begin{matrix}
(4,0) \\
(2,2) \\
(0,4)
\end{matrix}
\begin{matrix}
\nearrow (3,1) \\
\searrow (1,3)
\end{matrix}
\begin{matrix}
(4,0) \\
(2,2) \\
(0,4)
\end{matrix}
$$

解 答 では，(2, 2)であることを E，(3, 1)または(1, 3)であることをまとめて F，(4, 0)または(0, 4)であることをまとめて G と表して記述を簡略化しているが，要は，"E から2回で E に戻る"ということを繰り返した後，最後の2回で E から G に移る確率を求めればよいということがつかめるかどうかである。

2° 2004年度の第4問と雰囲気が似ている。合わせて研究しておくとよいだろう。

第 3 問

解 答

∠APC＝∠BPC となる条件は，cos∠APC＝cos∠BPC，すなわち，

$$\frac{\overrightarrow{PA}\cdot\overrightarrow{PC}}{|\overrightarrow{PA}||\overrightarrow{PC}|}=\frac{\overrightarrow{PB}\cdot\overrightarrow{PC}}{|\overrightarrow{PB}||\overrightarrow{PC}|}\qquad \therefore\quad \frac{\overrightarrow{PA}\cdot\overrightarrow{PC}}{|\overrightarrow{PA}|}=\frac{\overrightarrow{PB}\cdot\overrightarrow{PC}}{|\overrightarrow{PB}|}\qquad \cdots\cdots①$$

である。ここで，P(x, y)とおくと，

$$\overrightarrow{PA}=(1-x, -y), \quad \overrightarrow{PB}=(-1-x, -y), \quad \overrightarrow{PC}=(-x, -1-y)$$

であるから，①は，

$$\frac{(1-x)(-x)+(-y)(-1-y)}{\sqrt{(1-x)^2+(-y)^2}}=\frac{(-1-x)(-x)+(-y)(-1-y)}{\sqrt{(-1-x)^2+(-y)^2}}$$

$$\therefore\quad \frac{x^2+y^2-x+y}{\sqrt{x^2+y^2-2x+1}}=\frac{x^2+y^2+x+y}{\sqrt{x^2+y^2+2x+1}}\qquad \cdots\cdots②$$

となる。

②が成り立つ条件は，

"$x^2+y^2-x+y\geqq 0$ かつ $x^2+y^2+x+y\geqq 0$"

または "$x^2+y^2-x+y\leqq 0$ かつ $x^2+y^2+x+y\leqq 0$"

かつ

$$\frac{(x^2+y^2-x+y)^2}{x^2+y^2-2x+1}=\frac{(x^2+y^2+x+y)^2}{x^2+y^2+2x+1}\qquad \cdots\cdots③$$

である。

$$x^2+y^2-x+y\gtreqqless 0 \iff \left(x-\frac{1}{2}\right)^2+\left(y+\frac{1}{2}\right)^2\gtreqqless\frac{1}{2}$$

$$x^2+y^2+x+y\gtreqqless 0 \iff \left(x+\frac{1}{2}\right)^2+\left(y+\frac{1}{2}\right)^2\gtreqqless\frac{1}{2}$$

であること，および

$$s=x^2+y^2+1, \quad t=x^2+y^2+y$$

とおいて③を整理すると，

$$(s+2x)(t-x)^2 = (s-2x)(t+x)^2$$

$\therefore \quad s\{(t-x)^2-(t+x)^2\}+2x\{(t-x)^2+(t+x)^2\}=0$

$\therefore \quad s\cdot(-4tx)+2x\cdot 2(t^2+x^2)=0 \qquad \therefore \quad 4x(-st+t^2+x^2)=0$

$\therefore \quad 4x\{(t-s)t+x^2\}=0 \qquad \therefore \quad 4x\{(y-1)(x^2+y^2+y)+x^2\}=0$

$\therefore \quad 4x\{y(x^2+y^2+y)-(y^2+y)\}=0 \qquad \therefore \quad 4xy(x^2+y^2-1)=0$

$\therefore \quad x=0$ または $y=0$ または $x^2+y^2=1$

となること，さらに P≠A，B，C に注意して点 P の軌跡を図示すると，**次図の太実線部分**となる（**白丸の点を除く**）。

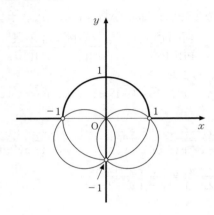

解説

1° 正しく完答するのが難しい問題である。まず，どのような方針で解答するかということがある上に，どのような方針にしろ論理的に正しく答案を作りきることは文科系の受験生にとって非常に厳しいだろう。

2° 解 答 では，∠APC＝∠BPC となる条件を，ベクトルの内積を用いてとらえている。この方針は思いつきやすいと思われるが，式 ② の整理でつまずきやすい。

　　根号をなくすためにただ平方するだけでは同値性が失われる。すなわち，

$$A=B \implies A^2=B^2$$

は真であるが，逆は真とは限らない。実数 A，B に対して

$A=B \iff$ 「"$A\geqq 0$ かつ $B\geqq 0$" または "$A\leqq 0$ かつ $B\leqq 0$"」かつ $A^2=B^2$

であることに注意して，同値性を崩すことなく ② を整理する必要がある。

　　また，式 ③ を整理する際にも，"同じ形の式の固まり"に着目して要領よく計算

していかないと途中で挫折することになるだろう。

3°　∠APC＝∠BPC となる条件を余弦定理を用いてとらえれば，次のようになる。

別解

　　∠APC＝∠BPC となる条件，すなわち，cos∠APC＝cos∠BPC となる条件
は，余弦定理により，

$$\frac{PA^2+PC^2-AC^2}{2PA \cdot PC}=\frac{PB^2+PC^2-BC^2}{2PB \cdot PC}$$

∴　$\dfrac{PA^2+PC^2-2}{PA}=\dfrac{PB^2+PC^2-2}{PB}$

∴　$PB(PA^2+PC^2-2)=PA(PB^2+PC^2-2)$

∴　$(PA-PB)(PA \cdot PB-PC^2+2)=0$

∴　$PA=PB$　または　$PA \cdot PB=PC^2-2$

となる。

(ⅰ)　PA＝PB のとき

　　P は線分 AB の垂直二等分線上，すなわち，y 軸上にある。

(ⅱ)　PA・PB＝PC²－2 のとき

　　$P(x, y)$ とおくと，

$$\sqrt{(x-1)^2+y^2}\sqrt{(x+1)^2+y^2}=x^2+(y+1)^2-2 \qquad \cdots\cdots(*)$$

∴　$\{(x-1)^2+y^2\}\{(x+1)^2+y^2\}=\{x^2+(y+1)^2-2\}^2$　　……Ⓐ

　　かつ　$x^2+(y+1)^2-2 \geqq 0$　　……Ⓑ

となる。

　　Ⓐ を整理すると，

$$\{(x^2+y^2+1)-2x\}\{(x^2+y^2+1)+2x\}=\{(x^2+y^2-1)+2y\}^2$$

∴　$(x^2+y^2+1)^2-4x^2=(x^2+y^2-1)^2+4y(x^2+y^2-1)+4y^2$

∴　$4y(x^2+y^2-1)=0$　　∴　$y=0$ または $x^2+y^2=1$

となり，Ⓑ を整理すると，

$$x^2+(y+1)^2 \geqq 2$$

となる。

　　以上と P≠A，B，C より，点 P の軌跡は**次図の太実線部分**となる（**白丸の点を
除く**）。

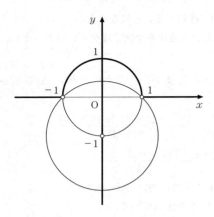

　　この方針の場合も，式（＊）を整理する際，ただ平方するだけでは同値性が失われることに注意しなければならない。実数 A，B に対して

$$\sqrt{A}=B \iff A=B^2 \text{ かつ } B\geqq 0$$

であることを利用することになる。

3°　上で挙げたもの以外にも，初等幾何を用いる方法，傾きと tan を利用する方法，

$$\angle APC=\angle BPC \implies \sin\angle APC=\sin\angle BPC$$

を利用してまず必要条件を求める方法などがあるが，いずれの方法も完答は難しい。

4°　y 軸上の点，x 軸上で線分 AB 上にない点，△ABC の外接円 $x^2+y^2=1$ 上で弧 $\overset{\frown}{\mathrm{ACB}}$ 上にない点が条件 $\angle APC=\angle BPC$ をみたすことはすぐにわかる。しかし，そのことがわかっても，それをすぐに答とするわけにはいかない。というのも，それ以外に条件 $\angle APC=\angle BPC$ をみたす点があるかもしれないからである。

第 4 問

解 答

(1)　　　　$A_n=a_n-\dfrac{n(n-1)}{2}p^2-np, \quad B_n=b_n-n(n-1)p^2-np-1$

すなわち，

　　　　$a_n=A_n+\dfrac{n(n-1)}{2}p^2+np$ 　　　　　　　　　　……①

　　　　$b_n=B_n+n(n-1)p^2+np+1$

とおくと，まず，$a_1=p$，$b_1=p+1$ より

$$A_1=0, \qquad B_1=0 \qquad\qquad\qquad \cdots\cdots ②$$

であり，次に，$a_{n+1}=a_n+pb_n$ より

$$A_{n+1}+\frac{(n+1)n}{2}p^2+(n+1)p$$

$$=A_n+\frac{n(n-1)}{2}p^2+np+p\{B_n+n(n-1)p^2+np+1\}$$

$$\therefore\quad A_{n+1}=A_n+pB_n+n(n-1)p^3 \qquad\qquad \cdots\cdots ③$$

であり，さらに，$b_{n+1}=pa_n+(p+1)b_n$ より

$$B_{n+1}+(n+1)np^2+(n+1)p+1$$

$$=p\left\{A_n+\frac{n(n-1)}{2}p^2+np\right\}+(p+1)\{B_n+n(n-1)p^2+np+1\}$$

$$\therefore\quad B_{n+1}=pA_n+(p+1)B_n+\frac{3n(n-1)}{2}p^3 \qquad\qquad \cdots\cdots ④$$

である。

　数学的帰納法によって，すべての正の整数 n に対して，A_n，B_n がともに p^3 で割り切れることを示す。

(i)　②により，A_1，B_1 はともに p^3 で割り切れる。

(ii)　正の整数 n に対して，A_n，B_n がともに p^3 で割り切れるとする。

　　まず，③ より，A_{n+1} は p^3 で割り切れる。

　　次に，n，$n-1$ の一方は偶数であるから $\dfrac{n(n-1)}{2}$ は整数であり，④ より，

B_{n+1} も p^3 で割り切れる。

　　よって，すべての正の整数 n に対して，A_n，B_n はともに p^3 で割り切れる。

(2)　① で $n=p$ とおくと，

$$a_p=A_p+\frac{p(p-1)}{2}p^2+p^2=\left(\frac{A_p}{p^2}+p\cdot\frac{p-1}{2}+1\right)p^2$$

となる。

　ここで，(1)により $\dfrac{A_p}{p^2}$ は p で割り切れ，p が奇数であることから $\dfrac{p-1}{2}$ は整数であるから，

$$\frac{A_p}{p^2}+p\cdot\frac{p-1}{2}+1=(p\text{の倍数})+1$$

であり，p は 3 以上であるから，これは p で割り切れない。

　よって，a_p は p^2 で割り切れるが，p^3 では割り切れない。

解説

1° 一目見て敬遠したくなりそうな問題であるが，2008 年度の場合，第 1 問，第 2 問を解いた上でさらに得点を伸ばそうと思えばこの第 4 問を解くことになるだろう。

2° (1)は漸化式をもとにした証明問題であるから，数学的帰納法に思い当たるだろう。

$$a_n - \frac{n(n-1)}{2}p^2 - np, \quad b_n - n(n-1)p^2 - np - 1 \qquad \cdots\cdots Ⓐ$$

がともに p^3 で割り切れるとして，

$$a_{n+1} - \frac{(n+1)n}{2}p^2 - (n+1)p, \quad b_{n+1} - (n+1)np^2 - (n+1)p - 1 \quad \cdots\cdots Ⓑ$$

がともに p^3 で割り切れることを示す部分では，Ⓑ の 2 式に与えられた漸化式を用いて，

$$a_{n+1} - \frac{(n+1)n}{2}p^2 - (n+1)p = a_n + pb_n - \frac{(n+1)n}{2}p^2 - (n+1)p$$

$$b_{n+1} - (n+1)np^2 - (n+1)p - 1 = pa_n + (p+1)b_n - (n+1)np^2 - (n+1)p - 1$$

とした後，Ⓐ が現れるよう式変形していく方法もあるが，$\boxed{解}$ $\boxed{答}$ のように，Ⓐ の 2 式をそれぞれ A_n，B_n とおいて，与えられた漸化式を $\{A_n\}$，$\{B_n\}$ の漸化式 ③，④ に書きかえておくと見通しがよい。③ は

$$A_{n+1} = A_n + (B_n \text{ の整数倍}) + (p^3 \text{ の整数倍})$$

の形をしているから，A_n，B_n がともに p^3 で割り切れれば，A_{n+1} も p^3 で割り切れることは明らかである。また，n，$n-1$ の一方は偶数であることに注意すると，④ は

$$B_{n+1} = (A_n \text{ の整数倍}) + (B_n \text{ の整数倍}) + (p^3 \text{ の整数倍})$$

の形をしているから，やはり，A_n，B_n がともに p^3 で割り切れれば，B_{n+1} も p^3 で割り切れることは明らかである。

3° (2)では，もちろん(1)を利用することになる。(1)で $n=p$ のときを考えれば，

$$a_p - \frac{p(p-1)}{2}p^2 - p^2 = (p^3 \text{ の倍数})$$

$$\therefore \quad a_p = (p^3 \text{ の倍数}) + \frac{p(p-1)}{2}p^2 + p^2$$

$$= (p^3 \text{ の倍数}) + \frac{p-1}{2}p^3 + p^2$$

はすぐにわかる。

　ここで，p が奇数であることから $\dfrac{p-1}{2}$ が整数であることに注意すると，a_p が p^2 で割り切れることは直ちにわかる。

　また，a_p が p^3 で割り切れるのは p^2 が p^3 で割り切れるときであるが，p は 3 以上であるから，そのようなことはない。

第 1 問

解 答

(1) まず,

$$y(y-|x^2-5|+4)\leqq 0$$

$$\Longleftrightarrow \quad \min\{0,\ |x^2-5|-4\}\leqq y\leqq \max\{0,\ |x^2-5|-4\} \qquad \cdots\cdots ①$$

であり（ここで, $\min\{a,\ b\}$, $\max\{a,\ b\}$ はそれぞれ a, b のうちの最小値, 最大値を表す）,

$$y=|x^2-5|-4=\begin{cases} x^2-5-4=x^2-9 & (x\leqq -\sqrt{5}\ \text{または}\ x\geqq \sqrt{5}\ \text{のとき}) \\ -(x^2-5)-4=-x^2+1 & (-\sqrt{5}\leqq x\leqq \sqrt{5}\ \text{のとき}) \end{cases}$$

のグラフは下左図のようになるから, ① の表す領域は下右図の網目部分のようになる。

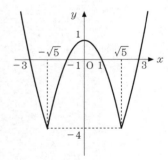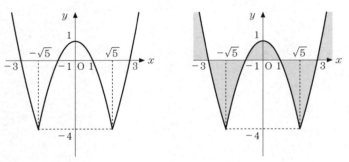

次に,

$$y+x^2-2x-3\leqq 0$$

$$\Longleftrightarrow \quad y\leqq -x^2+2x+3 \qquad \cdots\cdots ②$$

であり, $y=-x^2+2x+3$ と $y=x^2-9$ の共有点の x 座標は,

$$-x^2+2x+3=x^2-9$$

を解いて,

$$x=-2,\ 3$$

また, $y=-x^2+2x+3$ と $y=-x^2+1$ の共有点の x 座標は,

$$-x^2+2x+3 = -x^2+1$$

を解いて，

$$x = -1$$

であることに注意すると，連立不等式①，②の
表す領域 D は**右図の網目部分**のようになる。た
だし，**境界を含む**。

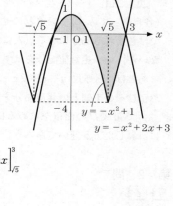

(2) (1)の結果より，求める面積は，

$$\int_{-1}^{1}(-x^2+1)\,dx + \int_{1}^{\sqrt5}\{-(-x^2+1)\}\,dx$$
$$+\int_{\sqrt5}^{3}\{-(x^2-9)\}\,dx$$
$$=2\left[-\frac13 x^3+x\right]_0^1 + \left[\frac13 x^3-x\right]_1^{\sqrt5} + \left[-\frac13 x^3+9x\right]_{\sqrt5}^3$$
$$=\frac43 + \left(\frac{2\sqrt5}{3}+\frac23\right) + \left(18-\frac{22\sqrt5}{3}\right)$$
$$=\mathbf{20-\frac{20\sqrt5}{3}}$$

となる。

2007

解説

1° (1)がメインの問題である。領域 D を正しく図示することができてしまえば，そ
の面積を求めることはたやすい（ちなみに，定積分を用いて面積を求める問題は，
久々の出題である）。きちんと正答したい問題である。

2° (1)の領域 D の図示においては，不等式

$$y(y-|x^2-5|+4)\le 0 \qquad\qquad\cdots\cdots Ⓐ$$

の表す領域を図示することができるかどうかが鍵になる。

　一般に，α，β を実数とするとき，不等式

$$(y-\alpha)(y-\beta)\le 0 \qquad\qquad\cdots\cdots Ⓑ$$

を満たす実数 y の範囲は，

$$\min\{\alpha,\ \beta\}\le y\le\max\{\alpha,\ \beta\} \qquad\qquad\cdots\cdots Ⓒ$$

である（ここで，$\min\{\alpha,\ \beta\}$，$\max\{\alpha,\ \beta\}$ はそれぞれ α，β のうちの最小値，最
大値を表す）。あるいは，Ⓑを満たす実数 y の範囲は，

　　「$y-\alpha\ge 0$ かつ $y-\beta\le 0$」 または 「$y-\alpha\le 0$ かつ $y-\beta\ge 0$」

すなわち，

　　　　「$y \geqq \alpha$　かつ　$y \leqq \beta$」　または　「$y \leqq \alpha$　かつ　$y \geqq \beta$」　　　　　……Ⓓ

と表すこともできる。

　　解 答 では，Ⓐ を Ⓒ の形で処理したが，もちろん Ⓓ の形で処理してもよい（各自やってみよ）。いずれにせよ，Ⓐ の表す領域は，曲線 $y = |x^2 - 5| - 4$ と x 軸ではさまれる部分になる（人によっては，はじめに絶対値記号をはずしたかもしれないが，いつ絶対値記号をはずしても大差ない）。

　　あとは，不等式 $y + x^2 - 2x - 3 \leqq 0$ の表す領域，すなわち，曲線 $y = -x^2 + 2x + 3$ およびその下側との共通部分を図示すれば解決する。

3° (2)で領域 D の面積を求めるには，計算の工夫もできないわけではないが，正直に計算した方が速いであろう。

第　2　問
解 答

(1) 半径 R の円に操作(**P**)を行うと，半径が Rr と $R(1-r)$ の 2 つの円が得られる。その際，半径が Rr と $R(1-r)$ の 2 つの円の周の長さの和は

　　　　$2\pi R r + 2\pi R(1-r) = 2\pi R$

で，これは半径 R の円の周の長さと等しいから，操作(**P**)を行っても，円の周の長さの和は変わらない。

　　よって，n 回目の操作で得られる 2^n 個の円の周の長さの和は，半径 1 の円の周の長さに等しく，

　　　　2π

である。

(2) 2 回目の操作で得られる 4 つの円の半径は，

　　　　$r \cdot r = r^2, \quad r \cdot (1-r) = r(1-r),$
　　　　$(1-r) \cdot r = r(1-r), \quad (1-r) \cdot (1-r) = (1-r)^2$

であるから，2 回目の操作で得られる 4 つの円の面積の和は，

$$\pi(r^2)^2 + 2 \cdot \pi \{r(1-r)\}^2 + \pi \{(1-r)^2\}^2 = \pi[(r^2)^2 + 2r^2(1-r)^2 + \{(1-r)^2\}^2]$$
$$= \pi \{r^2 + (1-r)^2\}^2$$
$$= \pi (2r^2 - 2r + 1)^2$$

である。

(3) (2)と同様にして，n 回目の操作で得られる 2^n 個の円の半径は，

　　　　$r^{n-k}(1-r)^k \quad (k = 0, 1, 2, \cdots\cdots, n)$

のいずれかであり，半径が $r^{n-k}(1-r)^k$ の円は，$n-k$ 個の r と k 個の $1-r$ の順列の総数である $_nC_k$ 個だけある。

　　よって，n 回目の操作で得られる 2^n 個の円の面積の和は，

$$\sum_{k=0}^{n}{}_nC_k\pi\{r^{n-k}(1-r)^k\}^2=\pi\sum_{k=0}^{n}{}_nC_k(r^2)^{n-k}\{(1-r)^2\}^k$$
$$=\pi\{r^2+(1-r)^2\}^n$$
$$=\pi(2r^2-2r+1)^n$$

である。

解説

1°　今まで見たことがないような設定であるが，実はそんなに難しくない。試験場では一瞬パスしたくなるかもしれないが，落ち着いて手を動かしてみることが大切である。

2°　大きく分けて，2つの方法が考えられるだろう。

　　1つは，1回の操作で，円の周の長さの和，円の面積の和がそれぞれどのように変わるかを考える方法であり，もう1つは，n 回目の操作で得られる 2^n 個の円の半径がどのようになるかを考える方法である。

　　解 **答** では，(1)は第1の方法で，(2)，(3)は第2の方法で解いているが，もちろん，すべてを同一の方法で解くことができる。

3°　1回の操作で，円の周の長さの和，円の面積の和がそれぞれどのように変わるのかを調べてみよう。

　　半径 R の円に操作(**P**)を行うと，半径が Rr と $R(1-r)$ の2つの円が得られる。その際，半径が Rr と $R(1-r)$ の2つの円の周の長さの和は

$$2\pi Rr+2\pi R(1-r)=2\pi R$$

で，これは半径 R の円の周の長さと等しいから，操作(**P**)を行っても，円の周の長さの和は変わらない。

　　また，半径が Rr と $R(1-r)$ の2つの円の面積の和は

$$\pi(Rr)^2+\pi\{R(1-r)\}^2=\pi R^2(2r^2-2r+1)$$

であるから，操作(**P**)を行うと，円の面積の和は $2r^2-2r+1$ 倍になる。

　　以上のことから，(1)の結果は最初の半径1の円の周の長さ 2π，(3)の結果は最初の半径1の円の面積 π の $(2r^2-2r+1)^n$ 倍になるのである。

4°　各回の操作で得られる円の半径を順に具体的に求めていけば，次のようになる。

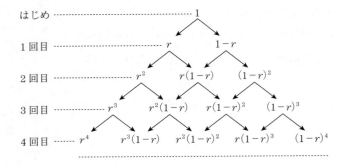

はじめ ┄┄┄┄┄┄┄┄┄┄┄┄┄┄┄┄┄┄┄┄ 1

1 回目 ┄┄┄┄┄┄┄┄┄┄┄┄┄┄ r　　　　$1-r$

2 回目 ┄┄┄┄┄┄┄┄┄ r^2　　$r(1-r)$　　$(1-r)^2$

3 回目 ┄┄┄┄┄ r^3　　$r^2(1-r)$　　$r(1-r)^2$　　$(1-r)^3$

4 回目 ┄┄ r^4　　$r^3(1-r)$　　$r^2(1-r)^2$　　$r(1-r)^3$　　$(1-r)^4$

　　上の図式は，パスカルの三角形と同じ形のものであり，n 回目の操作で得られる 2^n 個の円は，

　　　　半径が $r^{n-k}(1-r)^k$ であるものが $_nC_k$ 個

　　　　（ただし，$k=0,\ 1,\ 2,\ \cdots\cdots,\ n$）

となる。

　　このことから，(1) では

$$\sum_{k=0}^{n} {}_nC_k\, 2\pi r^{n-k}(1-r)^k$$

を，(3) では

$$\sum_{k=0}^{n} {}_nC_k\, \pi\{r^{n-k}(1-r)^k\}^2$$

を求めればよいことになるが，これらはともに二項定理を用いて，それぞれ

$$\sum_{k=0}^{n} {}_nC_k\, 2\pi r^{n-k}(1-r)^k = 2\pi \sum_{k=0}^{n} {}_nC_k\, r^{n-k}(1-r)^k$$
$$= 2\pi\{r+(1-r)\}^n$$
$$= 2\pi$$

$$\sum_{k=0}^{n} {}_nC_k\, \pi\{r^{n-k}(1-r)^k\}^2 = \pi \sum_{k=0}^{n} {}_nC_k\, (r^2)^{n-k}\{(1-r)^2\}^k$$
$$= \pi\{r^2+(1-r)^2\}^n$$
$$= \pi(2r^2-2r+1)^n$$

と求めることができる。

第 3 問

解 答

$a_m = 5m^4$ とおく。

$$a_{m+10} = 5(m+10)^4$$
$$= 5(m^4 + 4m^3 \cdot 10 + 6m^2 \cdot 10^2 + 4m \cdot 10^3 + 10^4)$$
$$= 5m^4 + 100(2m^3 + 30m^2 + 200m + 500)$$
$$= a_m + (100 \text{ の倍数}) \qquad \cdots\cdots ①$$

より，a_{m+10} と a_m の下 2 桁は一致するから，a_1，a_2，$\cdots\cdots$，a_{10} の下 2 桁を求めればよい。

さらに，$n = 1$，2，$\cdots\cdots$，9 として，$a_{10-n} = 5(10-n)^4$ を考えると，① と同様にして，

$$a_{10-n} = a_n + (100 \text{の倍数}) \qquad \cdots\cdots ②$$

となるから，a_{10-n} と a_n の下 2 桁は一致する。

以上から，a_1，a_2，a_3，a_4，a_5，a_{10} の下 2 桁を求めればよい。

$a_1 = 5 \cdot 1^4$ の下 2 桁は 5，　$a_2 = 5 \cdot 2^4$ の下 2 桁は 80，

$a_3 = 5 \cdot 3^4$ の下 2 桁は 5，　$a_4 = 5 \cdot 4^4$ の下 2 桁は 80，

$a_5 = 5 \cdot 5^4$ の下 2 桁は 25，$a_{10} = 5 \cdot 10^4$ の下 2 桁は 0

であるから，求める数は，

0，5，25，80

である。

解説

1° 正の整数 m に対して，$5m^4$ の下 2 桁が m の下 2 桁から決まることは当然であるが，それだけでは，$m = 1$，2，$\cdots\cdots$，100 の 100 通りに対して $5m^4$ の下 2 桁を求めなければならず，解決するのはかなり面倒である。実は，$5m^4$ の下 2 桁は m の下 1 桁から決まってしまうのである！　実際，

$$m = 10k + l \quad (k, l \text{ は整数}) \qquad \cdots\cdots(*)$$

とおくと，

$$5m^4 = 5(10k + l)^4$$
$$= 5(10000k^4 + 4000k^3 l + 600k^2 l^2 + 40kl^3 + l^4)$$
$$= (100 \text{ の倍数}) + 5l^4$$

となるからである。すると，$l = 0$，1，2，$\cdots\cdots$，9 の 10 通りに対して $5l^4$ の下 2

桁を求めればよくなり，容易に解決する。

解 答 では，① で $m=1$, 2, ……, 10 の 10 通りに対して $5m^4$ の下 2 桁を求めればよいことを説明し，さらに，② で $m=1$, 2, 3, 4, 5, 10 の 6 通りに対して $5m^4$ の下 2 桁を求めればよいことを説明することにより，計算の手間を減らしている。

実質的に同じことであるが，（＊）において整数 l の範囲を $-4 \leqq l \leqq 5$ として，その範囲の l に対して $5l^4$ の下 2 桁を求めてもよい。

2° 次のような解法も考えられる。

$5m^4$ の下 2 桁は m^4 を 20 で割った余りによって決まるから，m^4 を 20 で割った余りとして現れる数を求めればよい。ところで，m^4 を 20 で割った余りは m を 20 で割った余りによって決まるから，$m=1$, 2, ……, 20 の 20 通りに対して m^4 を 20 で割った余りを求めればよい。20 通りの m に対して m^4 を 20 で割った余りを求めるのは若干面倒であるから，さらに考察を加えて，m の範囲を狭めるのがよい。詳細については，読者の研究に任せよう。

第 4 問

解 答

(1) n 回硬貨を投げたとき，最後にブロックの高さが m となるのは，

(i) $0 \leqq m \leqq n-1$ のとき

$n-m$ 回目に裏が出て，その後 m 回続けて表が出るときであるから，
$$p_m = (1-p)p^m \quad (m=0 \text{ のときもこれでよい})$$

(ii) $m=n$ のとき

n 回とも表が出るときであるから，
$$p_n = p^n$$

となる。

以上から，
$$p_m = \begin{cases} (1-p)\,p^m & (0 \leqq m \leqq n-1) \\ p^n & (m=n) \end{cases}$$

である。

(2) $q_m = \sum_{k=0}^{m} p_k$ であるから，(1)の結果を用いて，

(i) $0 \leqq m \leqq n-1$ のとき

$$q_m = \sum_{k=0}^{m} (1-p) \, p^k = \sum_{k=0}^{m} (p^k - p^{k+1}) = 1 - p^{m+1}$$

(ii)　$m = n$ のとき

$$q_n = \sum_{k=0}^{n-1} (1-p) \, p^k + p^n = q_{n-1} + p^n = (1-p^n) + p^n = 1$$

となる。

よって，

$$q_m = \begin{cases} 1 - p^{m+1} & (0 \le m \le n-1) \\ 1 & (m = n) \end{cases}$$

である。

(3)　1度目，2度目の最後のブロックの高さをそれぞれ h_1，h_2 とすると，2度のうち，高い方のブロックの高さが m であるのは，

　　　「$h_1 = m$ かつ $h_2 \le m$」　または　「$h_1 \le m$ かつ $h_2 = m$」

の場合で，これらのうちに「$h_1 = m$ かつ $h_2 = m$」の場合が重複していることに注意すると，

$$r_m = 2 p_m q_m - p_m{}^2 = (2 q_m - p_m) \, p_m$$

である。

　　よって，(1)，(2)の結果を用いると，

(i)　$0 \le m \le n-1$ のとき

$$\begin{aligned} r_m &= \{2(1 - p^{m+1}) - (1-p) \, p^m\} (1-p) \, p^m \\ &= (1-p)(2 - p^m - p^{m+1}) \, p^m \end{aligned}$$

(ii)　$m = n$ のとき

$$r_n = (2 \cdot 1 - p^n) \, p^n = (2 - p^n) \, p^n$$

となるから，

$$r_m = \begin{cases} (1-p)(2 - p^m - p^{m+1}) \, p^m & (0 \le m \le n-1) \\ (2 - p^n) \, p^n & (m = n) \end{cases}$$

である。

解説

1°　問題文は若干長いが，ゲームのルールをしっかりつかんでしまえば，実は大したことがない問題だとわかるだろう。

2°　(1)において，n 回硬貨を投げたとき，最後にブロックの高さが m となるのは，

　　　n 回のうち最後の $m+1$ 回が，裏，表，表，……，表

のときである（最後の $m+1$ 回以外はどちらが出てもよい）。ただし，これは m が $0 \leqq m \leqq n-1$ の範囲にある場合であり，$m=n$ の場合には，

　　　　n 回とも，表

のときであることに注意しなければならない！

3° (2)は，(1)を利用することを考えれば，$q_m = \sum_{k=0}^{m} p_k$ として求めることになるが，(1)を利用せず，余事象を考えて次のように解くこともできる。

【別解】

　最後にブロックの高さが m 以下とならない，すなわち，$m+1$ 以上となるのは，

(i) $0 \leqq m \leqq n-1$ のときには，n 回のうち最後の $m+1$ 回で続けて表が出るときであり，

(ii) $m=n$ のときには，そのようなことはない。

　よって，求める確率は，

$$q_m = \begin{cases} 1 - p^{m+1} & (0 \leqq m \leqq n-1) \\ 1 & (m=n) \end{cases}$$

である。

4° (3)は，「2度のうち，高い方のブロックの高さが m である」ということをどのようにとらえるかによって，いろいろな解法が考えられる。

　解 答 では，1度目，2度目の最後のブロックの高さをそれぞれ h_1，h_2 として，

　　　　「$h_1 = m$ かつ $h_2 \leqq m$」 または 「$h_1 \leqq m$ かつ $h_2 = m$」

ととらえたが，このようにとらえたときには，「$h_1 = m$ かつ $h_2 = m$」の重複に注意しなければならない。はじめから重複しないように，

　　　　「$h_1 = m$ かつ $h_2 \leqq m$」 または 「$h_1 \leqq m-1$ かつ $h_2 = m$」

ととらえて，

　　　　$r_m = p_m q_m + q_{m-1} p_m$

とすることもできる。ただし，$m=0$ のときは別扱いで，

　　　　$r_0 = p_0 q_0$

である。

　以上の解法は，(1)，(2)をともに利用しているが，次のように，(2)のみを利用して解くこともできる。

別解

2 度のうち，高い方のブロックの高さが m であるのは，

(a)　$m=0$ のとき

2 度とも最後のブロックの高さが 0 以下（すなわち 0）のときであるから，

$$r_0=q_0{}^2$$

(b)　$1\leqq m\leqq n$ のとき

「2 度とも最後のブロックの高さが m 以下」で，「2 度とも最後のブロックの高さが $m-1$ 以下」でないときであるから，

$$r_m=q_m{}^2-q_{m-1}{}^2$$

となる。

よって，(2)の結果を用いると，

$$r_m=\begin{cases}(1-p)^2 & (m=0)\\(1-p^{m+1})^2-(1-p^m)^2 & (1\leqq m\leqq n-1)\\1^2-(1-p^n)^2 & (m=n)\end{cases}$$

$$=\begin{cases}(1-p^{m+1})^2-(1-p^m)^2 & (0\leqq m\leqq n-1)\\1^2-(1-p^n)^2 & (m=n)\end{cases}$$

$$=\begin{cases}\{(1-p^{m+1})+(1-p^m)\}\{(1-p^{m+1})-(1-p^m)\} & (0\leqq m\leqq n-1)\\\{1+(1-p^n)\}\{1-(1-p^n)\} & (m=n)\end{cases}$$

$$=\begin{cases}\boldsymbol{(1-p)(2-p^m-p^{m+1})p^m} & \boldsymbol{(0\leqq m\leqq n-1)}\\\boldsymbol{(2-p^n)p^n} & \boldsymbol{(m=n)}\end{cases}$$

となる。

2006 年

第 1 問

解 答

AB＝x，DA＝y とおく。

まず，四角形 ABCD の周の長さが 44 であることから，

$$x+y+13+13=44$$

$$\therefore \quad x+y=18 \qquad \cdots\cdots ①$$

である。

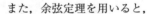

△BCD に正弦定理を用いると，

$$\frac{\mathrm{BD}}{\sin C}=2\cdot\frac{65}{8}$$

$$\therefore \quad \mathrm{BD}=\frac{65}{4}\sin C \qquad \cdots\cdots ②$$

また，余弦定理を用いると，

$$\mathrm{BD}^2=13^2+13^2-2\cdot13\cdot13\cdot\cos C=2\cdot13^2(1-\cos C) \qquad \cdots\cdots ③$$

となる。② を ③ に代入して整理すると，

$$\frac{65^2}{4^2}\sin^2 C=2\cdot13^2(1-\cos C)$$

$$\therefore \quad 5^2(1-\cos^2 C)=2\cdot4^2(1-\cos C)$$

$$\therefore \quad 25(1+\cos C)(1-\cos C)=32(1-\cos C)$$

となり，$\cos C \neq 1$ に注意すると，

$$1+\cos C=\frac{32}{25} \qquad \therefore \quad \cos C=\frac{7}{25} \qquad \cdots\cdots ④$$

を得る。

$A+C=180°$ に注意して △ABD に余弦定理を用いると，

$$\mathrm{BD}^2=x^2+y^2-2xy\cos A=x^2+y^2+2xy\cos C$$

$$=(x+y)^2-2xy(1-\cos C)$$

となるから，③ とあわせて，

$$2\cdot13^2(1-\cos C)=(x+y)^2-2xy(1-\cos C)$$

$$\therefore \quad 13^2 = \frac{(x+y)^2}{2(1-\cos C)} - xy \quad \therefore \quad xy = \frac{(x+y)^2}{2(1-\cos C)} - 13^2$$

となる。これに，①，④ を代入して整理すると，

$$xy = \frac{18^2}{2 \cdot \dfrac{18}{25}} - 13^2 = 9 \cdot 25 - 13^2 = 15^2 - 13^2 = (15+13)(15-13) = 56 \quad \cdots\cdots ⑤$$

を得る。

①，⑤ より，x，y は t についての 2 次方程式 $t^2 - 18t + 56 = 0$，すなわち，
$(t-4)(t-14) = 0$ の 2 解であるから，

$$\mathbf{(AB,\ DA)} = \mathbf{(4,\ 14)},\ \mathbf{(14,\ 4)}$$

となる。

解説

1°　方針は立ち易いが，計算がやや煩雑であるため，要領よく計算を進めないと途中で計算間違いを犯しやすく，正解を得るのは案外難しかったかもしれない。

2°　円に内接する四角形の問題では，対角線で 2 つの三角形に分割し，円に内接する四角形の向かい合う内角の和が $180°$ であることに注意しながら，2 つの三角形に余弦定理を適用して方程式をつくるのが定石である。本問では，対角線 BD で△ABD と △BCD に分割すればよい。さらに，四角形の外接円が分割して得られる三角形の外接円でもあることに着目して，正弦定理を用いればよい。それらと，四角形の周の長さについての情報から，問題解決に必要な方程式が出揃うことになる。

　2 辺 AB，DA の長さについて対称性があることに注意し，それらの和と積に着目して計算を行えばよい。途中，数値の平方をできるだけ具体的に実行することなく計算を進めると，煩雑な計算に巻き込まれることなく結論に至る。

3°　なお，次のようにして $\cos C$ の値と BD の長さを求めることもできる。

　　「△CBD は二等辺三角形であるから，

　　$\angle$CBD$=\theta$ とおくと，$C = 180° - 2\theta$ である。

　　△CBD に正弦定理を用いることにより，

$$\frac{13}{\sin\theta} = 2 \cdot \frac{65}{8} \quad \therefore \quad \sin\theta = \frac{4}{5}$$

$$\therefore \quad \cos\theta = \sqrt{1 - \left(\frac{4}{5}\right)^2} = \frac{3}{5}$$

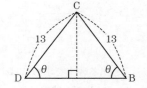

が得られるから，

$$\cos C = \cos(180° - 2\theta) = -\cos 2\theta = 1 - 2\cos^2\theta = 1 - 2\left(\frac{3}{5}\right)^2 = \frac{7}{25}$$

$$BD = 2 \cdot 13 \cdot \cos\theta = 2 \cdot 13 \cdot \frac{3}{5} = \frac{6 \cdot 13}{5}$$

となる。」

この後は，■解 ■答 と同様，$A + C = 180°$ に注意して △ABD に余弦定理を用いると，

$$BD^2 = x^2 + y^2 - 2xy\cos A = x^2 + y^2 + 2xy\cos C$$
$$= (x+y)^2 - 2xy(1 - \cos C)$$

となるから，① と上で求めた値を代入すると，

$$\left(\frac{6 \cdot 13}{5}\right)^2 = 18^2 - 2xy \cdot \frac{18}{25} = 18^2 - \left(\frac{6}{5}\right)^2 xy$$

$$\therefore \quad xy = 15^2 - 13^2 = (15 + 13)(15 - 13) = 56$$

となり，⑤ が得られる。

第 2 問

■解 ■答

(1) ×○○または××○○または×○×○と出る確率を求めればよく，

$$P_2 = (1-p)p + p(1-p)p + (1-p)^3$$
$$= (1-p)\{p + p^2 + (1-p)^2\} = \boldsymbol{(1-p)(1-p+2p^2)}$$

となる。

(2) ×○○○または××○○○または×○×○○または×○○×○と出る確率を求めればよく，

$$P_3 = (1-p)p^2 + p(1-p)p^2 + (1-p)^3 p + (1-p)p(1-p)^2$$
$$= p^2(1-p) + p^3(1-p) + p(1-p)^3 + p(1-p)^3$$
$$= p(1-p)\{p + p^2 + 2(1-p)^2\} = \boldsymbol{p(1-p)(2-3p+3p^2)}$$

となる。

(3) (i) ×$\overset{n}{\overline{○○\cdots○}}$　　または　(ii) ××$\overset{n}{\overline{○○\cdots○}}$　　または

(iii) ×$\overset{1}{\overline{○}}$×$\overset{n-1}{\overline{○○\cdots○}}$または×$\overset{2}{\overline{○○}}$×$\overset{n-2}{\overline{○○\cdots○}}$または…または×$\overset{n-1}{\overline{○○\cdots○}}$×$\overset{1}{\overline{○}}$

と出る確率を求めればよい。

(i)となる確率は，$1-p$ が 1 個，p が $n-1$ 個の積 $p^{n-1}(1-p)$ である。

(ii)となる確率は，$1-p$ が1個，p が n 個の積 $p^n(1-p)$ である。

(iii)の各々の場合の確率は，$1-p$ が3個，p が $n-2$ 個の積 $p^{n-2}(1-p)^3$ である。

以上から，求める確率は，

$$P_n=p^{n-1}(1-p)+p^n(1-p)+(n-1)p^{n-2}(1-p)^3$$
$$=p^{n-2}(1-p)\{p+p^2+(n-1)(1-p)^2\}$$
$$=p^{n-2}(1-p)\{n-1-(2n-3)p+np^2\}$$

となる。

解説

1° (1)，(2)（特に(2)）の具体的な場合から，(3)の一般的な場合の解決の糸口が得られるであろう（(1)，(2)だけではまだ不十分な人は，さらに P_4 を求めてみよ）。(3)の 解 答 の中の(iii)の各場合の確率がすべて等しいことに着目できればよい。

　計算量は非常に少ないので，ミスなく解決したい。(3)の結果を求めた後，$n=2$，$n=3$ を代入して，(1)，(2)の結果と一致することを確かめておくとよい。

2° 漸化式を利用する次のような解答もある。

別解

記号×が最初のものも含めて3個出るよりも前に記号○が $n+1$ 個出るのは，

(a) 記号×が最初のものも含めて3個出るよりも前に記号○が n 個出てから，記号○が出る（$n+1$ 個目の○の直前が○）

または

(b) $\times\overbrace{\bigcirc\bigcirc\cdots\bigcirc}^{n}\times\bigcirc$ と出る（$n+1$ 個目の○の直前が×）

場合であり，

(a)となる確率は，$P_n\cdot p=pP_n$

(b)となる確率は，$(1-p)\overbrace{pp\cdots p}^{n-1}(1-p)(1-p)=p^{n-1}(1-p)^3$

であるから，$n=1, 2, 3, \cdots\cdots$ に対して，

$$P_{n+1}=pP_n+p^{n-1}(1-p)^3 \qquad\qquad \cdots\cdots(*)$$

が成り立つ。ただし，P_1 は，×○または××○と出る確率であり，

$$P_1=1-p+p(1-p)=(1-p)(1+p)$$

である。

$(*)$ の両辺を p^{n-1} で割ると，

$$\frac{P_{n+1}}{p^{n-1}} = \frac{P_n}{p^{n-2}} + (1-p)^3$$

となるから，数列 $\left\{ \dfrac{P_n}{p^{n-2}} \right\}$ は，初項 $\dfrac{P_1}{p^{-1}} = p(1-p)(1+p)$，公差 $(1-p)^3$ の等差数列であり，$n=1,\ 2,\ 3,\ \cdots\cdots$ に対して，

$$\begin{aligned}
\frac{P_n}{p^{n-2}} &= p(1-p)(1+p) + (n-1)(1-p)^3 \\
&= (1-p)\{p(1+p) + (n-1)(1-p)^2\} \\
&= (1-p)\{n-1 - (2n-3)p + np^2\}
\end{aligned}$$

$$\therefore \quad \boldsymbol{P_n = p^{n-2}(1-p)\{n-1-(2n-3)p+np^2\}}$$

となる。

第 3 問

解 答

(1) $$x+y+z = xyz \quad \cdots\cdots②, \qquad x \leqq y \leqq z \quad \cdots\cdots③$$

を満たす正の整数の組 $(x,\ y,\ z)$ を求めればよい。

③ より

$$x+y+z \leqq z+z+z = 3z$$

であるから，② とあわせて，

$$xyz \leqq 3z \quad \therefore \quad xy \leqq 3 \qquad\qquad\qquad \cdots\cdots④$$

でなければならない。③，④ より，

$$x = 1$$

でなければならず，このとき，② は，

$$1+y+z = yz \quad \therefore \quad (y-1)(z-1) = 2$$

となるから，③ を考慮して，

$$(y-1,\ z-1) = (1,\ 2) \quad \therefore \quad (y,\ z) = (2,\ 3)$$

を得る。

　以上から，求める組は，

$$(\boldsymbol{x,\ y,\ z}) = (\boldsymbol{1,\ 2,\ 3})$$

である。

(2) $$x^3 + y^3 + z^3 = xyz \qquad\qquad\qquad\qquad \cdots\cdots⑤$$

を満たす正の実数の組 $(x,\ y,\ z)$ が存在しないことを示せばよい。

　⑤ を満たす正の実数の組 $(x,\ y,\ z)$ が存在するとする。

⑤ は x, y, z に関して対称であるから，x, y, z を適当に入れ換えることにより，⑤ を満たす正の実数の組 (x, y, z) で $x \leqq y \leqq z$ となるものが存在することになるが，このとき，

$$x^3 + y^3 + z^3 > 0 + 0 + z^3 = z^3 = zzz \geqq xyz$$

となって ⑤ に反する。

よって，⑤ を満たす正の実数の組 (x, y, z) は存在しない。

解説

1° (1)はよく見かける問題である。不等式 ③ を用いて範囲を絞ればよい。④ を得た後は，③，④ を満たす正の整数の組 (x, y) が

$$(x, y) = (1, 1), \ (1, 2), \ (1, 3)$$

のみであることから，それらを ② に代入して ③ を満たす正の整数 z が求まる場合を選び出すことにより解決することもできる。

2° (2)では，(1)と同様，⑤ の対称性に注意して不等式 $x \leqq y \leqq z$ を設定すれば容易に解決する。

また，次のような解答もある。

別解

⑤ は，

$$x^3 + y^3 + z^3 - 3xyz = -2xyz$$

$$\therefore \ (x+y+z)(x^2+y^2+z^2-xy-yz-zx) = -2xyz$$

$$\therefore \ \frac{1}{2}(x+y+z)\{(x-y)^2+(y-z)^2+(z-x)^2\} = -2xyz \qquad \cdots\cdots ⑥$$

と変形できる。

正の実数 x, y, z に対して，⑥ の左辺は 0 以上，⑥ の右辺は負であるから，⑥ を満たす正の実数の組 (x, y, z) は存在しない。すなわち，⑤ を満たす正の実数の組 (x, y, z) は存在しない。

この **別解** では，正の実数 x, y, z に対して，不等式

$$x^3 + y^3 + z^3 - 3xyz \geqq 0$$

が成り立つことがキー・ポイントであるが，これは，3つの正の実数 a, b, c の相加平均と相乗平均の間に成り立つ不等式

$$\frac{a+b+c}{3} \geqq \sqrt[3]{abc} \qquad \cdots\cdots ⑦$$

において，$a=x^3$，$b=y^3$，$c=z^3$ とすることによって得ることもできる（**別解**）中では，⑦ を $a=x^3$，$b=y^3$，$c=z^3$ とおくことによって証明したのである）。

　実質的に同じことであるが，

　　「正の実数 x，y，z に対して，

$$x^3+y^3+z^3 \geqq 3\sqrt[3]{x^3y^3z^3}=3xyz>xyz$$

　　が成り立つから，⑤ を満たす正の実数の組 (x, y, z) は存在しない。」

と述べてもよい。

第 4 問

解答

　見易くするために，$c=\cos 2\theta$ とおく。$0°<\theta<45°$ より，$0<c<1$ であることを注意しておく。

$$-1 \leqq x \leqq c \ \text{のとき，} \ f(x)=(x+1)^3-(x-c)^3-(x-1)^3$$
$$c \leqq x \leqq 1 \ \text{のとき，} \ f(x)=(x+1)^3+(x-c)^3-(x-1)^3$$

である。

　$-1 \leqq x \leqq c$ のとき，

$$f'(x)=3\{(x+1)^2-(x-c)^2-(x-1)^2\}=-3\{(x-c)^2-4x\}$$

より

$$f'(-1)=-3\{(-1-c)^2+4\}<0, \ f'(c)=12c>0$$

となるから，$f'(x)=0$ は $-1<x<c$ の範囲に実数解を 1 つもち，それを α とおくと，

$$-1 \leqq x < \alpha \ \text{のとき} \ f'(x)<0, \ \alpha<x \leqq c \ \text{のとき} \ f'(x)>0$$

である。

　$c \leqq x \leqq 1$ のとき，

$$f'(x)=3\{(x+1)^2+(x-c)^2-(x-1)^2\}=3\{(x-c)^2+4x\}$$

であるから，$c \leqq x \leqq 1$ において $f'(x)>0$ となる。

　以上から，$f(x)$ が最小値をとるときの x の値は，$x=\alpha$ である。

　α は

$$(x-c)^2-4x=0$$

すなわち，

$$x^2-2(c+2)x+c^2=0$$

の小さい方の実数解であるから，$\cos\theta>0$ に注意すると，求める x の値は，

x	-1		α		c		1
$f'(x)$		$-$	0	$+$		$+$	
$f(x)$		$\searrow$		$\nearrow$		$\nearrow$	

$$x=c+2-\sqrt{(c+2)^2-c^2}=c+2-2\sqrt{c+1}=\cos 2\theta+2-2\sqrt{\cos 2\theta+1}$$
$$=2\cos^2\theta+1-2\sqrt{2\cos^2\theta}=\boldsymbol{2\cos^2\theta-2\sqrt{2}\,\cos\theta+1}$$

である。

解説

1° 絶対値記号をはずすところまでは問題ないだろう。その後は，3乗の展開をせず，（正式には数学IIの範囲外であるが）正の整数 n，定数 a に対して，

$$\{(x+a)^n\}'=n(x+a)^{n-1}$$

であることを利用して導関数を計算すると，見通しがよい。

2° $c\leqq x\leqq 1$ において $f'(x)>0$ であることは，すぐにわかる。問題は，$-1\leqq x\leqq c$ における $f'(x)$ の符号である。上の 解 答 では，$f'(-1),\ f'(c)$ の符号が判明することを利用して処理したが，他にも，

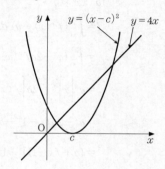

「$f'(x)=-3\{(x-c)^2-4x\}$ の符号は，放物線 $y=(x-c)^2$ と直線 $y=4x$ の上下関係によって決まる」

ことに着目したり，

「$(x-c)^2-4x=0$，すなわち，$x^2-2(c+2)x+c^2=0$ の解

$$x=c+2\pm\sqrt{(c+2)^2-c^2}$$
$$=c+2\pm2\sqrt{c+1}$$
$$=\cos 2\theta+2\pm2\sqrt{\cos 2\theta+1}$$
$$=\cos 2\theta+2\pm2\sqrt{2\cos^2\theta}$$
$$=\cos 2\theta+2\pm2\sqrt{2}\,\cos\theta$$

を求めて，$0°<\theta<45°$ より $\dfrac{1}{\sqrt{2}}<\cos\theta$ であることから，

$$\cos 2\theta+2-2\sqrt{2}\,\cos\theta<\cos 2\theta<\cos 2\theta+2+2\sqrt{2}\,\cos\theta$$

および

$$\cos 2\theta+2-2\sqrt{2}\,\cos\theta=2\cos^2\theta+1-2\sqrt{2}\,\cos\theta=(\sqrt{2}\,\cos\theta-1)^2>0$$

が成り立つ」

ことを用いて $f'(x)$ の符号を調べることもできる。

第 1 問

解 答

$I=\displaystyle\int_{-1}^{0}\{f'(x)-g'(x)\}^2dx+\int_{0}^{1}\{f'(x)-g'(x)\}^2dx$ とおく。

$g'(x)=\begin{cases}a & (x<0) \\ b & (x>0)\end{cases}$ であること, および, $f(0)=0$ であることから,

$$I=\int_{-1}^{0}\{f'(x)-a\}^2dx+\int_{0}^{1}\{f'(x)-b\}^2dx$$

$$=\int_{-1}^{0}\{a^2-2af'(x)+f'(x)^2\}dx+\int_{0}^{1}\{b^2-2bf'(x)+f'(x)^2\}dx$$

$$=a^2\Big[x\Big]_{-1}^{0}-2a\Big[f(x)\Big]_{-1}^{0}+\int_{-1}^{0}f'(x)^2dx+b^2\Big[x\Big]_{0}^{1}-2b\Big[f(x)\Big]_{0}^{1}+\int_{0}^{1}f'(x)^2dx$$

$$=a^2+2af(-1)+b^2-2bf(1)+\int_{-1}^{1}f'(x)^2dx$$

$$=\{a+f(-1)\}^2+\{b-f(1)\}^2+\int_{-1}^{1}f'(x)^2dx-f(-1)^2-f(1)^2$$

となる。

　ここで, $\displaystyle\int_{-1}^{1}f'(x)^2dx-f(-1)^2-f(1)^2$ は a, b によらない定数であるから, I が最小になるような a, b は,

$$a=-f(-1), \quad b=f(1)$$

である。

　一方, $g(x)$ の定義より $g(-1)=-a$, $g(1)=b$ であるから,

$$g(-1)=f(-1), \quad g(1)=f(1)$$

が成り立つ。

解説

1° 　$I=\displaystyle\int_{-1}^{0}\{f'(x)-g'(x)\}^2dx+\int_{0}^{1}\{f'(x)-g'(x)\}^2dx$

$$=\int_{-1}^{0}\{f'(x)-a\}^2dx+\int_{0}^{1}\{f'(x)-b\}^2dx$$

$$=\int_{-1}^{0}\{a^2-2af'(x)+f'(x)^2\}dx+\int_{0}^{1}\{b^2-2bf'(x)+f'(x)^2\}dx$$

の右辺の第1項，第2項において，定積分 $\int_{-1}^{0}dx$, $\int_{-1}^{0}f'(x)dx$, $\int_{-1}^{0}f'(x)^2dx$ などは定数であるから，I は a の2次関数と b の2次関数の和である。よって，I を最小にする a, b は平方完成によって求められる。その際，最小値を求める必要はないから，a^2 の係数，a の係数，b^2 の係数，b の係数がわかれば十分である。ここで，一般に，

$$\int_{a}^{b}f'(x)dx=f(b)-f(a)$$

が成り立つこと（$f'(x)$ の原始関数の1つは $f(x)$ である！）を用いれば，$f(x)$ を具体的におくことなく計算を進めることができ，

$$I=a^2-2a\{f(0)-f(-1)\}+b^2-2b\{f(1)-f(0)\}+（定数）$$
$$=a^2+2af(-1)+b^2-2bf(1)+（定数）$$

が得られる。ここまでくれば，結論を導くことはたやすい。なお，この解法によれば，$f(x)$ は $f(0)=0$ をみたしさえすればよく，2次関数であることは結論を導くのに不要であることがわかる。文部科学省の学習指導要領では，数学Ⅱの積分においては2次関数までしか扱わないことになっているために，このような出題になったのであろう。

2°　$f(0)=0$ をみたす2次関数 $f(x)$ を

$$f(x)=px^2+qx$$

のようにおくと，

$$I=\int_{-1}^{0}(2px+q-a)^2dx+\int_{0}^{1}(2px+q-b)^2dx$$

となる。この後，被積分関数をむやみに展開すると見通しが悪くなる。a, b が変数で，p, q は定数であることに注意して，a, b について展開して計算すれば，

$$I=\int_{-1}^{0}\{a^2-2a(2px+q)+(2px+q)^2\}dx$$
$$+\int_{0}^{1}\{b^2-2b(2px+q)+(2px+q)^2\}dx$$
$$=a^2\Big[x\Big]_{-1}^{0}-2a\Big[px^2+qx\Big]_{-1}^{0}+\int_{-1}^{0}(2px+q)^2dx$$
$$+b^2\Big[x\Big]_{0}^{1}-2b\Big[px^2+qx\Big]_{0}^{1}+\int_{0}^{1}(2px+q)^2dx$$
$$=a^2-2(-p+q)a+b^2-2(p+q)b+（定数）$$
$$=\{a-(-p+q)\}^2+\{b-(p+q)\}^2+（定数）$$

となり，それほど面倒なことにはならない。

3° ここ数年，数学Ⅱの積分は，面積と絡むものは出題されておらず，定積分の計算に関する出題が続いている。

第 2 問

解答

$a^2-a=a(a-1)$ であること，および，10000 の素因数分解が $2^4 \cdot 5^4$ であることに注意する。

a は奇数，$a-1$ は偶数であるから，$a-1$ が 2^4 で割り切れる。

また，a，$a-1$ は，差が 1 であるから，ともに 5 で割り切れることはない。したがって，a，$a-1$ の一方が 5^4 で割り切れることになるが，$a-1$ が 5^4 で割り切れるとすると，$a-1$ が $2^4 \cdot 5^4 = 10000$ で割り切れ，$3 \leqq a \leqq 9999$ であることに反するから，a が 5^4 で割り切れる。

以上から，

$$\begin{cases} a = 5^4 k = 625k & \cdots\cdots ① \\ a-1 = 2^4 l = 16l & \cdots\cdots ② \end{cases}$$

をみたす整数 k，l が存在する

①，② の差を考えると，

$$625k - 16l = 1 \qquad\qquad\qquad\qquad \cdots\cdots ③$$

となるが，$625 \cdot 1 - 16 \cdot 39 = 1$ に注意すると，③ は，

$$625(k-1) - 16(l-39) = 0 \quad \therefore \quad 625(k-1) = 16(l-39) \qquad \cdots\cdots ④$$

と変形される。ここで，$625 = 5^4$ と $16 = 2^4$ は互いに素であるから，④ より，

$$\begin{cases} k-1 = 16m \\ l-39 = 625m \end{cases} \quad \therefore \quad k = 1+16m$$

となる整数 m が存在し，これを ① に代入すると，

$$a = 625(1+16m) = 625 + 10000m$$

が得られる。

$3 \leqq a \leqq 9999$ であるから，$m=0$ の場合に限られ，

$$a = \boldsymbol{625}$$

となる。

解説

1° $a^2-a = a(a-1)$，$10000 = 2^4 \cdot 5^4$，および，a は奇数，$a-1$ は偶数であることから，

　　　　$a-1$ が 2^4 で割り切れる　　　　　　　　　　　　　　……Ⓐ

ところまではすぐにわかるだろう。

　解決のポイントは,

　　　　連続する 2 整数 $a-1$, a は互いに素である

ということである（この事実は,記憶に値する！）。実際,$a-1$, a の公約数は,

　　　　$a-(a-1)=1$

の左辺,したがって,右辺を割り切るから,$a-1$, a の最大公約数は 1 である。

　よって,$a-1$, a の一方のみが 5 を素因数にもち,

　　　　a, $a-1$ の一方のみが 5^4 で割り切れる

ことがわかる。ここで問題になるのは,a, $a-1$ のどちらが 5^4 で割り切れるのか
ということである。それを決定する際に,a の範囲

　　　　$3 \leqq a \leqq 9999$　　　　　　　　　　　　　　　　　　……Ⓑ

が効いてくる！　この部分の論証ができていない答案は,低い評価になるだろう。

　$\boxed{解}$ $\boxed{答}$ で示したように,Ⓑを考慮することにより,

　　　　a が 5^4 で割り切れる　　　　　　　　　　　　　　　……Ⓒ

ことが証明される。

　以上から,Ⓐ,Ⓑ,Ⓒをみたす奇数 a をすべて求めればよいことになる。

2° 　$\boxed{解}$ $\boxed{答}$では,Ⓒ,Ⓐをそれぞれ①,②と表して,不定方程式③を解くこと
に帰着させている。③の解をすべて求めるには,③の解を 1 組求めて,④のよう
に変形するのが定石である。625 を 16 で割ると,商が 39,余りが 1 であることか
ら,

　　　　$625=16 \cdot 39+1$　　　　　　　　　　　　　　　　　　……Ⓓ

　　　∴　$625 \cdot 1-16 \cdot 39=1$

となり,$(k, l)=(1, 39)$ が③の解の 1 つであることがわかる。

　その他に,Ⓒ,Ⓑおよび a が奇数であることから,a を

　　　　$a=625q$　（ただし,$q=1, 3, 5, 7, 9, 11, 13, 15$）

に絞っておいて,その中からⒶをみたすものを求めるという方法も考えられる。
この際にも,Ⓓに着目すると,

　　　　$a-1=625q-1=(16 \cdot 39+1)q-1=(16 \text{ の倍数})+q-1$

となり,$q=1$ のみが適することがすぐにわかる。

3° 　"互いに素"に関係する問題は,最近では 2002 年度に出題されている。

第 3 問

解答

$\begin{cases} u=s-t \\ v=s+t \end{cases}$ とおくと $\begin{cases} s=\dfrac{u+v}{2} \\ t=\dfrac{v-u}{2} \end{cases}$ であるから，s，t の変域 $s\geqq0$，$t\geqq0$，$s^2+t^2=1$

は

$$\frac{u+v}{2}\geqq0,\quad \frac{v-u}{2}\geqq0,\quad \left(\frac{u+v}{2}\right)^2+\left(\frac{v-u}{2}\right)^2=1$$

$$\therefore\quad v\geqq-u,\quad v\geqq u,\quad u^2+v^2=2 \qquad\qquad\cdots\cdots①$$

と書き直される。これが u，v の変域である。

さて，与えられた方程式において $X=x^2$ とおくと，

$$X^2-2vX+u^2=0 \qquad\qquad\cdots\cdots②$$

となり，②を X についての 2 次方程式とみたときの判別式を D とすると，①の第 1 式，第 2 式により，

$$\frac{D}{4}=v^2-u^2=(v+u)(v-u)\geqq0$$

となるから，X は実数である。

実数 u，v が①をみたしながら動くとき，②の解のとる値の範囲は，uv 平面において，①と②が共有点をもつような実数 X の値の範囲である。

(i) $X=0$ のとき，②は $u=0$ となるから，uv 平面において，①と②は共有点をもつ。

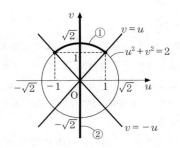

(ii) $X\neq0$ のとき，②は $v=\dfrac{u^2+X^2}{2X}$ となる。

$X<0$ のとき，uv 平面において，①は u 軸の上側，②は u 軸の下側にあるか

ら，①と②は共有点をもたない。

$X>0$ のとき，$f(u)=\dfrac{u^2+X^2}{2X}$ とおくと，相加平均・相乗平均の不等式により，

$$f(-1)=f(1)=\frac{1+X^2}{2X}=\frac{\dfrac{1}{X}+X}{2}\geqq\sqrt{\frac{1}{X}\cdot X}=1$$

が成り立つから，uv 平面において，①と②が共有点をもつような実数 X の値の範囲は，

$$f(0)\leqq\sqrt{2}\qquad\therefore\quad\frac{X}{2}\leqq\sqrt{2}\qquad\therefore\quad(0<)X\leqq2\sqrt{2}$$

となる。

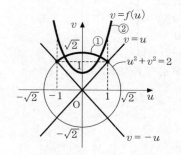

以上から，X のとる値の範囲は，$0\leqq X\leqq2\sqrt{2}$ であり，与えられた方程式の解のとる値の範囲は，

$$0\leqq x^2\leqq2\sqrt{2}=\sqrt{8}\qquad\therefore\quad-\sqrt[4]{8}\leqq x\leqq\sqrt[4]{8}$$

となる。

解説

1°　与えられた4次方程式の左辺は，"複2次"の形をしており，2次方程式の問題に帰着することはすぐにわかるだろうが，その後の処理は難しく，試験会場で行き詰まってしまった人が多かったと思われる。

4次方程式の係数の形から，

$$\begin{cases}u=s-t\\v=s+t\end{cases}$$

とおいて，u，v の存在条件を考察することにより，方程式の解のとる値の範囲を求めればよい。

2°　s，t の変域，および，4 次方程式の係数は，s，t について対称であるから，基本対称式を

$$\begin{cases} u = s + t \\ v = st \end{cases}$$

とおいて考えていくこともでき，次のような解答になる。

〔別解〕

$\begin{cases} u = s + t \\ v = st \end{cases}$ とおくと，s，t は z についての 2 次方程式 $z^2 - uz + v = 0$ の 2 解であるから，s，t の変域 $s \geqq 0$，$t \geqq 0$，$s^2 + t^2 = 1$ は

$$\left.\begin{array}{l} 判別式：u^2 - 4v \geqq 0 \\ 2 解の和：u \geqq 0 \\ 2 解の積：v \geqq 0 \\ s^2 + t^2 = 1：u^2 - 2v = 1 \end{array}\right\} \qquad \cdots\cdots Ⓐ$$

と書き直される。これが u，v の変域である。

Ⓐ の第 4 式より

$$v = \frac{u^2 - 1}{2} \qquad \cdots\cdots Ⓑ$$

であるから，u の変域は，

$$u^2 - 4 \cdot \frac{u^2 - 1}{2} \geqq 0, \quad u \geqq 0, \quad \frac{u^2 - 1}{2} \geqq 0$$

$$\therefore \quad u^2 - 2 \leqq 0, \quad u \geqq 0, \quad u^2 - 1 \geqq 0$$

$$\therefore \quad 1 \leqq u \leqq \sqrt{2} \qquad \cdots\cdots Ⓒ$$

となる。

さて，与えられた方程式において $X = x^2$ とおくと，

$$X^2 - 2uX + u^2 - 4v = 0$$

となり，ここで，Ⓑ を用いれば，

$$X^2 - 2uX + 2 - u^2 = 0 \qquad \cdots\cdots Ⓓ$$

となる。

Ⓓ を X についての 2 次方程式とみたときの判別式を D とすると，Ⓒ より，

$$\frac{D}{4} = u^2 - (2 - u^2) = 2(u^2 - 1) \geqq 0$$

となるから，X は実数である。さらに，Ⓓ の 2 解の和は正，2 解の積は 0 以上で

あるから，X は 0 以上である。

　実数 u, v が Ⓐ をみたしながら動くとき，Ⓓ の解のとる値の範囲は，Ⓓ を u についての 2 次方程式とみたとき，ⓒ の範囲に少なくとも 1 つ実数解をもつような実数 X の値の範囲である（u が実数のとき，Ⓑ から定まる v も実数であることに注意）。

　Ⓓ を u について整理すると，

$$u^2 + 2Xu - X^2 - 2 = 0 \qquad\qquad ……Ⓔ$$

となる。

　Ⓔ の左辺を $f(u)$ とおくと，$X \geqq 0$ より $f(u)$ は ⓒ の範囲で増加し，さらに，

$$f(1) = -X^2 + 2X - 1 = -(X-1)^2 \leqq 0$$

であることに注意すると，方程式 $f(u) = 0$ が ⓒ の範囲に少なくとも 1 つ実数解をもつような実数 X の値の範囲は，

$$f(\sqrt{2}) \geqq 0 \quad \therefore \quad -X^2 + 2\sqrt{2}\,X \geqq 0 \quad \therefore \quad 0 \leqq X \leqq 2\sqrt{2}$$

となる。

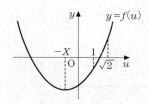

　したがって，与えられた方程式の解のとる値の範囲は，

$$0 \leqq x^2 \leqq 2\sqrt{2} = \sqrt{8} \quad \therefore \quad -\sqrt[4]{8} \leqq x \leqq \sqrt[4]{8}$$

となる。

　上の **別解** において，制約 $s^2 + t^2 = 1$ のおかげで，$u = s + t$ とおけば，$v = st$ は Ⓑ のように u で表され，u のみを用いて議論できることになる。なお，u の変域は，

$$s = \cos\theta, \quad t = \sin\theta \quad （ただし，0° \leqq \theta \leqq 90°）$$

とおいて，

$$u = s + t = \cos\theta + \sin\theta = \sqrt{2}\,\sin(\theta + 45°)$$

から求めたり，st 平面において，四分円 $s^2 + t^2 = 1$, $s \geqq 0$, $t \geqq 0$ と直線 $s + t = u$ が共有点をもつ条件から求めることもできる。

3° 実は，与えられた 4 次方程式の解は s, t を用いて表すことができる。実際，
$$x^4-2(s+t)x^2+(s-t)^2=0$$
より，
$$x^2=s+t\pm\sqrt{(s+t)^2-(s-t)^2}=s+t\pm2\sqrt{st} \qquad \cdots\cdots\text{Ⓕ}$$
$$\therefore\quad x=\pm\sqrt{s+t\pm2\sqrt{st}}=\pm(\sqrt{s}\pm\sqrt{t})\quad(\text{複号任意})$$
となる。

あとは，s, t の変域 $s\geqq0$, $t\geqq0$, $s^2+t^2=1$ のもとで，Ⓕ から x^2 のとる値の範囲を求めればよい。この方針による解答は，余力のある読者への課題としよう。

第 4 問

|解| |答|

(1) 甲が 2 回目にカードをひかないことにしたとき，甲が勝つのは，乙が 2 回カードをひき，c, d が
$$a\geqq c\ \text{かつ}\ ``c+d\leqq a\ \text{または}\ N<c+d" \qquad \cdots\cdots\text{①}$$
をみたす場合であり，① をみたす (c, d) の組は，次図の網目部分に含まれる格子点に対応する。

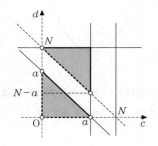

よって，① をみたす (c, d) の組は a^2 個ある。(c, d) の各組が起こる確率は $\dfrac{1}{N^2}$ であるから，求める確率は，
$$\frac{a^2}{N^2}$$
となる。

(2) 甲が 2 回目にカードをひくことにしたとき，甲が勝つのは，乙が 2 回カードをひき，b, c, d が

$a+b\leqq N$ かつ $a+b\geqq c$ かつ "$c+d\leqq a+b$ または $N<c+d$" ……②

をみたす場合である。

$a+b\leqq N$, すなわち, $b\leqq N-a$ をみたす b を 1 つ固定すると, ② をみたす (c, d) の組は, (1) の a を $a+b$ で置き換えることにより, $(a+b)^2$ 個ある。

よって, ② をみたす (b, c, d) の組は

$$\sum_{b=1}^{N-a}(a+b)^2=\sum_{k=a+1}^{N}k^2=\sum_{k=1}^{N}k^2-\sum_{k=1}^{a}k^2$$

$$=\frac{1}{6}N(N+1)(2N+1)-\frac{1}{6}a(a+1)(2a+1)$$

$$=\frac{N(N+1)(2N+1)-a(a+1)(2a+1)}{6}$$

個ある。(b, c, d) の各組が起こる確率は $\dfrac{1}{N^3}$ であるから, 求める確率は,

$$\frac{N(N+1)(2N+1)-a(a+1)(2a+1)}{6N^3}$$

となる ($a=N$ の場合, $b\leqq N-a$ をみたす b は存在せず, 甲が勝つ確率は 0 となるが, この場合も, 上の結果は成り立つ)。

解説

1° ある有名なトランプゲームをモデルにした問題である。まず, ゲームの手順をしっかりと把握することが解決の第 1 歩である。

(1) 甲が 2 回目にカードをひかない場合

・甲が 1 枚カードをひく。そのカードの数を a とする。

・乙が 1 枚カードをひく。そのカードの数を c とする。

・$a<c$ の場合は乙の勝ち。

・$a\geqq c$ の場合は, 乙はもう 1 枚カードをひく。そのカードの数を d とする。

・$a<c+d\leqq N$ の場合は乙の勝ち, それ以外の場合は甲の勝ち。

　よって, 甲が勝つのは,

　　　$a\geqq c$ かつ "$a<c+d\leqq N$ でない"　　　　　　　　　……Ⓐ

の場合である。

(2) 甲が 2 回目にカードをひく場合

・甲が 1 枚カードをひく。そのカードの数を a とする。

・甲がもう 1 枚カードをひく。そのカードの数を b とする。

・$a+b>N$ の場合は乙の勝ち。

・$a+b\leqq N$ の場合は，乙が 1 枚カードをひく。そのカードの数を c とする。

・$a+b<c$ の場合は乙の勝ち。

・$a+b\geqq c$ の場合は，乙はもう 1 枚カードをひく。そのカードの数を d とする。

・$a+b<c+d\leqq N$ の場合は乙の勝ち，それ以外の場合は甲の勝ち。

よって，甲が勝つのは，

$$a+b\leqq N \quad かつ \quad a+b\geqq c \quad かつ \quad “a+b<c+d\leqq N \ でない” \qquad \cdots\cdots Ⓑ$$

の場合である。

Ⓐ をみたす 1 以上 N 以下の整数 c, d の組の個数は a によって定まる。それを $n(a)$ とすると，(1)の答は $\dfrac{n(a)}{N^2}$ である。

また，Ⓑ をみたす 1 以上 N 以下の整数 b, c, d の組の個数も a によって定まる。それを $m(a)$ とすると，(2)の答は $\dfrac{m(a)}{N^3}$ である。

2° $n(a)$ を求めるのに，解 答 では Ⓐ をみたす点 (c, d) を図示して考えたが，$a\geqq c$ をみたす各 c に対して，$a<c+d\leqq N$ をみたす d が $N-a$ 個あること，したがって，$a<c+d\leqq N$ をみたさない d が a 個あることから，

$$n(a)=\sum_{c=1}^{a}a=a\cdot a=a^2$$

と求めることもできる。

3° $m(a)$ を求める際，$n(a)$ を利用することができることに気付けば，計算の手間が大幅に省ける。

$a+b\leqq N$ をみたす b を 1 つ固定すると，Ⓑ をみたす c, d に対する条件

$$a+b\geqq c \quad かつ \quad “a+b<c+d\leqq N \ でない” \qquad \cdots\cdots Ⓒ$$

は，Ⓐ において a を $a+b$ で置き換えたものになっているから，Ⓒ をみたす c, d の組の個数は $n(a+b)$ である。

したがって，

$$m(a)=\sum_{b=1}^{N-a}n(a+b)=\sum_{b=1}^{N-a}(a+b)^2=\sum_{k=a+1}^{N}k^2$$

となる。

4° (1)の結果を $p_1(a)=\dfrac{a^2}{N^2}$

(2)の結果を $p_2(a)=\dfrac{N(N+1)(2N+1)-a(a+1)(2a+1)}{6N^3}$

とすると，$p_1(a)$ は a の増加関数，$p_2(a)$ は a の減少関係であり，それらのグラフは次図のようになるから，$p_1(a)=p_2(a)$ をみたす a がただ 1 つ存在する。その値を a_0 とする。

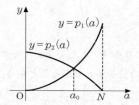

　すると，$a<a_0$ のときには $p_1(a)<p_2(a)$ であるから，甲は 2 回目にカードをひくことにした方が有利であり，$a_0<a$ のときには $p_1(a)>p_2(a)$ であるから，甲は2 回目にカードをひかないことにした方が有利である。

　a_0 を具体的に N で表すことができないため，(1)，(2)の確率を求めた段階で問題が終わってしまっていて，中途半端な印象を受ける。

第 1 問

解 答

Pの x 座標がQの x 座標より小さいとしてよい。そのとき，P，Qを通る直線の傾きが $\sqrt{2}$ であることと，PQの長さが a であることから，

$$\overrightarrow{\mathrm{PQ}}=\frac{a}{\sqrt{1^2+(\sqrt{2})^2}}(1,\ \sqrt{2})=\left(\frac{1}{\sqrt{3}}a,\ \frac{\sqrt{2}}{\sqrt{3}}a\right)$$

とおける。△PQRは正三角形であるから，$\overrightarrow{\mathrm{PQ}}$ を $\pm 60°$ 回転すると $\overrightarrow{\mathrm{PR}}$ に一致し，$\overrightarrow{\mathrm{PR}}$ に対応する複素数は

$$\{\cos(\pm 60°)+i\sin(\pm 60°)\}\left(\frac{1}{\sqrt{3}}a+\frac{\sqrt{2}}{\sqrt{3}}ai\right)=\left(\frac{1}{2}\pm\frac{\sqrt{3}}{2}i\right)\left(\frac{1}{\sqrt{3}}+\frac{\sqrt{2}}{\sqrt{3}}i\right)a$$

$$=\left(\frac{1}{2\sqrt{3}}\mp\frac{\sqrt{2}}{2}\right)a+\left(\frac{\sqrt{2}}{2\sqrt{3}}\pm\frac{1}{2}\right)ai$$

となる。よって，Pの座標を $\mathrm{P}(p,\ p^2)$ とおくと，Q，Rの座標は

$$\mathrm{Q}\left(p+\frac{1}{\sqrt{3}}a,\ p^2+\frac{\sqrt{2}}{\sqrt{3}}a\right),\ \mathrm{R}\left(p+\left(\frac{1}{2\sqrt{3}}\mp\frac{\sqrt{2}}{2}\right)a,\ p^2+\left(\frac{\sqrt{2}}{2\sqrt{3}}\pm\frac{1}{2}\right)a\right)$$

となり，Q，Rが放物線 $y=x^2$ 上にあることから，

$$p^2+\frac{\sqrt{2}}{\sqrt{3}}a=\left(p+\frac{1}{\sqrt{3}}a\right)^2 \qquad\qquad \cdots\cdots①$$

$$p^2+\left(\frac{\sqrt{2}}{2\sqrt{3}}\pm\frac{1}{2}\right)a=\left\{p+\left(\frac{1}{2\sqrt{3}}\mp\frac{\sqrt{2}}{2}\right)a\right\}^2 \qquad\qquad \cdots\cdots②$$

が成り立つ。

①を p について解くと $p=-\dfrac{1}{2\sqrt{3}}a+\dfrac{\sqrt{2}}{2}$ となり，これを②に代入して整理すると

$$\frac{1}{12}a^2\pm\frac{1}{2}a+\frac{1}{2}=\left(\mp\frac{\sqrt{2}}{2}a+\frac{\sqrt{2}}{2}\right)^2 \qquad \therefore\quad \frac{5}{12}a^2\mp\frac{3}{2}a=0$$

となる（以上，複号同順）。

a は正三角形の一辺の長さであるから $a>0$ をみたし，

$$a=\frac{18}{5}$$

を得る。

解説

1° 放物線 $y=x^2$ 上の 2 点 P，Q を通る直線の傾きが $\sqrt{2}$ であることと，線分 PQ の長さが a であることから，P，Q の座標が a を用いて表される。すると，正三角形 PQR の第 3 の頂点 R の座標が a を用いて表されることになる。あとは，R が放物線 $y=x^2$ 上にあることから a についての方程式が得られ，それを解くことによって a の値が求まることになる。

解 **答** では，P の x 座標が Q の x 座標より小さいとすると $\overrightarrow{PQ}=\left(\dfrac{1}{\sqrt{3}}a,\ \dfrac{\sqrt{2}}{\sqrt{3}}a\right)$

であり，P$(p,\ p^2)$ とおくと Q$\left(p+\dfrac{1}{\sqrt{3}}a,\ p^2+\dfrac{\sqrt{2}}{\sqrt{3}}a\right)$ となることから① を導き，

$p=-\dfrac{1}{2\sqrt{3}}a+\dfrac{\sqrt{2}}{2}$ を得ているが，P$(p,\ p^2)$，Q$(q,\ q^2)$（ただし，$p<q$）とおいて，

　　　PQ の傾き：$\dfrac{p^2-q^2}{p-q}=\sqrt{2}$

　　$\therefore$　$p+q=\sqrt{2}$

　　　PQ の長さ：$\sqrt{1^2+(\sqrt{2})^2}\,(q-p)=a$

　　$\therefore$　$q-p=\dfrac{1}{\sqrt{3}}a$

から，

$$p=\dfrac{1}{2}\left(\sqrt{2}-\dfrac{1}{\sqrt{3}}a\right),\quad q=\dfrac{1}{2}\left(\sqrt{2}+\dfrac{1}{\sqrt{3}}a\right)$$

を得ることもできる $\left(これから，\overrightarrow{PQ}=\left(\dfrac{1}{\sqrt{3}}a,\ \dfrac{\sqrt{2}}{\sqrt{3}}a\right)\ を求めることもできる\right)$。

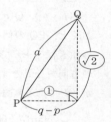

また，R の座標を求める際に，**解** **答** では，$\overrightarrow{PQ}$ を $\pm60°$ 回転すると $\overrightarrow{PR}$ に一致することを利用しているが，辺 PQ の中点を M として，$MR\perp PQ$ かつ $MR=\dfrac{\sqrt{3}}{2}PQ$ であることを利用する方法もある。まず，

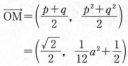

$$\overrightarrow{OM}=\left(\dfrac{p+q}{2},\ \dfrac{p^2+q^2}{2}\right)$$

$$=\left(\dfrac{\sqrt{2}}{2},\ \dfrac{1}{12}a^2+\dfrac{1}{2}\right)$$

である。次に，$\overrightarrow{\mathrm{MR}}$ は $\overrightarrow{\mathrm{PQ}}=\left(\dfrac{1}{\sqrt{3}}a,\ \dfrac{\sqrt{2}}{\sqrt{3}}a\right)$ に垂直で，$|\overrightarrow{\mathrm{MR}}|=\dfrac{\sqrt{3}}{2}|\overrightarrow{\mathrm{PQ}}|$ である
ことから，

$$\overrightarrow{\mathrm{MR}}=\pm\frac{\sqrt{3}}{2}\left(-\frac{\sqrt{2}}{\sqrt{3}}a,\ \frac{1}{\sqrt{3}}a\right)=\pm\left(-\frac{\sqrt{2}}{2}a,\ \frac{1}{2}a\right)$$

である。したがって，R の座標は，

$$\left(\frac{\sqrt{2}}{2}\mp\frac{\sqrt{2}}{2}a,\ \frac{1}{12}a^2+\frac{1}{2}\pm\frac{1}{2}a\right)\ \text{（複号同順）}$$

となる。これは，当然のことながら 解 答 に現れている R の座標と一致してい
る。

2°　**1°** で求めたように，放物線 $y=x^2$ 上の 2 点を通る直線の傾きは 2 点の x 座標の
和になる。このことに着目して，正三角形の 3 辺を含む 3 直線の傾きを利用する，
次のような解法もある。

【別解】

　$\mathrm{P}(p,\ p^2)$，$\mathrm{Q}(q,\ q^2)$（ただし，$p<q$），$\mathrm{R}(r,\ r^2)$ と
おくと，PQ の傾きは $p+q$，PR の傾きは $p+r$，QR
の傾きは $q+r$ である。また，傾きが $\sqrt{2}$ である直線
の方向角を θ とすると，$\tan\theta=\sqrt{2}$ であるから，傾き
が $\sqrt{2}$ である直線を $\pm60°$ 回転した直線の傾きは，

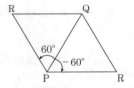

$$\tan(\theta\pm60°)=\frac{\tan\theta\pm\tan60°}{1\mp\tan\theta\tan60°}$$
$$=\frac{\sqrt{2}\pm\sqrt{3}}{1\mp\sqrt{6}}$$

となる。よって，

$$p+q=\sqrt{2},\quad p+r=\frac{\sqrt{2}\pm\sqrt{3}}{1\mp\sqrt{6}},\quad q+r=\frac{\sqrt{2}\mp\sqrt{3}}{1\pm\sqrt{6}}\ \text{（複号同順）}$$

が成り立つ。

　後者 2 式を辺々引くと，

$$q-p=\frac{\sqrt{2}\mp\sqrt{3}}{1\pm\sqrt{6}}-\frac{\sqrt{2}\pm\sqrt{3}}{1\mp\sqrt{6}}$$
$$=\frac{(\sqrt{2}\mp\sqrt{3})(1\mp\sqrt{6})-(\sqrt{2}\pm\sqrt{3})(1\pm\sqrt{6})}{(1\pm\sqrt{6})(1\mp\sqrt{6})}$$

$$= \frac{\mp 6\sqrt{3}}{-5} = \pm \frac{6\sqrt{3}}{5}$$

となるが，$p < q$ より，$q - p = \dfrac{6\sqrt{3}}{5}$ を得る。

　したがって，

$$a = \mathrm{PQ} = \sqrt{1^2 + (\sqrt{2})^2}\,(q - p) = \frac{\mathbf{18}}{\mathbf{5}}$$

となる。

$3°$　1997 年度にも，xy 平面において正三角形を題材とした問題が出題されている。

第 2 問

解 答

　領域 D における $x + y$ の最大値，最小値は，領域 D と直線

$$x + y = k \qquad\qquad\qquad\qquad \cdots\cdots①$$

が共有点をもつような実数 k の最大値，最小値である。

　まず，2 つの放物線

$$y = x^2 \quad (= f(x) \text{ とおく}) \qquad\qquad \cdots\cdots②$$
$$y = -2x^2 + 3ax + 6a^2 \quad (= g(x) \text{ とおく}) \qquad \cdots\cdots③$$

の共有点の x 座標は，

$$x^2 = -2x^2 + 3ax + 6a^2$$

すなわち

$$3(x + a)(x - 2a) = 0$$

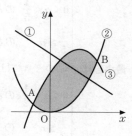

の解であるから，2 つの放物線の交点は $\mathrm{A}(-a,\ a^2)$，$\mathrm{B}(2a,\ 4a^2)$ であり，① が点 A を通るときの k の値は，

$$k = (-a) + a^2 = a^2 - a \qquad\qquad \cdots\cdots④$$

① が点 B を通るときの k の値は，

$$k = 2a + 4a^2 = 4a^2 + 2a \qquad\qquad\qquad \cdots\cdots⑤$$

である。ここで，$a > 0$ より，④ の値の方が ⑤ の値より小さいことに注意しておく。

　また，① が ② に接するとき，接点を $\mathrm{T}(t,\ f(t))$ とすると，T における ② の接線の傾きが -1 であることから，

$$f'(t) = 2t = -1 \qquad \therefore \quad t = -\frac{1}{2}$$

であり，接点 T が ② 上で 2 点 A，B の間にある条件は，

$$-a \leqq -\frac{1}{2} \leqq 2a \quad \therefore \quad \frac{1}{2} \leqq a \qquad \cdots\cdots ⑥$$

① が点 T を通るときの k の値は，

$$k = t + f(t) = t^2 + t = \frac{1}{4} - \frac{1}{2} = -\frac{1}{4} \qquad \cdots\cdots ⑦$$

である。

　同様に，① が ③ に接するとき，接点を $\mathrm{U}(u,\ g(u))$ とすると，

$$g'(u) = -4u + 3a = -1 \quad \therefore \quad u = \frac{3a+1}{4}$$

であり，接点 U が ③ 上で 2 点 A，B の間にある条件は，

$$-a \leqq \frac{3a+1}{4} \leqq 2a \quad \therefore \quad \frac{1}{5} \leqq a \qquad \cdots\cdots ⑧$$

① が点 U を通るときの k の値は，

$$k = u + g(u) = -2u^2 + (3a+1)u + 6a^2$$
$$= -2\left(\frac{3a+1}{4}\right)^2 + (3a+1)\cdot\frac{3a+1}{4} + 6a^2 = \frac{57a^2 + 6a + 1}{8} \qquad \cdots\cdots ⑨$$

である。

　以上から，求める**最大値は**，⑧ のときには ⑨，⑧ 以外のときには ⑤ で，

$$\begin{cases} 0 < a < \dfrac{1}{5} \ \text{のとき，} \ 4a^2 + 2a \\[2mm] \dfrac{1}{5} \leqq a \quad\ \text{のとき，} \ \dfrac{57a^2 + 6a + 1}{8} \end{cases}$$

最小値は，⑥ のときには ⑦，⑥ 以外のときには ④ で，

$$\begin{cases} 0 < a < \dfrac{1}{2} \ \text{のとき，} \ a^2 - a \\[2mm] \dfrac{1}{2} \leqq a \quad\ \text{のとき，} \ -\dfrac{1}{4} \end{cases}$$

である。

解説

1°　点 $(x,\ y)$ の変域が xy 平面の領域 D であるときの 2 変数関数 $x+y$ の最大・最小問題である。**解**　**答**　で示したような，領域 D と直線 ① が共有点をもつような k の最大値，最小値を求める解法は教科書でも扱われている。

　この問題では，最大値を求める際にも，最小値を求める際にも，場合分けがある

ことに気を付けなければならない。① が領域 D に "接する" ことがあるかないか
によって場合分けが生じるのである。解 答 では，① が②，③に接するときを
微分法を用いて処理したが，判別式を用いて処理することもできる。

① と ② が接するとき，
$$x^2 = -x + k$$
すなわち
$$x^2 + x - k = 0 \qquad\qquad \cdots\cdots Ⓐ$$
は重解をもつから，
$$1^2 - 4(-k) = 0 \qquad \therefore \quad k = -\frac{1}{4}$$

であり，接点の x 座標は Ⓐ の重解で $-\dfrac{1}{2}$ である。また，① と ③ が接するとき，
$$-2x^2 + 3ax + 6a^2 = -x + k$$
すなわち
$$2x^2 - (3a+1)x + k - 6a^2 = 0 \qquad\qquad \cdots\cdots Ⓑ$$
は重解をもつから，
$$(3a+1)^2 - 4 \cdot 2(k - 6a^2) = 0 \qquad \therefore \quad k = \frac{57a^2 + 6a + 1}{8}$$

であり，接点の x 座標は Ⓑ の重解で $\dfrac{3a+1}{4}$ である。

2° 解 答 以外の解法として，いわゆる "予選・決勝法" による次のような方法も
ある。

別解

領域 D は，
$$x^2 \leqq y \leqq -2x^2 + 3ax + 6a^2 \qquad\qquad \cdots\cdots Ⓒ$$
と表され，$x^2 \leqq -2x^2 + 3ax + 6a^2$，すなわち，$3(x+a)(x-2a) \leqq 0$ を解くと，
$$-a \leqq x \leqq 2a \qquad\qquad \cdots\cdots Ⓓ$$
となる。

まず，x を Ⓓ の範囲で固定して y のみを変化させたとき，Ⓒ における $x+y$ の
最大値は
$$x + (-2x^2 + 3ax + 6a^2) = -2x^2 + (3a+1)x + 6a^2 \qquad\qquad \cdots\cdots Ⓔ$$
最小値は
$$x + x^2 = x^2 + x \qquad\qquad \cdots\cdots Ⓕ$$

である。

　次に，x を Ⓓ の範囲で変化させたときの，Ⓔ の最大値が求める最大値，Ⓕ の最小値が求める最小値となる。

　Ⓔ を変形すると，

$$-2x^2+(3a+1)x+6a^2=-2\left(x-\frac{3a+1}{4}\right)^2+\frac{57a^2+6a+1}{8}$$

となるから，

　（i）　$-a\leqq\dfrac{3a+1}{4}\leqq 2a$，すなわち，$\dfrac{1}{5}\leqq a$ のとき，Ⓔ は $x=\dfrac{3a+1}{4}$ において

　　　最大値 $\dfrac{57a^2+6a+1}{8}$ をとる。

　（ii）　$0<a<\dfrac{1}{5}$ のとき，Ⓔ は $x=2a$ において最大値 $4a^2+2a$ をとる。

　Ⓕ を変形すると，

$$x^2+x=\left(x+\frac{1}{2}\right)^2-\frac{1}{4}$$

となるから，

　（i）　$-a\leqq-\dfrac{1}{2}\leqq 2a$，すなわち，$\dfrac{1}{2}\leqq a$ のとき，Ⓕ は $x=-\dfrac{1}{2}$ において最小

　　　値 $-\dfrac{1}{4}$ をとる。

　（ii）　$0<a<\dfrac{1}{2}$ のとき，Ⓕ は $x=-a$ において最小値 a^2-a をとる。

　以上から，求める**最大値は**

$$\begin{cases}0<a<\dfrac{1}{5}\ \text{のとき，}\ 4a^2+2a\\[2mm]\dfrac{1}{5}\leqq a\ \ \ \ \ \ \text{のとき，}\ \dfrac{57a^2+6a+1}{8}\end{cases}$$

最小値は

$$\begin{cases}0<a<\dfrac{1}{2}\ \text{のとき，}\ a^2-a\\[2mm]\dfrac{1}{2}\leqq a\ \ \ \ \ \ \text{のとき，}\ -\dfrac{1}{4}\end{cases}$$

である。

3°　2003 年度も 2 変数関数の問題が出題されている。

第 3 問

解 答

(1) $f(x)=a$ をみたす実数 x は，xy 平面における曲線 $y=f(x)$ と直線 $y=a$ の共有点の x 座標に一致する。

$$f'(x)=3x^2-3$$
$$=3(x+1)(x-1)$$

より，$f(x)$ の増減は

x		-1		1	
$f'(x)$	$+$	0	$-$	0	$+$
$f(x)$	↗	2	↘	-2	↗

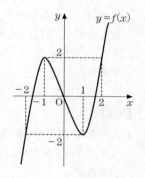

のようになり，曲線 $y=f(x)$ は右図のようになる（ここで，$f(-2)=f(1)=-2,\ f(-1)=f(2)=2$ であることに注意しておく）。

よって，$f(x)=a$ をみたす実数 x の個数は，

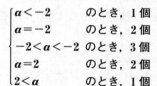

$\begin{cases} a<-2 & \text{のとき，1個} \\ a=-2 & \text{のとき，2個} \\ -2<a<-2 & \text{のとき，3個} \\ a=2 & \text{のとき，2個} \\ 2<a & \text{のとき，1個} \end{cases}$

となる。

(2) まず，

$$g(x)=0 \iff \{f(x)\}^3-3f(x)=0 \iff f(x)=0,\ \pm\sqrt{3}$$

である。

(1)より，$f(x)=0,\ f(x)=\sqrt{3},\ f(x)=-\sqrt{3}$ をみたす実数 x はそれぞれ 3 個でそれらに共通するものはないから，$g(x)=0$ をみたす実数 x の個数は，

9 個

である。

(3) まず，(2)と同様にして，

$$h(x)=0 \iff g(x)=0,\ \pm\sqrt{3}$$

である。

(ⅰ) $g(x)=0$ のとき

(2)により，$g(x)=0$ をみたす実数 x の個数は 9 個である。

(ii)　$g(x)=\sqrt{3}$，すなわち，$\{f(x)\}^3-3f(x)=\sqrt{3}$ のとき

(1)の考察より，$f(x)=\sqrt{3}$，すなわち，$x^3-3x=\sqrt{3}$ をみたす実数 x は 3 個あり，それらはすべて $-2<x<2$ の範囲にある。それを $\alpha,\ \beta,\ \gamma$ とすると，
$$\{f(x)\}^3-3f(x)=\sqrt{3} \iff f(x)=\alpha,\ \beta,\ \gamma$$
である。$f(x)=\alpha,\ f(x)=\beta,\ f(x)=\gamma$ をみたす実数 x はそれぞれ 3 個でそれらはすべて異なるから，$g(x)=\sqrt{3}$ をみたす実数 x の個数は 9 個である。

(iii)　$g(x)=-\sqrt{3}$ のとき

(ii)と同様にして，$g(x)=-\sqrt{3}$ をみたす実数 x の個数は 9 個である。

$g(x)=0,\ g(x)=\sqrt{3},\ g(x)=-\sqrt{3}$ のそれぞれをみたす実数 x に共通するものはないから，$h(x)=0$ をみたす実数 x の個数は，

27 個

である。

解説

1°　方程式 $f(x)=a$ の実数解を曲線 $y=f(x)$ と直線 $y=a$ の共有点の x 座標ととらえてグラフを利用して考察する手法は，東大受験生であれば身に付けているはずであろう。

2°　(2)，(3)では，
$$g(x)=\{f(x)\}^3-3f(x)=y^3-3y=f(y) \quad (ただし，\ y=f(x))$$
$$h(x)=\{g(x)\}^3-3g(x)=z^3-3z=f(z) \quad (ただし，\ z=g(x))$$
とみて，(1)の考察を適用することがポイントになる。

特に，(3)においては，$h(x)=0$ から $g(x)=0,\ \pm\sqrt{3}$ とした後，$g(x)=\pm\sqrt{3}$，すなわち，$f(y)=\pm\sqrt{3}$ をみたす実数 y を具体的に求めることができないので，それを文字でおいて議論することになる。その際，$f(y)=\pm\sqrt{3}$ をみたす実数 y の個数が複号の各々に対して 3 個であることを用いるだけでは次の議論が進まなくなる。その y がどのような範囲にあるかがわからなければ，(1)の結果が適用できないからである。$f(y)=\pm\sqrt{3}$ をみたす実数 y が，(1)のグラフより，すべて $-2<y<2$ の範囲にあることを押さえることにより，x の個数についての議論を行うことができるようになるのである。

結局のところ，(2)，(3)でやっていることは，a を $-2<a<2$ をみたす定数とするとき，$g(x)=a$ をみたす実数 x の個数が 9 個であることを示すことである。

3°　(2)の 解 答 中において，「$f(x)=0$, $f(x)=\sqrt{3}$, $f(x)=-\sqrt{3}$ をみたす実数 x はそれぞれ 3 個でそれらに共通するものはない」と述べたが，「それらに共通するものはない」の部分について補足しておこう。そのことは，グラフを利用して確かめることもできるが，「例えば $f(x)=0$ をみたす実数 x の 1 つを b, $f(x)=\sqrt{3}$ をみたす実数 x の 1 つを c とすると，$f(b)=0$, $f(c)=\sqrt{3}$ より $f(b)\neq f(c)$, よって，$b\neq c$（$b=c$ とすると $f(b)=f(c)$ となってしまう）」と示すことができる。同様にして，(3)の 解 答 中の「$g(x)=0$, $g(x)=\sqrt{3}$, $g(x)=-\sqrt{3}$ のそれぞれをみたす実数 x に共通するものはない」が成り立つことがわかる。

第 4 問

解 答

1 回の操作によって，左端，まん中，右端の板が裏返される確率は，いずれも $\dfrac{1}{3}$ である。

(1)　「白白白」から始めて 3 回の操作後「黒白白」となるのは，3 回の操作のうち，

　　（ i ）　3 回とも左端の板を裏返す

　または

　　（ ii ）　1 回だけ左端の板を裏返し，残りの 2 回は 2 回ともまん中の板を裏返すか，2 回とも右端の板を裏返す

ときであるから，求める確率は，

$$\left(\frac{1}{3}\right)^3 + {}_3\mathrm{C}_1\frac{1}{3}\left(\frac{1}{3}\right)^2\cdot 2 = \boldsymbol{\frac{7}{27}}$$

である。

(2)　求める確率 p_{2k+1} は $2k+1$ 回の操作後の白の板の枚数が 2 である確率であり，1 回の操作によって白の板の枚数は 1 だけ増減することと「白白白」から始めることから，奇数回の操作後の白の板の枚数は 2 または 0 である。よって，$2k+1$ 回の操作後の白の板の枚数が 0 である確率は $1-p_{2k+1}$ である。

　　$2k+3$ 回の操作後の白の板の枚数が 2 であるのは，$2k+1$ 回，$2k+2$ 回，$2k+3$ 回の操作後の白の板の枚数の変化が

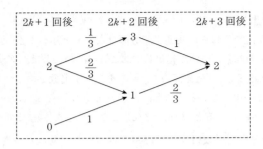

となるときである（矢印の添えた数は確率を表す）から，

$$p_{2k+3}=p_{2k+1}\cdot\left(\frac{1}{3}\cdot1+\frac{2}{3}\cdot\frac{2}{3}\right)+(1-p_{2k+1})\cdot1\cdot\frac{2}{3}$$

$$\therefore\quad p_{2k+3}=\frac{1}{9}p_{2k+1}+\frac{2}{3}$$

が成り立つ。

これを変形すると

$$p_{2k+3}-\frac{3}{4}=\frac{1}{9}\left(p_{2k+1}-\frac{3}{4}\right)$$

となるから，数列 $\left\{p_{2k+1}-\frac{3}{4}\right\}$ は公比 $\frac{1}{9}$ の等比数列であり，これと，1 回の操作後の白の板の枚数は 2，すなわち，$p_1=1$ であることから，

$$p_{2k+1}-\frac{3}{4}=\left(p_1-\frac{3}{4}\right)\left(\frac{1}{9}\right)^k=\frac{1}{4}\left(\frac{1}{9}\right)^k$$

$$\therefore\quad \boldsymbol{p_{2k+1}=\frac{3}{4}+\frac{1}{4}\left(\frac{1}{9}\right)^k}$$

を得る。

解説

1°　はじめから何回か，操作後の白の板の枚数がどのように変化するかを書き出してみると状況が掴めるだろう。

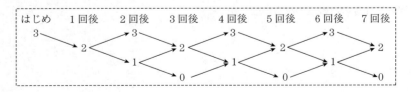

奇数回の操作後の白の板の枚数は，2または0である。

2°　問題で要求されている確率 p_{2k+1} は，$2k+1$ 回の操作後の白の板の枚数が2である確率である。それを，漸化式を利用することにより求めようと考えればよい。奇数回の操作後の結果のみが問題になっているから，2回の操作を続けて行うとき，白の板の枚数が2から2になる確率 q，0から2になる確率 r を求めることにより，漸化式は

$$p_{2k+3} = p_{2k+1}q + (1-p_{2k+1})r$$

となる。 解　答 では q を直接求めたが，2回の操作を続けて行うとき，白の板の枚数が2から0になる確率が $\dfrac{2}{3} \cdot \dfrac{1}{3} = \dfrac{2}{9}$ であることから，$q = 1 - \dfrac{2}{9} = \dfrac{7}{9}$ と求めてもよい。

　得られた漸化式は典型的な形であるから，定石に従って一般項を求めることができる。その際，$p_{2k+3} = \dfrac{1}{9}p_{2k+1} + \dfrac{2}{3}$ において $a_k = p_{2k+1}$ とおくと，$a_{k+1} = \dfrac{1}{9}a_k + \dfrac{2}{3}$ となり，一般項を求める際に勘違いをしにくくなるが， 解　答 では置き換えることなく処理した。

3°　同じ操作を繰り返した結果起こる事象の確率を漸化式を利用して求める問題は，東大で頻出する問題の1つであり，最近では2000年度にも出題されている。

第 1 問

解 答

$f(-1)=-1$ と $f(1)=1$ より，$f(x)-x=0$ が $x=-1$，1 を解とするので，

$$ax^2+(b-1)x+c=a(x+1)(x-1)=ax^2-a$$

となる。両辺の係数を比較して $b=1$，$c=-a$ が得られる（(注)1° 参照）。このとき

$$f'(x)=2ax+1$$

なので，$f'(1)\leqq 6$ より $a\leqq\dfrac{5}{2}$ である。

次に，条件 (B) を考える。$3x^2-1-f(x)=g(x)$ とおくと

$$g(x)=(3-a)x^2-x+a-1$$

$$=(3-a)\left\{x-\frac{1}{2(3-a)}\right\}^2+\frac{-4a^2+16a-13}{4(3-a)}$$

であり，$a\leqq\dfrac{5}{2}$ より

$$3-a>0 \quad かつ \quad 0<\frac{1}{2(3-a)}\leqq 1$$

であることを考えると，$-1\leqq x\leqq 1$ での $g(x)$ の最小値は $m=\dfrac{-4a^2+16a-13}{4(3-a)}$ である。$a\leqq\dfrac{5}{2}$ の下で，不等式 $m\geqq 0$ すなわち $4a^2-16a+13\leqq 0$ を解くと

$$\frac{4-\sqrt{3}}{2}\leqq a\leqq\frac{5}{2} \quad したがって \quad \frac{19-8\sqrt{3}}{4}\leqq a^2\leqq\frac{25}{4} \qquad \cdots\cdots①$$

が得られる。

一方，

$$I=\int_{-1}^{1}(2ax+1)^2dx=2\int_{0}^{1}(4a^2x^2+1)\,dx=\frac{8}{3}a^2+2 \quad （(注)2° 参照）$$

なので，① より

$$\frac{44-16\sqrt{3}}{3}\leqq I\leqq\frac{56}{3}$$

である。

（注）

1° $f(-1)=-1$ と $f(1)=1$ より $a-b+c=-1$, $a+b+c=1$ なので，これらを b と c について解けば，$b=1$, $c=-a$ となる。

2° ここでは $\displaystyle\int_{-1}^{1}(\text{奇関数})dx=0$, $\displaystyle\int_{-1}^{1}(\text{偶関数})dx=2\int_{0}^{1}(\text{偶関数})dx$ という性質を利用している。

第 2 問

解 答　1°　（式の変形だけで解く方法）

$x+y=k$ とおいて，$y=k-x$ を与えられた 4 つの不等式に代入すると

$$x\leqq\frac{1}{2}(3k-a),\quad x\geqq\frac{1}{2}(b-k),\quad x\geqq0,\quad x\leqq k$$

つまり

$$\max\left\{\frac{b-k}{2},\ 0\right\}\leqq x\leqq\min\left\{\frac{3k-a}{2},\ k\right\}$$

となる。これを満たす x が存在する条件として，k のとり得る範囲が定まるわけで，それは

$$\frac{b-k}{2}\leqq\frac{3k-a}{2},\quad\frac{b-k}{2}\leqq k,\quad0\leqq\frac{3k-a}{2},\quad0\leqq k$$

が同時に成り立つことである。この 4 式は

$$k\geqq\frac{a+b}{4},\quad k\geqq\frac{b}{3},\quad k\geqq\frac{a}{3},\quad k\geqq0$$

となる。これらの右辺の最大値を M とすると次のようになる。

（i） $a\leqq0$, $b\leqq0$ のとき，$M=0$

（ii） $a>0$, $b\leqq0$ のとき，$M=\dfrac{a}{3}$

（iii） $a\leqq0$, $b>0$ のとき，$M=\dfrac{b}{3}$

（iv） $a>0$, $b>0$ のとき，$M=\begin{cases}\dfrac{a+b}{4} & \left(\dfrac{1}{3}<\dfrac{b}{a}<3\ \text{のとき}\right)\\[2mm]\max\left\{\dfrac{a}{3},\ \dfrac{b}{3}\right\} & (\text{それ以外のとき})\end{cases}$

したがって，k の最小値を m で表すとき，次のようになる（**（注）**参照）。

（i） **$a\leqq0$ かつ $b\leqq0$ のとき　$m=0$**

(ⅱ)　**$a > 0$ かつ $b \leqq 0$ のとき**　$m = \dfrac{a}{3}$

(ⅲ)　**$a \leqq 0$ かつ $b > 0$ のとき**　$m = \dfrac{b}{3}$

(ⅳ)　**$a > 0$ かつ $b > 0$ のとき**

$b \leqq \dfrac{a}{3}$ なら $m = \dfrac{a}{3}$,　$b \geqq 3a$ なら $m = \dfrac{b}{3}$,　$\dfrac{a}{3} < b < 3a$ なら $m = \dfrac{a+b}{4}$

（注）　最終的な答のまとめ方はいろいろありうる。たとえば，$m = \dfrac{a}{3}$ となる場合は

上記では $(a > 0$ かつ $b \leqq 0)$ または $\left(0 < b \leqq \dfrac{a}{3}\right)$ となっているが，これを

$\left(a > 0$ かつ $b \leqq \dfrac{a}{3}\right)$ といいかえることもできる（\boxed{解}\boxed{答} 2° の答を参照）。

\boxed{解}\boxed{答}　**2°　（領域 D を図示して解く方法）**

　直線 $l : x + y = k$ と領域 D が点を共有するような k の値の
最小値が求めるものである。それを m で表すことにする。

(ⅰ)　$a \leqq 0$ かつ $b \leqq 0$ のとき

　　D は第 1 象限（図 1）となり，l が点 $(0,\ 0)$ を通るときの
　k の値 0 が m である。

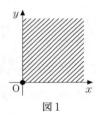

図 1

(ⅱ)　$a > 0$ かつ $b \leqq 0$ のとき

　　D は $\begin{cases} x + 3y \geqq a \\ x \geqq 0 \\ y \geqq 0 \end{cases}$　で表される領域（図 2）となり，l が点

$\left(0,\ \dfrac{a}{3}\right)$ を通るときの値 $\dfrac{a}{3}$ が m である。

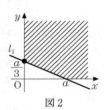

図 2

(ⅲ)　$a \leqq 0$ かつ $b > 0$ のとき

　　D は $\begin{cases} 3x + y \geqq b \\ x \geqq 0 \\ y \geqq 0 \end{cases}$　で表される領域（図 3）となり，l が点

$\left(\dfrac{b}{3},\ 0\right)$ を通るときの値 $\dfrac{b}{3}$ が m である。

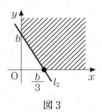

図 3

(ⅳ)　$a > 0$ かつ $b > 0$ のとき

　　$l_1 : x + 3y = a$ と $l_2 : 3x + y = b$ の x 切片 a と $\dfrac{b}{3}$, y 切片 $\dfrac{a}{3}$

と b の大小によって次の 3 通りに分かれる。

(イ)　$a \geqq \dfrac{b}{3}$ かつ $\dfrac{a}{3} \geqq b$ $\left(\text{つまり } b \leqq \dfrac{a}{3}\right)$ のとき，D は図 2 となるので，

$$m = \dfrac{a}{3}$$

(ロ)　$\dfrac{b}{3} \geqq a$ かつ $b \geqq \dfrac{a}{3}$ $\left(\text{つまり } b \geqq 3a\right)$ のとき，D は図 3 となるので，

$$m = \dfrac{b}{3}$$

(ハ)　$a > \dfrac{b}{3}$ かつ $b > \dfrac{a}{3}$ $\left(\text{つまり } \dfrac{a}{3} < b < 3a\right)$ のとき，D は図 4

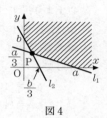

図 4

となるので，l が l_1 と l_2 の交点 $\mathrm{P}\left(\dfrac{-a+3b}{8},\ \dfrac{3a-b}{8}\right)$ を

通るときの k の値 $\dfrac{a+b}{4}$ が m である。

解　答　1° の (注) で述べたように，上記の (ii) と (iv) の (イ) は $\left(a > 0 \text{ かつ } b \leqq \dfrac{a}{3}\right)$ と

まとめることができ，(iii) と (iv) の (ロ) は $\left(b > 0 \text{ かつ } a \leqq \dfrac{b}{3}\right)$ とまとめられるので，

$$\begin{cases} a \leqq 0 \text{ かつ } b \leqq 0 \quad \text{のとき} \quad m = 0 \\[2mm] a > 0 \text{ かつ } b \leqq \dfrac{a}{3} \quad \text{のとき} \quad m = \dfrac{a}{3} \\[2mm] b > 0 \text{ かつ } a \leqq \dfrac{b}{3} \quad \text{のとき} \quad m = \dfrac{b}{3} \\[2mm] \dfrac{a}{3} < b < 3a \qquad\quad \text{のとき} \quad m = \dfrac{a+b}{4} \end{cases}$$

第 3 問

解　答

(1)　$\alpha,\ \beta$ は与えられた 2 次方程式の解なので，$\alpha^2 - 4\alpha + 1 = 0$ と $\beta^2 - 4\beta + 1 = 0$ が成り立つ。最初の式の両辺に α^{n-2} を，2 番目の式の両辺に β^{n-2} をそれぞれ乗じて加え合せると

$$(\alpha^n + \beta^n) - 4(\alpha^{n-1} + \beta^{n-1}) + (\alpha^{n-2} + \beta^{n-2}) = 0$$

となる。したがって，$s_n - 4s_{n-1} + s_{n-2} = 0$ すなわち $s_n = 4s_{n-1} - s_{n-2}$ が成り立つ（(注)1° 参照）。

一方，解と係数の関係から，$\alpha + \beta = 4,\ \alpha\beta = 1$ なので

$$s_1=\alpha+\beta=4, \quad s_2=(\alpha+\beta)^2-2\alpha\beta=14$$

である。したがって，$s_3=4s_2-s_1=52$ である。

$$\boldsymbol{s_1=4, \quad s_2=14, \quad s_3=52, \quad s_n=4s_{n-1}-s_{n-2} \quad (n\geqq 3)}$$

(2)　$\alpha=2+\sqrt{3}$，$\beta=2-\sqrt{3}$ はともに正の実数なので，$s_n=\alpha^n+\beta^n$ は正の実数である。また，s_{n-1} も s_{n-2} も整数であると仮定すると，$s_n=4s_{n-1}-s_{n-2}$ より，s_n も整数となる。s_1 も s_2 も整数なので，n に関する数学的帰納法から，s_n は整数であることがわかる。

以上より，すべての自然数 n に対して s_n は正の整数である。

次に，s_n の1の位の値を t_n とすると，(1) より t_n は $4t_{n-1}-t_{n-2}$ を10で割った余りである。$t_k=4$，$t_{k+1}=4$ とすると，$t_{k+2}=(4\times 4-4$ の1の位の数$)=2$ となる。したがって

$$t_{k+3}=(4\times 2-4 \text{ の1の位の数})=4, \quad t_{k+4}=(4\times 4-2 \text{ の1の位の数})=4$$
$$t_{k+5}=(4\times 4-4 \text{ の1の位の数})=2$$

となる。このことから，$\{t_n\}$ は 4，4，2 を1周期として繰り返すことがわかる。

したがって，n が3の倍数のとき $t_n=2$，それ以外のとき $t_n=4$ である。2003 は3の倍数でないから，s_{2003} の1の位の数は **4** である。

(3)　$0<\beta<1$ なので，$0<\beta^{2003}<1$ である（実際は 10^{-1145} 程度）。一方，(1) と (2) より，$s_{2003}=\alpha^{2003}+\beta^{2003}$ は1の位の数が4の正の整数なので

$$s_{2003}-1<\alpha^{2003}<s_{2003}$$

より，α^{2003} 以下の最大の整数は $s_{2003}-1$ であり，その1の位の数は **3** である。

（注）

1°　(1)の漸化式は次のような計算で求めることもできる：

$$s_n=\alpha^n+\beta^n=(\alpha+\beta)(\alpha^{n-1}+\beta^{n-1})-\alpha\beta(\alpha^{n-2}+\beta^{n-2})=4s_{n-1}-s_{n-2}$$

2°　(2)では $t_n=(s_n$ を10で割った余り$)$ が周期3の数列であること，つまり $t_n=t_{n-3}$ が成り立つことを示すのが主眼であった。 解 答 では $t_1=4$，$t_2=4$，$t_3=2$ を用いて計算したが，次のように考えることもできる：

(1)より

$$s_n=4s_{n-1}-s_{n-2} \qquad\qquad \cdots\cdots\text{①}$$

が成り立つ。① と $s_1=4$，$s_2=14$ より（厳密には数学的帰納法によって），すべての s_n が2の倍数であることがわかる。

① の n を $n-1$ におきかえた式 $s_{n-1}=4s_{n-2}-s_{n-3}$ を ① に代入すると

$$s_n = 15s_{n-2} - 4s_{n-3} = 5(3s_{n-2} - s_{n-3}) + s_{n-3} \qquad \cdots\cdots ②$$

となる。② で，s_{n-2}，s_{n-3} が 2 の倍数であることを考えると

$$s_n = (10 \text{ の倍数}) + s_{n-3}$$

が成り立つ。したがって，10 で割った余り $\{t_n\}$ について

$$t_n = t_{n-3}$$

が成り立つ。

第　4　問

解 答

　X_n の定め方から，数列 $\{X_n\}$ は広義の単調減少（つまり非増加）な数列であり，そのとり得る値は 5, 2, 1, 0 に限られることが直ちにわかる。さらに，2 から 1 になることができないこともわかり，X_n の値に対してどんな確率で X_{n+1} の値が定まるかが表 1 で与えられることも容易に確かめられる。また，X_1 の値とその確率の対応は表 2 のとおりである。

X_n＼X_{n+1}	5	2	1	0
5	$\dfrac{1}{6}$	$\dfrac{1}{6}$	$\dfrac{2}{6}$	$\dfrac{2}{6}$
2	0	$\dfrac{4}{6}$	0	$\dfrac{2}{6}$
1	0	0	$\dfrac{5}{6}$	$\dfrac{1}{6}$
0	0	0	0	1

表 1

(1)　$X_3 = 5$ となるのは $(X_1,\ X_2,\ X_3) = (5,\ 5,\ 5)$ で，その確率は $\left(\dfrac{1}{6}\right)^3$ である。

　$X_3 = 2$ となるのは $(X_1,\ X_2,\ X_3) = (2,\ 2,\ 2)$, $(5,\ 2,\ 2)$, $(5,\ 5,\ 2)$ の 3 通りで，表 1 と表 2 より，これらの確率の和は

$$\frac{2}{6} \times \left(\frac{4}{6}\right)^2 + \left(\frac{1}{6}\right)^2 \times \frac{4}{6} + \left(\frac{1}{6}\right)^3 = \frac{37}{6^3}$$

X_1	5	2	1	0
確率	$\dfrac{1}{6}$	$\dfrac{2}{6}$	$\dfrac{2}{6}$	$\dfrac{1}{6}$

表 2

　$X_3 = 1$ となるのは $(X_1,\ X_2,\ X_3) = (1,\ 1,\ 1)$, $(5,\ 1,\ 1)$, $(5,\ 5,\ 1)$ の 3 通りで，表 1 と表 2 より，これらの確率の和は

$$\frac{2}{6} \times \left(\frac{5}{6}\right)^2 + \frac{1}{6} \times \frac{2}{6} \times \frac{5}{6} + \left(\frac{1}{6}\right)^2 \times \frac{2}{6} = \frac{62}{6^3}$$

　これらの和を 1 からひいて，$X_3 = 0$ となる確率は $\dfrac{29}{54}$ である。

(2)　$X_n = 5$ となるのは $X_1 = X_2 = \cdots\cdots = X_n = 5$ に限るので，表 1 と表 2 より，その確率は $\left(\dfrac{1}{6}\right)^n$ である。

(3)　$X_n=1$ となるのは以下の 2 通りである。

(i)　$X_1=X_2=\cdots\cdots=X_n=1$

(ii)　$X_1=\cdots\cdots=X_k=5$,　$X_{k+1}=\cdots\cdots=X_n=1$　$(k=1,\ \cdots\cdots,\ n-1)$

それぞれの確率は

$$\frac{2}{6}\times\left(\frac{5}{6}\right)^{n-1}\ \text{および}\ \left(\frac{1}{6}\right)^{k}\times\frac{2}{6}\times\left(\frac{5}{6}\right)^{n-k-1}\quad(k=1,\ \cdots\cdots,\ n-1)$$

であるが，(i)の確率の値は(ii)で $k=0$ としたときの値と同じなので，求める確率は

$$\sum_{k=0}^{n-1}\left(\frac{1}{6}\right)^{k}\times\frac{2}{6}\times\left(\frac{5}{6}\right)^{n-k-1}=\frac{1}{3}\times\left(\frac{5}{6}\right)^{n-1}\times\sum_{k=0}^{n-1}\left(\frac{1}{5}\right)^{k}=\frac{1}{3}\times\left(\frac{5}{6}\right)^{n-1}\frac{1-\left(\frac{1}{5}\right)^{n}}{1-\frac{1}{5}}$$

$$=\frac{1}{2}\frac{5^{n}-1}{6^{n}}$$

(注)　(1)，(3)については，次のように解くこともできるが，いずれも 解 答 に比べて少し面倒になる。

(1)　数列 $\{X_n\}$ は広義の単調減少関数で，X_n から X_{n+1} への遷移確率は表 1 で与えられ，初期値 X_1 の確率分布は表 2 で与えられる。X_n はいったん 0 になるとあとはずっと 0 なので，$X_3=0$ となるのは次の 3 通りに分類される。

(i)　$X_1=0$ のとき

$(X_1,\ X_2,\ X_3)=(0,\ 0,\ 0)$ なので，表 1 と表 2 より，その確率は $\frac{1}{6}$ である。

(ii)　$X_1\neq0$ かつ $X_2=0$ のとき

$(X_1,\ X_2,\ X_3)=(5,\ 0,\ 0),\ (2,\ 0,\ 0),\ (1,\ 0,\ 0)$ の 3 通りで，表 1 と表 2 より，それらの確率の和は $\frac{1}{6}\times\frac{2}{6}+\frac{2}{6}\times\frac{2}{6}+\frac{2}{6}\times\frac{1}{6}=\frac{2}{9}$ である。

(iii)　$X_1\neq0$ かつ $X_2\neq0$ かつ $X_3=0$ のとき

$(X_1,\ X_2,\ X_3)=(5,\ 5,\ 0),\ (5,\ 2,\ 0),\ (5,\ 1,\ 0),\ (2,\ 2,\ 0),\ (1,\ 1,\ 0)$ の 5 通りで，表 1 と表 2 より，それらの確率の和は

$$\frac{1}{6}\times\frac{1}{6}\times\frac{2}{6}+\frac{1}{6}\times\frac{1}{6}\times\frac{2}{6}+\frac{1}{6}\times\frac{2}{6}\times\frac{1}{6}+\frac{2}{6}\times\frac{4}{6}\times\frac{2}{6}+\frac{2}{6}\times\frac{5}{6}\times\frac{1}{6}=\frac{4}{27}$$

(i)，(ii)，(iii)の確率の値を加えると，$X_3=0$ となる確率は $\frac{29}{54}$ となる。

(3)　$X_n=1$ となる確率を p_n とする。$X_{n+1}=1$ となるのは次の 2 通りである。

(ⅰ)　$X_n=1$ かつ $X_{n+1}=1$

(ⅱ)　$X_n=5$ かつ $X_{n+1}=1$

表 1 より，(ⅰ)の確率は $\dfrac{5}{6}p_n$ であり，(ⅱ)は $X_1=X_2=\cdots\cdots=X_n=5$ かつ

$X_{n+1}=1$ なので，その確率は $\left(\dfrac{1}{6}\right)^n\times\dfrac{2}{6}$ である。したがって，

$$p_{n+1}=\frac{5}{6}p_n+\frac{2}{6}\times\left(\frac{1}{6}\right)^n$$

が成り立つ。両辺を $\left(\dfrac{5}{6}\right)^{n+1}$ で割って，$p_n\times\left(\dfrac{6}{5}\right)^n=q_n$ とおくと

$$q_{n+1}=q_n+\frac{2}{5}\times\left(\frac{1}{5}\right)^n,\quad q_1=p_1\times\frac{6}{5}=\frac{2}{5}$$

となるので，段差を加え合せて

$$q_n=\frac{2}{5}+\frac{2}{5}\times\frac{1}{5}+\frac{2}{5}\times\left(\frac{1}{5}\right)^2+\cdots\cdots+\frac{2}{5}\times\left(\frac{1}{5}\right)^{n-1}=\frac{1}{2}\left(1-\frac{1}{5^n}\right)$$

となる。これに $\left(\dfrac{5}{6}\right)^n$ をかけて

$$p_n=\frac{1}{2}\frac{5^n-1}{6^n}$$

第 1 問

解 答

2つの方程式から y を消去すると

$$2\sqrt{3}\,x^2 = -2\sqrt{3}\,\cos^2\theta - \sin\theta = 2\sqrt{3}\,\sin^2\theta - \sin\theta - 2\sqrt{3}$$

となるので，これを満たす実数 x が2つある条件は

$$2\sqrt{3}\,\sin^2\theta - \sin\theta - 2\sqrt{3} > 0$$

である。不等式の左辺は $(2\sin\theta + \sqrt{3})(\sqrt{3}\,\sin\theta - 2)$ と変形され，$\sqrt{3}\,\sin\theta - 2$ はつねに負なので

$$\sin\theta < -\frac{\sqrt{3}}{2}$$

となる。これを解いて

$$\mathbf{240° < \theta < 300°}$$

参考

2つの放物線は互いに合同で，一方は下に凸，他方は上に凸である。頂点はそれぞれ $(\cos\theta,\ \sin\theta)$, $(-\cos\theta,\ -\sin\theta)$ なので，原点を中心とする単位円の直径の両端になっている。こうして2つの放物線の位置は，角 θ が小さいときは図1のようであり，θ が大きくなるにつれ変化していき（図2），$\theta = 240°$ のとき図3のように原点で互いに接する。その後，$\theta = 300°$ までは2点で交わり，$300°$ で再び接し，そのあとはまた離れていく。

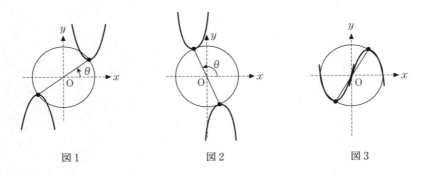

図1　　　　　　　　　　図2　　　　　　　　　　図3

第 2 問

解 答

(1) 与えられた条件より

$$x^{n+1}=(x^2-x-1)q_n(x)+a_nx+b_n \quad (q_n(x) は x の多項式)$$

とおける。両辺に x をかけ，等式

$$x(a_nx+b_n)=a_n(x^2-x-1)+(a_n+b_n)x+a_n$$

を用いると

$$x^{n+2}=(x^2-x-1)(xq_n(x)+a_n)+(a_n+b_n)x+a_n$$

となり，x^{n+2} を x^2-x-1 で割った余りは $(a_n+b_n)x+a_n$ であることがわかる。よって

$$\begin{cases} a_{n+1}=a_n+b_n \\ b_{n+1}=a_n \end{cases}$$

である。

(2) $x^2=(x^2-x-1)\times1+x+1$ より $a_1=1$，$b_1=1$ となり，これらは共に正の整数で互いに素である。

a_k，b_k が共に正の整数で互いに素と仮定すると，(1)の漸化式より，a_{k+1}，b_{k+1} は確かに正の整数である。a_{k+1} と b_{k+1} の公約数の任意の1つを d とし

$$a_{k+1}=du, \quad b_{k+1}=dv \quad (u,\ v は整数)$$

とおくと，(1)より

$$a_k+b_k=du, \quad a_k=dv$$

したがって

$$a_k=dv, \quad b_k=d(u-v)$$

となり，d は a_k と b_k の公約数である。ところが，帰納法の仮定から，a_k と b_k は互いに素なので，$d=\pm1$ である。d は a_{k+1} と b_{k+1} の任意の公約数なので，これは a_{k+1} と b_{k+1} が互いに素であることを示している。

以上より，すべての自然数 n に対して a_n，b_n は共に正の整数で互いに素である。

参考

以下，文字は整数を表す。一般に，x と y の最大公約数を $(x,\ y)$ で表すとすると

$$(pq+r,\ p)=(p,\ r) \qquad \cdots\cdots(*)$$

が上記と同じ方法で証明できる。$(*)$ は，大きい数どうしの最大公約数をユークリッドの互除法で求めるという計算の原理になっている。本問の(2)は

$$pq+r=a_{n+1}, \quad p=a_n=b_{n+1}, \quad q=1, \quad r=b_n$$

の場合に相当し，（＊）より，$(a_{n+1}, b_{n+1})=(a_n, b_n)$ である。したがって，$(a_n, b_n)=1$ なら $(a_{n+1}, b_{n+1})=1$，すなわち a_n と b_n が互いに素なら a_{n+1} と b_{n+1} もそうである。

(注) 　**解**　**答**　と大差はないが，(1)を『$x^2-x-1=0$ の 2 つの解 α, β を利用して』という方針で臨んだ諸君のために，それに沿った解答を書いておく。

$$x^{n+1}=(x-\alpha)(x-\beta)q_n(x)+a_n x+b_n \quad (q_n(x)\text{は多項式})$$

の両辺に $x=\alpha$ を代入すると

$$\alpha^{n+1}=a_n\alpha+b_n$$

となる。この両辺に α をかけて $\alpha^2=\alpha+1$ を代入すると

$$\alpha^{n+2}=a_n\alpha^2+b_n\alpha=(a_n+b_n)\alpha+a_n$$

となるので，

$$f(x)=x^{n+2}-\{(a_n+b_n)x+a_n\}$$

に対して $f(\alpha)=0$ が成り立つ。同様に $f(\beta)=0$ も成り立つので，$f(x)$ は $(x-\alpha)(x-\beta)=x^2-x-1$ で割り切れる。したがって

$$x^{n+2}=(x^2-x-1)q_{n+1}(x)+\{(a_n+b_n)x+a_n\} \quad (q_{n+1}(x)\text{は多項式})$$

となるから

$$a_{n+1}=a_n+b_n, \quad b_{n+1}=a_n$$

が成り立つ。

第 3 問

解　**答**

$f'(x)=3ax^2+2bx+c$ なので，$f(-1)=-1$ と $f'(-1)=0$ より

$$-a+b-c=-1, \quad 3a-2b+c=0$$

これらを b, c について解いて

$$b=2a+1, \quad c=a+2$$

同様に $g(1)=3$ と $g'(1)=0$ より，$q=-2p-3$, $r=p+6$ が得られる。したがって，残った条件 $f'(0)=g'(0)$ すなわち $c=r$ を用いると，すべての文字が a のみで表されて，

$$b=2a+1, \quad c=a+2, \quad p=a-4, \quad q=-2a+5, \quad r=a+2 \qquad \cdots\cdots ①$$

となる。これらを

$$I_1=\int_{-1}^{0}\{f''(x)\}^2 dx=\int_{-1}^{0}(6ax+2b)^2 dx=12a^2-12ab+4b^2$$

と

$$I_2=\int_0^1\{g''(x)\}^2dx=\int_0^1(6px+2q)^2dx=12p^2+12pq+4q^2$$

に代入すると，ともに a の2次式となり，それらを加えると

$$I_1+I_2=8(a^2-2a+7)=8(a-1)^2+48$$

となる。これは $a=1$ のとき最小となり，そのとき ① より

$$b=3,\quad c=3,\quad p=-3,\quad q=3,\quad r=3$$

なので

$$f(x)=x^3+3x^2+3x,\ g(x)=-3x^3+3x^2+3x$$

参考

　上記のようにストレートに計算すれば，与えられた時間（25分）で充分に対応できるであろう。なお，範囲外であるが，文系でも少なからぬ諸君が知っている積の微分法の公式

$$(u(x)v(x))'=u'(x)v(x)+u(x)v'(x)$$

を用いると，以下のように少しだけ計算が簡単になる。

$$(f'(x)f''(x))'=\{f''(x)\}^2+f'(x)f^{(3)}(x)=\{f''(x)\}^2+6af'(x)$$

より

$$\int_{-1}^0\{f''(x)\}^2dx=\Big[f'(x)f''(x)-6af(x)\Big]_{-1}^0$$
$$=f'(0)f''(0)-6a=2bc-6a$$

となる。ここで，$f'(-1)=0,\ f(0)=0,\ f(-1)=-1$ を用いた。同様にして

$$\int_0^1\{g''(x)\}^2dx=\Big[g'(x)g''(x)-6pg(x)\Big]_0^1$$
$$=-g'(0)g''(0)-18p=-2qr-18p$$

となるので，① を代入すると

$$I_1+I_2=2bc-2qr-6a-18p=2(b-q)c-6a-18p=8(a^2-2a+7)$$

第 4 問

解答　1°

　はじめに赤い点のみを円周上に並べておいて，隣り合う2つの赤い点の間に1個もしくは複数個連続した青い点を入れていくと考えると，その両端において題意の弧（両端が異色の弧）が1個ずつ合せて2個出現する。青い点を入れる各段階でこのこ

とが起こるので，題意の弧の個数は偶数である。

解　答　2°

円周上の赤い点を1つ固定し，その点を出発して円周上を1周する。その際に出会う題意の弧（両端が異色の弧）を順に A_1，A_2，…… とし，最後のものを A_l とする。赤い点から出発するので，周上をたどるに応じて

　　　　A_1 の端は赤から青に変わり，

　　　　A_2 の端は青から赤に変わり，

　　　…………………………………………

と，添字が奇数なら赤から青，偶数なら青から赤となっていく。

最後は赤に戻るので，A_l は青から赤に変わる。したがって，l は偶数である。

(注)　たとえば，m を固定して n に関する数学的帰納法を用いて証明を書くこともできる。すなわち，$n=k$ のときに題意の成立を仮定して，さらにもう1個青い点を入れるとき

　　　（i）赤と赤の間に入れる

　　　（ii）赤と青の間，もしくは，青と青の間に入れる

の2通りに分ければ，$n=k+1$ のとき題意の成立がただちにわかる，という証明である。

しかし，数学的帰納法に頼るまでもない話なので，上記を解答とした。

第 1 問

解 答 1°

条件から，半径 r の球面 S_1（中心を O とする）の上に A，B，C，D があり，点 D を中心とする半径 2 の球面 S_2 の上に A，B，C がある。したがって，A，B，C は 2 つの球の交線の円 l の上にある（図 1）。l は

$$AC=BC=2, \quad AB=\sqrt{3}$$

を満たす三角形 ABC の外接円である。その半径を R とすると，

$$\cos A=\frac{\sqrt{3}}{4} \quad \text{より} \quad \sin A=\frac{\sqrt{13}}{4}$$

なので，正弦定理から，$R=\dfrac{BC}{2\sin A}=\dfrac{4}{\sqrt{13}}$ である。

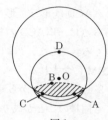

図1

O，D を通る平面と図 1 の球との交線は，図 2 の 2 つの円となり，交円 l は線分 L_1L_2 となる。2 つの円の方程式

$$\begin{cases} x^2+y^2=r^2 \\ x^2+(y-r)^2=4 \end{cases}$$

から $y\left(=r-\dfrac{2}{r}\right)$ を消去すると $\dfrac{4}{r^2}=4-x^2$ となり，これに L_2 の x 座標の $x=\dfrac{4}{\sqrt{13}}$ を代入して

$$r=\frac{\sqrt{13}}{3}$$

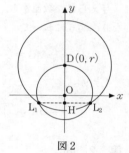

図2

(注) 後半の座標計算の代わりに図 3 を用いて，中学校の数学のように三平方の定理を使っても，容易に $r=\dfrac{\sqrt{13}}{3}$ が出てくる。ただし，図 4 のような位置関係を設定すると，計算上は r の値が出てくるが，それが

$$DH=\sqrt{4-\frac{16}{13}}=\frac{6}{\sqrt{13}}$$

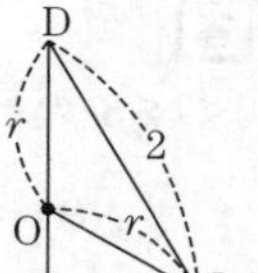

図3

図4

2001

よりも小さいので適さないことになる。

解 答 2°

与えられた条件から，△ACD と △BCD は 1 辺の長さが 2 の正三角形で，辺 CD を共有している（図 5）。

△ACD は正三角形なので，3 点 A，C，D から等距離にある点は，△ACD の重心を通り △ACD に垂直な直線 l をつくる。そして，l は CD の中点 M を通り CD に垂直な平面 ABM に含まれる。

3 点 B，C，D から等距離にある点のつくる直線 l' についても同様のことが成り立つので，図 6 の △ABM における 2 直線 l，l' の交点 O が，四面体の外接球の中心である。

与えられた数値から，△ABM は 1 辺が $\sqrt{3}$ の正三角形となり，図 6 において

$$\text{OM}=\frac{2}{\sqrt{3}}\text{MG}'=\frac{2}{3} \quad \text{より} \quad \text{ON}=\frac{\sqrt{3}}{2}\text{BM}-\text{OM}=\frac{5}{6}$$

したがって，

$$r=\text{OA}=\sqrt{\text{ON}^2+\text{AN}^2}=\frac{\boldsymbol{\sqrt{13}}}{\boldsymbol{3}}$$

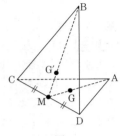

図 5

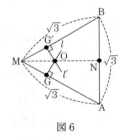

図 6

第 2 問

解 答

(1) $0<t\leqq3$ のとき，$\text{A}(t^2,\ 0)$，$\text{B}(0,\ t)$，$\text{C}(0,\ 3)$ なので

$$S(t)=\frac{1}{2}t^2(3-t)$$

$t>3$ のとき，$\text{A}(t^2,\ 0)$，$\text{B}(t-3,\ 3)$，$\text{C}(0,\ 3)$ なので

$$S(t)=\frac{3}{2}(t-3)$$

$0<t<3$ のとき，$S'(t)=\frac{3}{2}t(2-t)$ が，$t=2$ を境にして正から負になることを考慮すると，$S(t)$ のグラフは**図 1**のようになる。

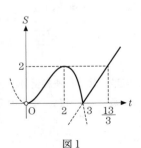

図 1

(2) 図1のグラフから直ちに

$$M(u) = \begin{cases} \dfrac{1}{2}u^2(3-u) & (0 < u \le 2) \\[2mm] 2 & \left(2 < u < \dfrac{13}{3}\right) \\[2mm] \dfrac{3}{2}(u-3) & \left(u \ge \dfrac{13}{3}\right) \end{cases}$$

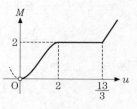

図2

であることがわかり，そのグラフは**図2**のようになる。

第 3 問

解 答

(1) A，Bの動かし方の定義から，$a-b$ は 0，± 1 のいずれかとなり，n 回目と $n+1$ 回目の関係は右の表のようになる。n 回の $a-b=1$，-1 に応じて，$n+1$ 回で $a-b$ が 0 となるのはそれぞれ 1 通りずつなので

n回での$a-b$の値	$n+1$回目が表	$n+1$回目が裏
0	1	−1
1	1	0
−1	0	−1

$n+1$ 回での $a-b$ の値

$$X_{n+1} = 2^n - X_n$$

である。

(2) $(-1)^n X_n = Y_n$ として，(1)の結果の両辺に $(-1)^{n+1}$ をかけると

$$Y_{n+1} = Y_n - (-2)^n$$

となる。$Y_1 = 0$ なので

$$Y_n = Y_1 - \sum_{k=1}^{n-1}(-2)^k = -(-2)\frac{(-2)^{n-1}-1}{-2-1} = \frac{-2}{3}\{(-2)^{n-1}-1\}$$

$(-1)^n$ をかけて

$$X_n = \frac{2}{3}\{2^{n-1} - (-1)^{n-1}\}$$

(2) の別計算

(1)の答の両辺を 2^{n+1} で割って，$\dfrac{X_n}{2^n} = Z_n$ とおくと

$$Z_{n+1} = -\frac{1}{2}Z_n + \frac{1}{2}, \quad Z_1 = 0$$

となる。$c = -\dfrac{1}{2}c + \dfrac{1}{2}$ を満たす定数 c は $\dfrac{1}{3}$ なので，この漸化式から

$\dfrac{1}{3}=-\dfrac{1}{2}\times\dfrac{1}{3}+\dfrac{1}{2}$　を辺々ひくと

$$Z_{n+1}-\dfrac{1}{3}=-\dfrac{1}{2}\left(Z_n-\dfrac{1}{3}\right)$$

となる。したがって

$$Z_n-\dfrac{1}{3}=\left(-\dfrac{1}{2}\right)^{n-1}\left(Z_1-\dfrac{1}{3}\right)$$

$$=-\dfrac{1}{3}\left(-\dfrac{1}{2}\right)^{n-1}$$

$$Z_n=\dfrac{1}{3}\left\{1-\left(-\dfrac{1}{2}\right)^{n-1}\right\}$$

が成り立つ。この両辺に 2^n をかけて

$$X_n=\dfrac{2}{3}\{2^{n-1}-(-1)^{n-1}\}$$

第 4 問

解 答

　左端が黒石ならすべてを除けばよいので，左端が白石のときを考えればよい。

　左から 1 つずつ並べてゆき，黒石を置くごとに，それより左側の黒石の個数 B と白石の個数 W を比べる。初めは $W>B$ であり，最後には $W\leqq B$ となるので，途中又は最後で $W=B$ となる。そのとき置いた黒石とその右のすべての石を除けば，残りは白石，黒石が同数である。

(注)

1°　上記の 解 答 を数式を用いて書き直すと，次のように書ける：

解答の別表現

　上と同じように，左端が白石のときを考える。黒石に左から 1，2，……，181 と番号をつけ，番号 n の黒石より左にある黒石の個数を a_n，白石の個数を b_n とする。$a_n=n-1$ である。

$$f(n)=a_n-b_n=(n-1)-b_n$$

とおくと，この定め方より

　(イ)　$f(1)\leqq-1$，　$f(181)\geqq0$

　(ロ)　$f(n)\leqq f(n-1)+1$　$(2\leqq n\leqq181)$

となる。

(ロ)は，$f(n)$ が $f(n-1)$ から高々 1 しか増えないことを意味するので，(イ) より，ある n で $f(n)=0$ となる。したがって，その番号 n の黒石とそれより右の石を除くと，残りの白石と黒石は同数になる。

2°　上の **解答の別表現** 中の「$f(n)$ が $f(n-1)$ から高々 1 しか増えないことを意味するので」という部分に論理的あいまいさを感じるならば，次のように解答すればよいだろう。

別解

上記の $f(n)$ を考え，すべての n について $f(n) \neq 0$ を仮定する。このとき，すべての n に対して $f(n) \leqq -1$ が成り立つことを，数学的帰納法で示す。$f(n)$ は上記の (イ)，(ロ) を満たしている。

(i)　$n=1$ のとき，(イ) より確かに成り立っている。

(ii)　$n=k$ のとき，$f(k) \leqq -1$ を仮定すると，(ロ) より

$$f(k+1) \leqq f(k)+1 \leqq -1+1 = 0 \quad \therefore \quad f(k+1) \leqq 0 \qquad \cdots\cdots ①$$

ところが，$f(n) \neq 0$ を仮定しているので，① より $f(k+1) \leqq -1$ である。

(i)，(ii) より，すべての n に対して $f(n) \leqq -1$ が証明されたが，これは (イ) の $f(181) \geqq 0$ に矛盾する。したがって，最初の仮定が偽で，$f(n)=0$ を満たす n が少なくとも 1 つ存在する。

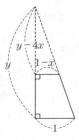

図1

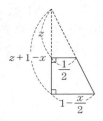

図2

2000年

第 1 問

解 答

中心軸を通る平面による断面図（図1）において

$$1:y=(1-x):(y-4x)$$

より，$y=4$ である。体積比が相似比の3乗であることから，A の体積 $V_A(x)$ は

$$V_A(x)=\frac{4}{3}\pi\{1^3-(1-x)^3\}=\frac{4}{3}\pi\{1+(x-1)^3\}$$

である。B についても断面図（図2）から

$$\frac{1}{2}:z=\left(1-\frac{x}{2}\right):(z+1-x)$$

が成り立ち，これより $z=1$ が得られる。したがって，B の体積を $V_B(x)$ とすると

$$V_B(x)=\frac{\pi}{12}\{(2-x)^3-1^3\}=\frac{\pi}{12}\{-(x-2)^3-1\}$$

である。これらより

$$
\begin{aligned}
V'(x)&=V_A{}'(x)+V_B{}'(x)\\
&=4\pi(x-1)^2-\frac{\pi}{4}(x-2)^2\\
&=\frac{\pi}{4}\{(4x-4)^2-(x-2)^2\}\\
&=\frac{\pi}{4}(5x-6)(3x-2)
\end{aligned}
$$

となり，右の増減表から，$x=\dfrac{2}{3}$ のとき $V(x)$ は最大になる。$x=0$ のときの A，$x=1$ のときの B は円錐台でないが，そのときでも $V_A(x)$，$V_B(x)$ の式は成り立っている。

x	0		$\dfrac{2}{3}$		1
$V'(x)$		+	0	−	
$V(x)$		↗	最大	↘	

以上より最大値は

$$V\left(\frac{2}{3}\right)=\frac{4\pi}{3}\left\{1-\left(\frac{1}{3}\right)^3\right\}+\frac{\pi}{12}\left\{\left(\frac{4}{3}\right)^3-1\right\}=\boldsymbol{\frac{151}{108}\pi}$$

(注)　数学Ⅱの公式ではないが，自然数 n と定数 a, b に対して

$$\frac{d}{dx}(x+a)^n = n(x+a)^{n-1}, \quad \frac{d}{dx}(ax+b)^n = na(ax+b)^{n-1}$$

が成り立つことを知っていると有用である。上の **解** **答** でも左側の公式を用いて計算している。

第　2　問
解 **答**

$1-ax-by-axy=f(x, y)$ とおく。

まず，y を固定して x を $-1 \leqq x \leqq 1$ の範囲で変化させる。$f(x, y)$ は x の高々 1 次式なので，$x=1$ または -1 のとき最小となる。したがって，$f(\pm 1, y)$ のみ考えればよい。

次に，y を $-1 \leqq y \leqq 1$ の範囲で変化させるが，$f(\pm 1, y)$ は y の高々 1 次式なので，$y=\pm 1$ のみ考えればよいことになる。よって，最小値は

$$\min\{f(1, 1), f(-1, 1), f(1, -1), f(-1, -1)\}$$

である。したがって，求める条件は，この 4 つの数が
すべて正となることである。

$$\begin{cases} f(1, 1)=1-2a-b>0 \\ f(-1, 1)=1+2a-b>0 \\ f(\pm 1, -1)=1+b>0 \end{cases}$$

より，求める範囲は連立不等式

$$b<-2a+1, \quad b<2a+1, \quad b>-1$$

で表され，図示すると**右図の斜線部である（境界上の
点は除く）**。

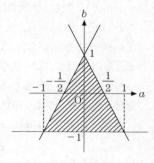

第　3　問
解 **答**

数列 $\{P_1(n) \mid n=0, 1, 2, \cdots\cdots\}$ の満たす漸化式を求める。$n+1$ 秒後に A_1 に存在するのは，n 秒後に A_1 以外の点にいて，その点から $\dfrac{1}{3}$ の確率で A_1 に移る場合に限るので

$$P_1(n+1)=\frac{1}{3}(1-P_1(n)) \qquad\qquad \cdots\cdots①$$

が成り立つ。① は

$$P_1(n+1) - \frac{1}{4} = \left(-\frac{1}{3}\right)\left(P_1(n) - \frac{1}{4}\right)$$

と変形されるので,

$$P_1(n) - \frac{1}{4} = \left(-\frac{1}{3}\right)^n\left(P_1(0) - \frac{1}{4}\right) = 0 \qquad \therefore \quad \boldsymbol{P_1(n) = \frac{1}{4}}$$

同様に,$\{P_2(n)\,|\,n=0,\ 1,\ 2,\ \cdots\cdots\}$ も同じ形の漸化式を満たすので

$$P_2(n) - \frac{1}{4} = \left(-\frac{1}{3}\right)^n\left(P_2(0) - \frac{1}{4}\right) = \left(-\frac{1}{3}\right)^n\times\frac{1}{4}$$

$$\therefore \quad \boldsymbol{P_2(n) = \frac{1}{4} + \left(-\frac{1}{3}\right)^n\times\frac{1}{4}}$$

第 4 問

解 答 **1°** （幾何的に考える方法）

$S(\alpha\beta)$, $O(0)$, $B(1)$ とする。

(i) 必要条件であること

　　$w=\alpha\beta$ とする。3 数 $O(0)$, $S(\alpha\beta)$, $Q(\beta)$ を β で割ると $O(0)$, $P(\alpha)$, $B(1)$ となるので,複素数で割ることの図形的意味から,△OPB は △OSQ と相似である。$w=\alpha\beta$ つまり R＝S なので ∠OSQ＝90°,したがって,∠OPB＝90° となる。よって,$P(\alpha)$ は OB を直径とする円,つまり題意の円周上にある。

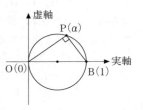

　　同様に,$O(0)$, $S(\alpha\beta)$, $P(\alpha)$ を α で割ることで,$Q(\beta)$ についても同じことがいえる。

(ii) 十分条件であること

　　∠OPB＝∠OQB＝90° とする。$O(0)$, $P(\alpha)$, $B(1)$ に β をかけると $O(0)$, $S(\alpha\beta)$, $Q(\beta)$ となるので,△OSQ は △OPB と相似である。∠OPB＝90° から ∠OSQ＝90° がわかる。同様にして,∠OSP＝90° もわかり,したがって,

　　　　OS⊥SQ,　OS⊥SP

となる。これは,O から直線 PQ に下ろした垂線の足が S であることを示しており,したがって,$w=\alpha\beta$ である。

(注) 上の 解 答 **1°** では,α や β で割ることで 1 つの数を 1 にしてしまうのがポイントである。そうすることで自然に題意の円が眼にみえてくる。上の

解 答 1° とまったく反対の方向の解き方として，計算のみによるものを掲げて
おく。

解 答 2°　（計算で解く方法）

　まず，$w=\alpha\beta$ なら $\alpha\neq0$，$\beta\neq0$ より $w\neq0$ であるし，逆の場合も P(α)，Q(β) が
題意の円上の O と異なる 2 点であることから，$w\neq0$ となることを注意しておく。こ
の下で，

　　　　R が直線 PQ に下ろした垂線の足である

$\Longleftrightarrow$　OR⊥PR　かつ　OR⊥QR

$\Longleftrightarrow$　$\dfrac{w-\alpha}{w}$ も $\dfrac{w-\beta}{w}$ も純虚数である

$\Longleftrightarrow$　$\dfrac{\overline{w}-\overline{\alpha}}{\overline{w}}=-\dfrac{w-\alpha}{w}$　かつ　$\dfrac{\overline{w}-\overline{\beta}}{\overline{w}}=-\dfrac{w-\beta}{w}$

$\Longleftrightarrow$　$\begin{cases}2w\overline{w}=\overline{\alpha}\,w+\alpha\overline{w} & \cdots\cdots① \\ 2w\overline{w}=\overline{\beta}\,w+\beta\overline{w} & \cdots\cdots②\end{cases}$

　まず，$w=\alpha\beta$ とする。これを②，①に代入すると，それぞれ

　　　　$2\alpha\overline{\alpha}-(\alpha+\overline{\alpha})=0$　かつ　$2\beta\overline{\beta}-(\beta+\overline{\beta})=0$

となる。左側の等式は

$$\left(\alpha-\frac{1}{2}\right)\left(\overline{\alpha}-\frac{1}{2}\right)=\frac{1}{4}\quad\text{つまり}\quad\left|\alpha-\frac{1}{2}\right|^{2}=\frac{1}{4}$$

と変形されるので，P(α) は題意の円周上にある。右側の等式から，Q(β) についても
同じことが導かれる。

　逆に，P(α)，Q(β) が題意の円周上にあるとすると

　　　　$\begin{cases}2\alpha\overline{\alpha}-(\alpha+\overline{\alpha})=0 & \cdots\cdots③ \\ 2\beta\overline{\beta}-(\beta+\overline{\beta})=0 & \cdots\cdots④\end{cases}$

が成り立つ。③，④を $\overline{\alpha}$，$\overline{\beta}$ について解くと

　　　　$\overline{\alpha}=\dfrac{\alpha}{2\alpha-1}$　　　　　　　　　　　　$\cdots\cdots⑤$

　　　　$\overline{\beta}=\dfrac{\beta}{2\beta-1}$　　　　　　　　　　　　$\cdots\cdots⑥$

となる。①，②より，$\overline{\alpha}\,w+\alpha\overline{w}=\overline{\beta}\,w+\beta\overline{w}$ なので

　　　　$\overline{w}=\dfrac{\overline{\beta}-\overline{\alpha}}{\alpha-\beta}w=\dfrac{1}{\alpha-\beta}\left(\dfrac{\beta}{2\beta-1}-\dfrac{\alpha}{2\alpha-1}\right)w=\dfrac{w}{(2\alpha-1)(2\beta-1)}$　　$\cdots\cdots⑦$

⑤，⑥，⑦を①に代入すると

$$\frac{2w^2}{(2\alpha-1)(2\beta-1)}=\frac{\alpha w}{2\alpha-1}+\frac{\alpha w}{(2\alpha-1)(2\beta-1)}$$

$w \neq 0$ で割って分母を払うと

$$2w=\alpha(2\beta-1)+\alpha=2\alpha\beta$$

となり，$w=\alpha\beta$ が導かれる。

第 1 問

解 答

(1) O を原点とする座標平面を考え，一般角 θ の表す動径
と，O を中心とした半径が r の円との交点を P とする
（図 1 参照）。θ が与えられると点 P の座標 (x, y) が定
まるので，この x, y と r を用いて $\sin\theta$, $\cos\theta$ の値を

$$\sin\theta = \frac{y}{r}, \ \cos\theta = \frac{x}{r}$$

によって定義する。

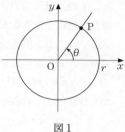

図 1

(2) 図 1 で特に $r=1$ とし，図 1 の角 θ を点 P の偏角と
よぶことにする。α および $\alpha+\beta$ を偏角にもつ単位円上
の点をそれぞれ B, C とし，点 $(1, 0)$ を A とすると，
(1) の定義から

$$C(\cos(\alpha+\beta), \ \sin(\alpha+\beta)) \qquad \cdots\cdots①$$

である（図 2 参照）。

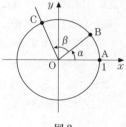

図 2

次に，図 2 の円を，原点を中心に $-\alpha$ だけ回転し，
図 2 の円周上の点 A, B, C の移った点を A′, B′, C′
とすると，それらの偏角はそれぞれ $-\alpha$, 0, β となる。
したがって (1) の定義から

$$A'(\cos(-\alpha), \ \sin(-\alpha)), \ C'(\cos\beta, \ \sin\beta)$$
$$\cdots\cdots②$$

である。ところが，偏角 α と $-\alpha$ の点は x 軸に関して
対称なので，それらの x 座標は同じで，y 座標は符号の
み異なる。したがって (1) の定義より

$$\cos(-\alpha) = \cos\alpha, \ \sin(-\alpha) = -\sin\alpha \qquad \cdots\cdots③$$

である。

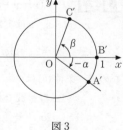

1999

図 3

回転によって 2 点間の距離は不変，すなわち $AC^2 = A'C'^2$ が成り立つ。よって
①，②，③ より

$$(1-\cos(\alpha+\beta))^2 + \sin^2(\alpha+\beta) = (\cos\beta - \cos\alpha)^2 + (\sin\beta + \sin\alpha)^2$$

である。両辺を展開して整理すると，証明すべき式の1つ

$$\cos(\alpha+\beta)=\cos\alpha\cos\beta-\sin\alpha\sin\beta \qquad \cdots\cdots ④$$

が得られる（$\cos^2\theta+\sin^2\theta=1$ も(1)の定義からわかる）。

　　次に，④ の α を $90°-\alpha$ に，β を $-\beta$ におきかえると，④ より

$$\cos(90°-(\alpha+\beta))=\cos(90°-\alpha)\cos(-\beta)-\sin(90°-\alpha)\sin(-\beta) \qquad \cdots\cdots ⑤$$

となる。このうち $\cos(-\beta)$，$\sin(-\beta)$ は，前に述べた通り，$\cos\beta$，$-\sin\beta$ となる。また，単位円周上の点で，偏角が $90°-\theta$ の点 P と θ の点 Q は，直線 $y=x$ に関して対称な位置にあるので

　　　　P の x 座標＝Q の y 座標，P の y 座標＝Q の x 座標

である。したがって(1)の定義から

$$\cos(90°-\theta)=\sin\theta, \quad \sin(90°-\theta)=\cos\theta \qquad \cdots\cdots ⑥$$

が成り立つ。これらを ⑤ に用いると，証明すべき次のもう1つの式が得られる：

$$\sin(\alpha+\beta)=\sin\alpha\cos\beta+\cos\alpha\sin\beta$$

(注)　本問をどのような目的（意図）で出題したかの正確なところは，出題者自身に確かめるしかないが，受験する側としては，

　　"可能な限り定義に戻ることで，証明のために用いた事柄の根拠を明確にする"

という姿勢で証明をつくるべきであろう。上の |解| |答| でいえば，良く知られた事実である ③ や ⑥ も，(1)の定義に戻って確かめることができる旨を明記する件が，その一例である。

第　2　問

|解| |答|　**1°　（$z=x+yi$ とおく）**

$z=x+yi$（x，y は実数）とおくと

$$2z=2x+2yi, \quad \frac{2}{z}=\frac{2x}{x^2+y^2}-\frac{2y}{x^2+y^2}i$$

なので，条件(a)は

　　　　$2x$ は整数である　　　　　　　　　　　　　　　　　　$\cdots\cdots$（A）

　　　　$\dfrac{2x}{x^2+y^2}$ は整数である　　　　　　　　　　　　　$\cdots\cdots$（B）

となる。また，条件(b)より

　　　　$x^2+y^2\geqq1$　　　　　　　　　　　　　　　　　　　$\cdots\cdots$（C）

である。$x\geqq0$，$y\geqq0$ の範囲で，（A），（B），（C）を満たす $z=x+yi$ を求めること

ができれば，x や y の符号を負にした $x-yi$，$-x+yi$，$-x-yi$ を合わせると，すべての z が得られることは明らかである。よって，$x≧0$，$y≧0$ の範囲で考えることにする。

(i) $x=0$ のとき

　（A），（B）は満たされるので，（C）より，$y≧1$ である。

(ii) $x>0$ のとき

　（B）より，$\dfrac{2x}{x^2+y^2}≧1$ なので，$x^2+y^2≦2x$ である。これと $x^2≦x^2+y^2$ を合わせて，$x^2≦2x$，つまり $0<x≦2$ となる。したがって（A）より，$x=\dfrac{1}{2}$，1，$\dfrac{3}{2}$，2 に限られる。

(イ)　$x=\dfrac{1}{2}$ のとき，（B），（C）より，

$$\dfrac{1}{4}+y^2=1, \quad よって \quad y=\dfrac{\sqrt{3}}{2}$$

(ロ)　$x=1$ のとき，（B），（C）より，

　　$1+y^2=1, 2,$　よって $y=0, 1$

(ハ)　$x=\dfrac{3}{2}$ のとき，（B），（C）より，

$$\dfrac{9}{4}+y^2=3, \quad よって \quad y=\dfrac{\sqrt{3}}{2}$$

(ニ)　$x=2$ のとき，（B），（C）より，

　　$4+y^2=4,$　よって $y=0$

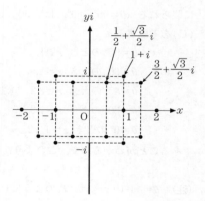

以上をまとめて，

　　　　（$x=0$　かつ　$y≧1$）

または $(x, y)=\left(\dfrac{1}{2}, \dfrac{\sqrt{3}}{2}\right)$，$(1, 0)$，$(1, 1)$，$\left(\dfrac{3}{2}, \dfrac{\sqrt{3}}{2}\right)$，$(2, 0)$ である。これらの符号を変えたものも合わせると，**図の太線部分と 16 個の黒点・の全体**が，求めるべき z の集合である。

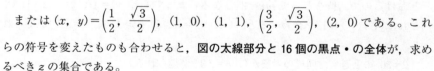

解 **答**　**2°**　**($z=r(\cos\theta+i\sin\theta)$ とおく)**

　解 **答**　**1°** と同じように，実部も虚部も正または 0 であるものを求める。z の絶対値を r，偏角を θ $(0≦\theta≦90°)$ とおくと，$2z$，$\dfrac{2}{z}$ の実部は，それぞれ $2r\cos\theta$，

$\dfrac{2}{r}\cos\theta$ である。したがって条件 (a), (b) は

$\qquad 2r\cos\theta$ は整数である $\qquad\qquad\cdots\cdots$ (A)

$\qquad \dfrac{2}{r}\cos\theta$ は整数である $\qquad\qquad\cdots\cdots$ (B)

$\qquad r\geqq 1 \qquad\qquad\qquad\qquad\qquad\cdots\cdots$ (C)

となる。

　(A) と (B) から 2 数の積をつくって，$4\cos^2\theta$ ($\leqq 4$) も整数でなければならないので，

$$4\cos^2\theta=0,\ 1,\ 2,\ 3,\ 4\quad\text{つまり}\quad\cos\theta=0,\ \frac{1}{2},\ \frac{1}{\sqrt{2}},\ \frac{\sqrt{3}}{2},\ 1$$

に限られる ($\theta=90°,\ 60°,\ 45°,\ 30°,\ 0°$ に限られる)。それぞれに対して (A)，(B)，(C) を考慮すると

$\qquad\theta=90°$ のとき $r\geqq 1$,

$\qquad\theta=60°$ のとき $r=1$,

$\qquad\theta=45°$ のとき $r=\sqrt{2}$ (**(注)** 参照)，

$\qquad\theta=30°$ のとき $r=\sqrt{3}$,

$\qquad\theta=0°$ のとき $r=1,\ 2$

であることがわかるので，これより，$\boxed{解}$ $\boxed{答}$ **1°** と同じ結論が得られる。

(注)　$\theta=45°$ のときは，次のようにして $r=\sqrt{2}$ が得られる。

　(A)，(B) より

$$\sqrt{2}\,r=m,\quad \frac{\sqrt{2}}{r}=n\quad (m,\ n\text{ は整数})$$

とおけるので，積をとって $mn=2$ となる。よって $(m,\ n)=(1,\ 2),\ (2,\ 1)$ で，これに (C) の $r\geqq 1$ を合わせると，$(m,\ n)=(2,\ 1)$ と定まり，$r=\sqrt{2}$ が得られる。

　$\theta=30°$ のときも，同様の考察から $r=\sqrt{3}$ が得られる。

第　3　問

$\boxed{解}$ $\boxed{答}$ **1°**　(図形的な考察で解く)

　$y=x-c$ で表される直線を l とし，A，B の傾き 1 の接線をそれぞれ m，n とする。$c>\dfrac{1}{4}$ なので

$$x^2-(x-c)=\left(x-\frac{1}{2}\right)^2+c-\frac{1}{4}>0$$

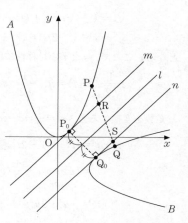

となり，A は l の上方にある。$y'=2x=1$ を解く

と $x=\frac{1}{2}$ なので，m は A 上の点 $\mathrm{P_0}\left(\frac{1}{2},\ \frac{1}{4}\right)$ で

の接線であり，n は $\mathrm{P_0}$ の l に関する対称点 $\mathrm{Q_0}$ で

の接線である（右図参照）。m の方程式は

$y=x-\frac{1}{4}$ であり，上と同様の計算から，A 上の

点は（$\mathrm{P_0}$ を除いて），m の上方にある。したがっ

て B 上の点は（$\mathrm{Q_0}$ を除いて），n の右方，すなわ

ち n の下方にある。

　したがって A 上に点 P，B 上に点 Q をとると，線分 PQ は直線 m，n と交わるこ

とになる。その交点をそれぞれ R，S とすると，$\mathrm{P_0Q_0}$ が l，m，n に垂直であること

も考慮して

$$\mathrm{PQ}\geqq\mathrm{RS}\geqq\mathrm{P_0Q_0}$$

であることがわかる。つまり $\mathrm{P_0Q_0}$ が PQ の最小値である。$\mathrm{P_0Q_0}$ は $\mathrm{P_0}$ と

$l:x-y-c=0$ との距離の 2 倍なので，点と直線との距離の公式を用いて

$$\mathrm{P_0Q_0}=\frac{\left|\dfrac{1}{2}-\dfrac{1}{4}-c\right|}{\sqrt{1^2+1^2}}\times2=\boldsymbol{\sqrt{2}\left(c-\frac{1}{4}\right)}$$

となる。

解 **答** **2°　（計算だけで解く）**

> 　以下のような計算が必ずしも簡単というわけではないが，計算だけで処理
> しようとしてつまずいた諸君もいるであろうと思い，1 つの処理法として書い
> ておく。図形的考察を放棄する分だけ計算はテクニカルにならざるを得ない。

　直線 $y=x-c$，A，B をすべて y 軸の正方向に c だ

け平行移動すると，直線は $y=x$ に，A は

$A':y=x^2+c$ に移り，したがって B は $B':x=y^2+c$

に移る。すると，A'，B' 上の動点を $(t,\ t^2+c)$，

$(s^2+c,\ s)$ とおくことができて，2 点間の距離の平方

L^2 は

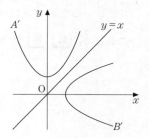

$$L^2 = (s^2 + c - t)^2 + (t^2 + c - s)^2$$
$$= t^4 + s^4 - 2ts(t+s) + (2c+1)(t^2+s^2) - 2c(t+s) + 2c^2$$

となる。ここで，s と t の対称性に注目して

$$\frac{1}{\sqrt{2}}(s-t) = u, \quad \frac{1}{\sqrt{2}}(s+t) = v$$

と変数を変換すると，$st = \frac{1}{2}(v^2 - u^2)$，$s^2 + t^2 = u^2 + v^2$ なので

$$t^4 + s^4 = (t^2 + s^2)^2 - 2t^2 s^2$$
$$= (u^2 + v^2)^2 - \frac{1}{2}(v^2 - u^2)^2$$
$$= \frac{1}{2}u^4 + 3u^2 v^2 + \frac{1}{2}v^4$$

である。これらを代入して

$$L^2 = \frac{1}{2}u^4 + (3v^2 + \sqrt{2}\,v + 1 + 2c)u^2 + \left(\frac{1}{2}v^4 - \sqrt{2}\,v^3 + (2c+1)v^2 - 2\sqrt{2}\,cv + 2c^2\right)$$

となる。v を任意の値に固定したとき，u^4 の係数はもとより，u^2 の係数も正なので，v の値に関わらず u は 0 にとるべきである。したがって $s = t$ にとるべきで，このときはじめの式に戻ると

$$L^2 = 2(t^2 - t + c)^2 = 2\left\{\left(t - \frac{1}{2}\right)^2 + c - \frac{1}{4}\right\}^2$$

である。これは $t = \frac{1}{2}$ のときに最小値 $2\left(c - \frac{1}{4}\right)^2$ をとるので，平方根をとって

$$\boldsymbol{\sqrt{2}\left(c - \frac{1}{4}\right)}$$

(注)　t と s の対称性に注目して，$t + s = \alpha$，$ts = \beta$ と変数を変換すると，L^2 は β の 2 次式となる。$\beta \leqq \frac{\alpha^2}{4}$ に注意しながら，軸の位置と $\frac{\alpha^2}{4}$ との大小を比較することで，$\beta = \frac{\alpha^2}{4}$（したがって $t = s$）のときに最小となることを導くという計算もできるが，これとて，[解] [答] 2° と同様，さほど簡単な計算とはいえない。

第 4 問

解 答

(1) 以下，簡単のために，一般に辺 PQ が電流を通す状態にあることを，「辺 PQ は ON である」といい，電流を通さない状態のとき「辺 PQ は OFF である」ということにする。

(i) 辺 AB が ON の場合，その確率は $\frac{1}{2}$ である。

(ii) 辺 AB が OFF の場合，次の (イ)，(ロ)，(ハ) の 3 通りが考えられる。

(イ) 辺 AC が OFF のとき

辺 AD が ON でなければならない（右図）。

三角形 BCD で考えたとき，DB 間に電流が流れるのは

$$\begin{cases} \text{辺 DB が ON} \\ \text{辺 DB が OFF で，辺 DC と辺 CB が ON} \end{cases}$$

の 2 通りで，その確率は $\frac{1}{2}+\left(\frac{1}{2}\right)^3=\frac{5}{8}$ である。

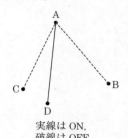

実線は ON，
破線は OFF

これに辺 AB，AC が OFF，AD が ON の確率 $\frac{1}{8}$ をかけて，$\frac{5}{64}$ となる。

(ロ) 辺 AD が OFF のとき

(イ) と同じ考え方で，$\frac{5}{64}$ である。

(ハ) 辺 AC も AD も ON のとき

"C または D" と B の間に電流が流れる確率は $\left(\text{余事象の確率 } \frac{1}{4} \text{ を 1 から引}\right.$

$\left.\text{いて}\right) \frac{3}{4}$ なので，これに辺 AB が OFF，AC と AD が ON の確率 $\frac{1}{8}$ をかけて，

$\frac{3}{32}$ となる。

以上，(i) と (ii) の (イ)，(ロ)，(ハ) を加えて，$\dfrac{3}{4}$

(2) 「B から A」，「A＝E から F」の両方に電流が流れなければならないので，(1) で求めた数値 $\frac{3}{4}$ を平方して，$\dfrac{9}{16}$

東大入試詳解25年　数学〈文科〉〈第3版〉

編　　　者	駿 台 予 備 学 校
発　行　者	山 﨑 良 子
印 刷・製 本	三 美 印 刷 株 式 会 社
発　行　所	駿 台 文 庫 株 式 会 社

〒 101-0062　東京都千代田区神田駿河台 1-7-4
小畑ビル内
TEL. 編集　03 (5259) 3302
販売　03 (5259) 3301
《第 3 版① − 364 pp.》

落丁・乱丁がございましたら，送料小社負担にて
お取替えいたします。

ISBN978 - 4 - 7961 - 2412 - 6　　　Printed in Japan

駿台文庫 Web サイト
https://www.sundaibunko.jp